AF193156

Universo y Sapiens

Universo y Sapiens

José Miguel Gil Ortiz

Círculo Rojo
EDITORIAL

Diríjase a CEDRO (Centro Español de Derechos Reprográficos) si necesita fotocopiar o escanear algún fragmento de esta obra

www.cedro.org; 91 702 19 70 / 93 272 04 45

Primera edición: enero 2025

Depósito legal: AL 4250-2024

ISBN: 978-84-1097-825-6

Impresión y encuadernación: Editorial Círculo Rojo

© Del texto: José Miguel Gil Ortiz
© Maquetación y diseño: Equipo de Editorial Círculo Rojo

Editorial Círculo Rojo
www.editorialcirculorojo.com
info@editorialcirculorojo.com

Impreso en España — Printed in Spain

Dedicado a mi hijo José Miguel
y a mis nietos Gonzalo y Clara

INTRODUCCIÓN

¿Es homo sapiens una excepción o hay otros muchos seres inteligentes dispersos por ahí en este Universo inmenso, aunque sean muy diferentes a nosotros? ¿Es la vida algo habitual en el Cosmos o es algo excepcional y raro? ¿Los patrones, normas y leyes por los que se rige el desarrollo de la misma son algo exclusivo o son simplemente una derivada, si bien sofisticada y privilegiada, de reglas y leyes más amplias y generales? Estas preguntas, aunque parezca mentira, carecen hoy por hoy de una respuesta fiable y rotunda, aunque lógicamente existen pautas y pistas.

Nuestro Universo ha tenido un principio, el conocido mundialmente bajo la denominación de *"Big bang"* o *Gran estallido* en español. Además está en expansión, incluso acelerada, como se puso de manifiesto hace sólo pocas décadas. Por otro lado, está mayoritariamente acreditada y aceptada la *evolución* de todas las especies vivas por selección natural y en competencia, en la búsqueda de su supervivencia. En este contexto, hay científicos que consideran un concepto evolutivo más amplio, no exclusivamente ceñido a las especies vivas. La expansión del Universo provee un marco, al parecer, en el que las estructuras más simples evolucionan hacia otras más complejas.

Es interesante constatar, en este sentido, el hecho de que toda la vida en la Tierra tenga la misma edad, es decir, que la longitud genealógica de cualquier ser vivo sea la misma y además, que toda clase de vida en nuestro planeta, bien sean plantas o animales, esté constituida en base a las mismas sustancias. Y algo similar, curiosamente, ocurre con la materia, pues no deja de ser llamativo que toda la materia actual esté constituida sobre las partículas iniciales o primigenias –que se produjeron poco después del *Gran estallido*-, reelaborándose y haciéndose más complejas posteriormente parte de ellas en las reacciones nucleares que se producen en el seno de las estrellas o en las explosiones supernova.

Expertos y científicos están cada vez más asombrados, por otra parte, ante el gran parecido existente entre la red neuronal de nuestro cerebro, constituida por millones de neuronas, y el Universo a muy gran escala, estructurado en cúmulos y supercúmulos de galaxias, como una inmensa esponja, con sus correspondientes huecos y enormes vacíos cósmicos, resultando asimismo llamativo que ¡el número de neuronas de nuestro cerebro sea del mismo orden de magnitud que el de estrellas de la Vía Láctea o que el de galaxias del Universo! Ciencia y consciencia están más interrelacionadas de lo que a simple vista pudiera parecer y en esta dirección apuntan las modernas teorías, tanto físicas como neurológicas. Los progresos en el estudio de la *inteligencia artificial* están, asimismo, afectando decisivamente a todas estas cuestiones.

Constataremos al progresar en la lectura de *"Universo y Sapiens"* que, tanto la naturaleza y el Universo cambiante como nuestra historia humana, son en buena medida *sistemas caóticos*, más o menos deterministas, pero con apreciables dosis de azar. Es decir, una curiosa combinación entre *causalidad* y *casualidad* ¿¡será por eso que las dos palabras sean casi idénticas!?, entre pautas y eventualidad, entre auto-organización hacia sistemas más complejos y desorden. Patrones similares se dan, asimismo, desde el microcosmos al macrocosmos. Así que, el desarrollo de los seres vivos, incluso de los superiores, no parece ser una excepción en la naturaleza, sino algo así como un ejemplo –muy específico y singular, eso sí- de cómo asemeja evolucionar el Universo, un tanto "a trompicones" entre una encrucijada de posibilidades que se le van presentando.

¿Quién podría haber previsto el breve, pero impresionante imperio forjado por Alejandro Magno, por ejemplo, por no hablar de sus enormes consecuencias culturales, del conocido como *"helenismo"*? Y eso, tras un periodo de unidad de poco más de una década, o ¿quién hubiera apostado por las rápidas y arrolladoras conquistas del pequeño y un tanto perdido pueblo árabe, a partir de los siglos VII / VIII, por poner otro caso llamativo?

¿Por qué el triunfo arrollador del *Imperio romano*, mientras fracasó el emergente *Imperio* vecino *cartaginés*, brillante derivada de la –ya de por sí cosmopolita y avanzada- civilización fenicia? Aníbal a punto estuvo de acabar con Roma y hoy, sin embargo, relativamente pocos vestigios quedan de este antiguo e importante pueblo. O pensando en el otro extremo del *Imperio romano* –el oriental- ¿habría este existido si Alejandro hubiera vivido más y ello le hubiera permitido consolidar su incipiente, pero enorme, imperio? Observados estos y otros muchos ejemplos con lupa siempre podrán encontrarse, sin embargo, determinadas pautas o razones explicativas que justifiquen lo sucedido ¿¡sobre todo a posteriori!?

Constataremos también como, tanto nuestros sentidos como nuestra mente, deforman "a su antojo" la realidad que percibimos, de modo que nuestra realidad responde a los modelos que nuestro cerebro proyecta, una vez que ha procesado -y "cocinado"- adecuadamente toda la información recibida. Somos *"juez y parte"*, una mínima porción del Universo, básicamente formados a partir de *"substancia elaborada en las estrellas"*, que ha llegado a ser inteligente y a tener la excepcional cualidad de poder preguntarse sobre este mismo Universo al que pertenece. ¿Cómo este hecho de ser una parte misma de lo que estamos estudiando afecta a nuestros juicios y razonamientos sobre el todo? ¿Dónde están los límites entre la naturaleza y nuestro mundo interior?

Es fundamental también tener muy en cuenta nuestra "falta de perspectiva" respecto a la inmensidad de los periodos temporales en juego, dado lo efímero e insignificante de la existencia humana a escala cósmica, lo que nos hace muy difícil comprender como han podido producirse determinados fenómenos durante el devenir del Universo. *"Lo que sabemos es una gota de agua, lo que ignoramos un océano"*, decía ya Isaac Newton. Es una frase que nunca deberíamos olvidar.

Si la expansión del Universo y la evolución biológica muestran una razonable concatenación, y si este Universo y nuestro cerebro presentan notable similitud ¿por qué no ofrecer en "Universo y Sapiens" una divulgación conjunta? Así he procedido, entrelazando deliberadamente conceptos científicos —especialmente los enfocados a la cosmología, lógicamente-, geopolíticos, históricos y de humanidades. Ha sido un intento de superar esa dicotomía que arrastramos desde siempre ¿¡de ciencias o de letras!? Pues en el libro que tienes en tus manos, amigo lector, somos de ambas cosas, de ciencias, pero también de humanidades. Espero haber conseguido con esta síntesis de conceptos –muy poco habitual, por otra parte- un resultado positivo e interesante, en consonancia con la estrecha imbricación que existe entre nosotros y la naturaleza.

Comprobaremos asimismo, a lo largo de la lectura del libro, la tendencia de la humanidad hacia la globalización, muy posiblemente una variante o derivada de la auto-organización, que comentábamos un poco más arriba. Los sucesivos imperios fueron intentos, más o menos inconscientes, hacia ella y, si bien fueron procesos que inevitablemente conllevaron violencia y dureza en muchos casos, parece que se sitúan dentro de pautas históricas bastante definidas y marcadas. Las vías actuales hacia la mundialización –que nunca debiera implicar uniformidad, sino coexistir en armonía con las diferentes culturas e historia propias, enriqueciéndolas- parecen ser afortunadamente (y salvo excepciones) más amables y conciliadoras. Al comentar en uno de los capítulos la situación presente, relaciono algunas de las agrupaciones y asociaciones internacionales más representativas, que avanzan (o debieran avanzar) por este camino.

CAPÍTULO I. EL GRAN ESTALLIDO INICIAL

Se sabe, como veremos en el capítulo siguiente, que el Universo se está expandiendo, lo que ha puesto de manifiesto que en el pasado tuvo que ser de dimensiones más reducidas. Cuanto más retrocediéramos en el tiempo, más reducido sería. En el entorno de hace 13.800 millones de años, tuvo que haber un instante inicial en el que todo el Universo estuviera concentrado en un espacio mínimo. En un momento dado esa estructura, tan increíblemente forzada, no pudo mantener su equilibrio y se expansionó de forma increíblemente abrupta en todas direcciones. Comenzaron el tiempo y el espacio, el reloj cósmico se puso en marcha. Comenzó la vertiginosa expansión del Universo que continua hoy en día.

Bajo "*Big bang*" –algo así como *Gran estallido* en español– se designa, indistintamente, tanto el fenómeno inicial como el modelo de Universo así originado. Dependiendo del contexto es intuitivo, por lo general, discriminar la acepción usada. La expresión no científica del término (acuñada, un tanto sarcásticamente, por un científico que no creía en este modelo), parece aludir a que sucedió algo así como un violentísimo lanzamiento de metralla por el espacio al estallar una potentísima bomba. Pues no ¡fue una colosal expansión del espacio mismo y consecuentemente del Universo dentro de…"nada"! En todo caso, habría sido una explosión *del espacio*, no en el espacio. Lo anterior implica además que el

Gran estallido no se originó en un punto determinado, propagándose desde él, sino que puede decirse (aunque cueste imaginárselo) que ocurrió en "todas partes" a la vez, o sea, en todos los puntos, sólo que todos esos puntos se encontraban juntos.

Nos centraremos en el denominado *modelo de expansión inflacionaria* del Universo, que empezó a tomar consistencia en los 80 del siglo pasado y que, como su nombre indica, incluye una breve etapa inicial de expansión extraordinariamente rápida -*"inflacionaria"*- por ser el que hoy está mayoritariamente acreditado frente a otros modelos anteriores, aunque incluso dentro de este modelo existen diferentes explicaciones parciales en cuanto se entra en los detalles.

Según el *modelo de Big bang* inflacionario, durante un tiempo mínimo inmediatamente después de la *Gran estallido*, el Universo se expandió a una velocidad inconmensurablemente grande, muy superior a las velocidades con que luego se continuaría expandiendo, las que podríamos llamar "normales". La velocidad durante el brevísimo periodo de expansión inflacionaria fue mucho mayor que la velocidad de la luz, lo que no supone contradicción alguna con la *Teoría de la Relatividad* (Apéndice 1), ya que no hablamos de cuerpos u ondas viajando por un espacio preexistente, sino que *¡aquí es el propio espacio el que se está expandiendo!*

De alguna forma, que sigue sin estar clara, se produjo una enorme *fuerza repulsiva* que provocó la expansión desbocada del Universo. Esta *fuerza expansiva* vence cualquier obstáculo que se le pueda oponer. El Universo aumenta de tamaño de forma exponencial. La *fuerza repulsiva*, tras haber proporcionado el colosal impulso expansivo, declina rápidamente.

Se acaba la fase inflacionaria, la velocidad de expansión del Universo se reduce a valores "normales".

Desde hace pocas décadas, se tiene el convencimiento de que existe una *energía*, denominada *oscura*, que está actualmente acelerando la expansión del Cosmos. No es de extrañar, por tanto, que este descubrimiento esté influyendo decisivamente también en la interpretación actual de la expansión inflacionaria del Universo inicial, que bien podría haber sido la consecuencia de una actuación enormemente virulenta y rápida de dicha *energía oscura*.

El valor de la densidad de energía y, por tanto, la temperatura fueron increíblemente grandes en los primeros instantes. Se fueron formando las primeras partículas más elementales -neutrinos, quarks y electrones-, con sus consiguientes antipartículas. Estas partículas se forman a partir de la energía ¿cómo? Dada la elevadísima densidad de energía existente en ese estadio, no es de extrañar que se produjera el *fenómeno de materialización*, acorde con la *equivalencia energía – masa* (*E=m.c2*), consistente en que, a partir de esta energía se crearan partículas (y sus correspondientes antipartículas).

La *fuerza gravitatoria* es la primera en "desgajarse" del tronco común energético. La *fuerza nuclear fuerte* es la siguiente en hacerlo y empieza a cohesionar materia, permitiendo que los quarks empiecen a formar protones y neutrones y los antiquarks antiprotones y antineutrones. Comienza una "furiosa lucha" entre partículas y antipartículas. Por motivos que son todavía objeto de especulación, vencen las partículas, vence la materia de la que todos nosotros y nuestro Universo conocido estamos hechos. La *antimateria* resulta aniquilada. ¡Si esta última hubiera vencido, nuestros hipotéticos "antiyos" inteligentes hubieran llamado sin duda materia a la antimateria y partículas a las antipartículas! ¡Lo que son las etiquetas!

La densidad de energía -y la temperatura- van descendiendo rápidamente, lo que permite también que se desacoplen la *fuerza débil* y la *electromagnética*. La *fuerza fuerte* sigue cohesionando materia y aproximadamente a los muy pocos minutos después del *Gran estallido* se estarán formando ya los *núcleos* más sencillos: de hidrógeno, deuterio y helio, y en mucho menor porcentaje algunos otros residuales (como litio, por ejemplo), en lo que se denomina *"nucleosíntesis primordial"*. Durante un largo periodo en comparación con los tiempos antes citados, la materia existe como un conglomerado de estos núcleos independientes y electrones libres, en el estado de *plasma*. El Universo es una especie de sopa o niebla densa, a caballo entre opaca y translúcida, puesto que la radiación electromagnética (y por tanto la luz) no puede viajar muy lejos en un plasma sin interactuar con la materia.

Hacia los 380.000 años después del *Gran estallido*, sin embargo, los núcleos son ya doblegados por la *fuerza electromagnética*, que los obliga a captar a los electrones libres hacia sus contornos, formándose los *átomos* más sencillos -hidrógeno y helio-, con la consecuencia de que ahora la radiación electromagnética -o si se prefiere los fotones, dada su naturaleza dual- y por tanto la luz pueda ya moverse sin cortapisas, quede liberada y "comience a verse". En definitiva, materia y radiación se desacoplan. Esta época es denominada de *"última dispersión"* o también de la *"recombinación"* entre núcleos y electrones, con la correspondiente liberación y dispersión de los fotones.

La *radiación pierde relevancia* para la configuración del Universo. La *materia* -ya constituida por átomos, como acabamos de ver- toma el relevo, marcando el camino para la futura formación de estrellas y galaxias. El Universo empezó a ir tomando un aspecto parecido al actual, con esa transparencia que nos es habitual. A partir de ahí van pasando millones de años sin cambios bruscos relevantes. Aproximadamente a partir de unos 200 millones de años se va formando una primera generación de estrellas -que posteriormente se agruparán en galaxias-, debido a la aglutinación de materia a partir de los átomos primitivos (más o menos dispersos), efectuada básicamente por las *fuerzas gravitatorias*.

Mediante las reacciones nucleares que se originan en el seno de las estrellas de esta primera generación, se producen átomos más complejos. Cuando estas estrellas exploten o se extingan, con sus restos, con sus despojos, se formarán la segunda y tercera generación a las cuales pertenecen nuestro Sol y la misma Tierra, donde posteriormente, mediante la evolución biológica a lo largo de algunos miles de millones de años han llegado a existir unas criaturas inteligentes que, no sin poco esfuerzo, están intentando descifrar de donde vienen.

Este modelo, que incluye el breve periodo de *expansión inflacionaria*, se impuso sobre los anteriores por varios motivos. En primer lugar estaba la pura aritmética, ya que las cuentas para calcular la edad del Universo apoyándose en criterios físicos y en astronómicos no encajaban, si no se incluía en el *modelo del Big bang* dicha expansión inflacionaria.

Por otro lado, esta expansión increíblemente rápida, con su efecto "multiplicador y aplanador", es una forma muy convincente de explicar por qué el Universo es tan *isótropo y homogéneo* a gran escala, por qué parece casi idéntico se mire adonde se mire y por qué, en su conjunto, está tan próximo al modelo de *Universo plano*, pues es evidente, considerando un símil en dos dimensiones del Universo como la superficie de un globo, que si esta superficie de goma elástica se dilató enormemente como consecuencia de la expansión inflacionaria, su grado de curvatura disminuiría en la misma proporción.

El modelo inflacionario ayuda a explicar también por qué hay tanta cantidad de materia en el Universo. Hemos visto como, tras la breve fase de expansión inflacionaria, va apareciendo materia en forma de pares de partículas / antipartículas a partir de la energía, pero queda algo pendiente ¿de dónde salió tanta energía para formar tanta materia como vemos que hay? Puesto que, por mucha energía que hubiera estado concentrada en el *"huevo cósmico inicial"*, parece que esta no podría haber sido suficiente.

La energía existe básicamente en dos formas: la *potencial* y la de la *materia / masa*. Según la *primera ley de la termodinámica* su suma (= energía total del Universo) es constante. Ahora bien, la energía potencial gravitatoria (la relevante a escala cósmica) se considera en física negativa, siendo por el contrario la energía equivalente de la masa, según la ecuación de $E = m.c^2$, positiva. Es opinión muy generalizada que la fase inflacionaria hizo posible -o al menos potenció- que aumentaran de forma casi indiscriminada ambas energías -gravitatoria y de la materia / masa -   y de esta manera el

20

aumento de la energía de la materia acabó produciendo un aumento de la cantidad de materia misma.

Esto parece sacar palomas de una chistera, pero…sería algo así, como si la *inflación cósmica inicial* hubiera actuado a modo del operario que hace cimentaciones para hincar postes de un tendido de catenaria. Antes de hacer la excavación está el terreno liso e inofensivo. Se hace una perforación de tres metros y se amontona la tierra sacada al lado. La situación ha cambiado radicalmente, pues ahora tenemos la *energía potencial* del pozo por un lado (¡cuidado con caernos, porque nos daríamos un buen batacazo!) y por otro lado, descubrimos un montículo de tierra, una *materia / masa* que parece haber surgido de la nada.

En 1965 fue descubierto de una manera casual el remanente "fosilizado" de la citada gran radiación de energía electromagnética, que fue liberada "de golpe" cuando se formaron los átomos, en torno a 380.000 años después del *Gran estallido*, según hemos comentado un poco más arriba. Esta radiación de fondo que ahora detectamos está tremendamente enfriada, con una temperatura en torno a solamente 2,7 grados por encima del cero absoluto (T= -273° C, que es la temperatura mínima posible, a la que ya no puede extraerse energía de ningún cuerpo por ningún medio) y con su frecuencia disminuida hasta detectarse en la gama de microondas, debido a la expansión. *Este hallazgo fue el espaldarazo decisivo a favor del modelo del Big bang.*

Lo anterior se unió a las averiguaciones respecto a las cantidades y proporciones actuales de elementos ligeros en el Universo (básicamente hidrógeno, en menor proporción helio y porcentajes residuales de pocos más), que se corresponden perfectamente con el "relato teórico" de la citada *nucleosíntesis primordial*. Es importante resaltar al respecto, que toda la materia actual está constituida en base a las *partículas iniciales o primigenias*, mediante posterior reelaboración ("cocinado") de una parte de ellas en las reacciones nucleares que se producen en el seno de las estrellas, produciéndose elementos químicos más complejos. Los elementos de mayor complejidad se producen en las explosiones supernova, como veremos en su momento.

Y naturalmente está el hecho de la propia expansión del Universo, que ciertamente fue el detonante de este modelo. Por otra parte, y además, el estudio de este *fondo cósmico de microondas* ha arrojado información de incalculable valor para la comprensión del Universo.

¿Cuál es la máxima proximidad al instante inicial del *Gran estallido* (*al t=0*) dónde podemos "mirar"? Básicamente hay dos concepciones diferentes al respecto. Para hablar de lo que había al inicio del Universo, fuera en última instancia lo que fuera, hemos utilizado el concepto, más intuitivo que científico, de *"huevo cósmico"*. Se ignora su tamaño, aunque se supone que sería absolutamente minúsculo (si bien esto está sujeto a diferentes elucubraciones, algunas muy complejas).

Considerando el modelo del *Big bang* en sentido estricto puede concluirse, que este *"huevo cósmico"* inicial debe ser tratado como un *"punto singular"*. El concepto de punto singular o atípico deriva de las matemáticas y aplicado al ámbito científico presupone que en él no pueden aplicarse las leyes de la física conocidas. Estas no son válidas, porque no estaremos tratando con magnitudes finitas por grandes que sean, sino con infinitos que se escapan al control de las leyes físicas e incluso matemáticas.

En ese *"punto singular inicial"* del Universo no sería sólo, por tanto, que la temperatura o la presión o la densidad de la energía fueran enormemente elevadas, sino que serían infinitas. Por consiguiente ese "punto singular" sería inabordable. En definitiva lo mejor que se podría hacer es no intentar "hurgar" en ese instante inicial de auténtica *creación* del Universo, *el tiempo = 0, donde comenzaron el espacio y el propio tiempo* y exclusivamente preocuparse de cómo estos evolucionaron posteriormente.

Nunca podríamos saber, según este enfoque, lo que pasó en el $t = 0$. Ahora bien, lo que siempre podremos preguntarnos es ¿pero cuánto nos podemos acercar? La primera "herramienta" de la que echaron mano los científicos para explicar como parece que sucedieron las cosas en su proximidad fue la *Teoría de la Relatividad*, cosa lógica por ser esta la moderna *teoría de la gravedad*, fuerza dominante en ese estadio. De esta forma han logrado "mirar" hasta fracciones de segundo después del *Gran estallido*. Pero, conforme se intenta ir todavía más atrás en el tiempo, aumentan las dificultades, pues la *Teoría de la Relatividad* no da respuesta satisfactoria en regiones donde la gravedad es extremadamente intensa, como era el caso del Universo inicial.

Entonces volvemos la mirada a la otra gran *Teoría* conocida, que precisamente rige para el microcosmos, la *Cuántica* (Apéndice 2), que puede ofrecernos explicaciones y datos de un Universo cada vez más concentrado. Pero esta teoría, hoy por hoy, no da respuestas satisfactorias para la gravedad y con el problema añadido de que ambas teorías no son compatibles entre sí cuando actúan conjuntamente, por lo cual hay que "engarzarlas" como buenamente se pueda, echando mano de todo lo que se tenga, como extrapolaciones de los resultados obtenidos en los laboratorios de partículas, por ejemplo, donde se simulan condiciones análogas a las del *Gran estallido*.

A pesar de las dificultades expuestas, apoyándose en criterios cuánticos, los científicos afirman que han podido "mirar algo" hasta el tiempo de ¡10 elevado a menos 35 segundos! y "vislumbrar algo" hasta ¡10 elevado a menos 43 segundos! (una diezmilésima de billonésima de billonésima de billonésima de segundo). Estas afirmaciones hay que tomarlas con las debidas reservas, pues los minúsculos tiempos citados son valores teóricos, obtenidos matemáticamente de las ecuaciones que rigen precisamente la *Teoría Cuántica*.

Se busca, por consiguiente, una nueva teoría que armonice la *Relatividad* y la *Cuántica*, que incluya por ejemplo de forma satisfactoria a la gravedad en la *Teoría Cuántica*, una *Teoría Cuántica de la Gravedad* en definitiva con la que, se supone, se podría analizar más en profundidad lo que sucedió hasta ese 10 elevado a menos 43 segundos (denominado *tiempo de Planck*). ¿Y qué pasa si queremos ir aún más atrás del tiempo de Planck? Pues, si consideramos el $t = 0$ como un punto singular, habremos de concluir: "hasta aquí hemos llegado, no se puede ir más atrás y punto".

Si se abandona la concepción estricta del *modelo del Big bang*, por considerar el planteamiento anterior poco ambicioso desde el punto de vista científico podrá defenderse, por el contrario, que este *"huevo cósmico inicial"* no tiene por qué ser un punto singular, sino algo susceptible de estudio, aunque sea muy difícil. Las leyes de la física tendrían que seguir siendo válidas de alguna forma, sólo haría falta interpretarlas adecuadamente en una situación tan extrema y abrupta, pero que debiera tener una cierta continuidad entre lo que "hubiera antes" (fuere lo que fuere) y lo que hay ahora (nuestro Universo conocido). Por el momento la ciencia carece de la "herramienta adecuada de trabajo", pero confía en poderlo conseguir con el desarrollo de una teoría apropiada, como se ha comentado.

Si consideramos el nacimiento de un ser humano, por ejemplo, para las leyes humanas toda la historia de ese ser como persona, su edad, los hitos y acontecimientos que jalonen su existencia se contarán siempre a partir del momento de su nacimiento, sin que en principio nadie intente ir más atrás. Todos sabemos hoy en día, sin embargo, lo que hay antes y cómo evolucionan el feto y el embrión. El nacimiento es sin duda una situación abrupta, una discontinuidad extrema, aunque no creo que a nadie se le ocurriera plantear que fuese un punto singular.

Pero el dilema se complica si continuamos marcha atrás, ¿es el instante de la concepción un punto singular? Sí, podría perfectamente contestarse, pues el "universo" del futuro ser se inicia en ese instante, es su t=0. Pero también puede contestarse con un no, pues ahí están los óvulos y espermatozoides de los futuros padres a la espera, con toda la carga genética de los progenitores, si bien es cierto que ya estamos hablando de "otra cosa". El dilema es serio.

En cualquier caso, el intentar explicar cómo surgieron el espacio y el tiempo del no-espacio y del no-tiempo conlleva inevitablemente contradicciones a la ciencia, que en buena medida se soslayan con la consideración de un hipotético Multiverso, dentro del cual "nuestro Universo" sería uno más, un "universo burbuja" ¿¡una huída hacia adelante!? Insistiremos sobre esto en su momento.

CAPÍTULO II. UNIVERSO EN EXPANSIÓN

En 1924 el astrónomo estadounidense Edwin Hubble demostró que, contrariamente a lo hasta entonces mayoritariamente establecido, nuestra galaxia no era la única. Las manchas difusas que reconocían los grandes telescopios, las denominadas *nebulosas*, no eran en muchos casos acumulaciones de polvo y gas estelar, sino agrupaciones de millones de estrellas que formaban *galaxias* similares a la nuestra -a la Vía Láctea- y que, meramente debido a sus increíbles distancias, habían venido apareciendo ante nuestros ojos como tales nebulosas.

El Cosmos se nos mostró de repente como inconcebiblemente grande. Cada vez se confirmaban más galaxias nuevas ¡millones de ellas!, algunas situadas a distancias difícilmente imaginables para nuestra mente humana (hablamos de miles de millones de años luz, es decir, que la luz que emiten, a sus invariables 300.000 Km/s, tarda otros tantos años en alcanzarnos), cada una con millones de estrellas.

El Sol, nuestra estrella, resultó ser sólo una más, bastante vulgar por cierto, situada en un rincón de una galaxia en forma de espiral, también vulgar, y girando en torno al centro de la misma. Nuevo fiasco a nuestro orgullo, no solamente la Tierra no era el centro del Universo, sino que tampoco el Sol, ni siquiera nuestra galaxia, la Vía Láctea, pues más tarde se descubriría que esta también está girando en torno a otras agrupaciones más potentes. Incluso y como veremos enseguida, hablar de centro del Universo es, cuanto menos, problemático. La mayor parte de las galaxias que se iban descubriendo tenían forma de disco en espiral o bien distintas formas elipsoidales. Se hacían así realidad las predicciones del filósofo alemán Immanuel Kant, quien exclusivamente en base a deducciones, había postulado ya en el siglo XVIII la existencia de otras galaxias, lo que él denominó *Universos isla*.

Si grande fue el descubrimiento de Hubble sobre la existencia de otras galaxias, no menos importante fue su constatación cinco años después (en 1929) de que las galaxias ¡se estaban separando unas de otras! Y que cuanto más lejanas de la Tierra estaban, a mayor velocidad se alejaban de nosotros. Esto no implica contradicción alguna y que nos supongamos el centro del Cosmos:

Recurramos de nuevo al símil de un Universo de dos dimensiones en expansión, como si fuera la superficie o la goma de un globo que se está hinchando. Si pintamos una serie de puntos en el globo, uno que corresponda a la Tierra, otros cercanos y otros más alejados, conforme el globo se hincha los más cercanos al punto "la Tierra" se alejan, pero más despacio que los más lejanos. La situación sería la misma si se repitiera el ejemplo desde otro punto "central" cualquiera de la goma del globo, es decir, volviendo a la realidad, si la observación se hiciera desde otro lugar cualquiera del Universo. No parece existir centro alguno del Universo, porque ¿cuál es el centro de la goma de un globo?

Insisto en que este símil lo constituye *"la goma"* (del globo), resaltando por tanto que, ni el espacio encerrado por el globo, ni consecuentemente el centro geométrico de la esfera conformada, significan absolutamente nada. Además, mentalmente debemos ignorar la existencia de un espacio exterior, dentro del que crezca la goma. No hay tercera dimensión "a la que agarrarse", si queremos que esta analogía sea satisfactoria. Es el espacio -y con él nuestro Universo- el que se expande, sin centro alguno y en forma autocontenida. No es, pues, que las galaxias se muevan por el espacio alejándose entre ellas, sino que *se alejan porque el espacio mismo se estira*.

Por entonces estos planteamientos, rigurosamente coherentes por lo demás con la *Teoría de la Relatividad*, apenas empezaban a ser comprendidos, pero nosotros debemos tenerlos claros, evitando frecuentes malentendidos al respecto. En cualquier caso, el hecho sorprendente confirmado por Hubble es que ¡el Universo está en expansión! Esto parece el colmo ¡ni siquiera se nos permite vivir en un Universo estático e inmutable!, lo que siempre, aunque sea de forma subconsciente, nos inspira "tranquilidad".

El fenómeno de la expansión del Universo lo comprobó Hubble aprovechándose del fenómeno conocido como *efecto Doppler*, consistente en que cuando un foco emisor de ondas se aleja del receptor, la frecuencia con la que llegan estas ondas a dicho receptor está disminuida (pues las ondas se alargan). Si se acerca, por el contrario, la frecuencia llega aumentada (las ondas se comprimen). Si te encuentras en una estación, oyes el pitido del tren (que se propaga por ondas sonoras) más grave de lo normal cuando este se aleja y más agudo cuando se acerca. La luz emitida por las estrellas de las galaxias lejanas, llegaba a los observatorios de la Tierra con su frecuencia disminuida (desplazada al color rojo del espectro electromagnético), lo que era síntoma inequívoco de que dichas galaxias se estaban alejando.

Con todo, posteriormente se puso de manifiesto que este tradicional *efecto Doppler* no era más que una buena referencia y analogía ya que, como se ha comentado, no es propiamente que las galaxias se alejen por el espacio, sino que el corrimiento al rojo se debe a la dilatación del espacio mismo -*"corrimiento cosmológico"*-, lo que arrojaba fórmulas diferentes para ambos fenómenos (casi coincidentes para las galaxias cercanas, pero claramente diferentes para las lejanas).

Tal era el convencimiento generalizado, probablemente más por motivos atávicos que científicos, en un Universo estático que, hasta que Hubble demostró lo contrario "telescopio en mano", nadie parecía ponerlo en duda. El propio Einstein había "retorcido" las ecuaciones en que fundamentaba su *Teoría de la Relatividad*, de las que ya se podría haber deducido claramente que el Universo estaba en expansión, "obligando" a que fuera estático, a cuyo fin introdujo la *constante cosmológica*, una fuerza repulsiva, supuestamente debida a la tendencia intrínseca del Universo a expandirse, que debía contrarrestar exactamente a las atractivas fuerzas gravitatorias, estabilizando el Universo.

Hubo sin embargo dos excepciones: la primera la del científico ruso Friedmann, quien ya en 1922 defendió una interpretación de las ecuaciones que fundamentaban la *Teoría de la Relatividad*, que arrojaba como mejor hipótesis de trabajo la del *Universo en expansión*, proponiendo, algunos años antes del descubrimiento de Hubble, el primer modelo coherente en este sentido. La segunda fue la del matemático -y sacerdote- belga Lemaître, quien relacionando brillantemente ecuaciones de Einstein con datos que se iban conociendo de las averiguaciones de Hubble, propuso también su modelo en expansión, antes de que el propio Hubble llegara a esta conclusión, avanzando además la primera idea sobre un *"Gran estallido inicial del Universo"*, que le pareció la deducción más lógica de la actual expansión del Cosmos.

Hubble no se conformó con exponer y demostrar las ideas anteriores, sino que midiendo las distancias de una serie de galaxias a la Tierra y analizando los corrimientos al rojo que presentaba la luz que nos llegaba de cada una de ellas, plasmó su revolucionaria idea en una sencilla ley, calculando para ello una constante (que hoy lleva su nombre) H y que, aunque habitualmente se la denomina así, solamente es constante para un momento dado, ya que varía lentamente conforme transcurre el tiempo (varía con la edad del Universo), correspondiendo pues a lo que en matemáticas se conoce como un parámetro, denominando entonces H_0 a su valor actual, que nos dice *"lo rápido que se está expansionando (unitariamente) el espacio en la actualidad y, en definitiva, el Universo"*.

Esta ley, la ya famosa *ley de Hubble*, nos muestra que la velocidad de alejamiento de una galaxia (respecto a nosotros) -debido a la dilatación del espacio- es igual a H_0 multiplicado por la distancia a que se encuentre la galaxia. Esta velocidad de alejamiento / expansión tiene su correspondiente traducción práctica en el corrimiento al rojo de la radiación electromagnética que nos llega desde dicha galaxia, el denominado *"corrimiento al rojo cosmológico"*, que es lo que realmente miden astrónomos y cosmólogos.

H se mide en Km/s/Mpc (Mpc= Megaparsec; 1Mpc= 3,26 millones de años-luz). Los primeros valores de H_0

contemplados por Hubble estaban bastante alejados de los que hoy se consideran, pero ya le permitieron al astrónomo, echando marcha atrás en el tiempo, establecer que el Universo debió tener un principio, estimando su antigüedad. Desde entonces el valor de H_o ha ido modificándose en diversas ocasiones, considerándose actualmente un valor del orden de 70 Km/s/Mpc. Por otra parte, hay que tener muy en cuenta para evitar equívocos, que la *ley de Hubble* describe el comportamiento *promedio* de las galaxias, debido fundamentalmente al estiramiento de los vastos espacios intergalácticos, debiendo ser muy cautos ante sistemas "ligados gravitatoriamente" o "sistemas locales". Nuestra galaxia y la vecina Andrómeda, por ejemplo, no se alejan, sino que se están acercando, debido a que la actuación de las fuerzas gravitatorias es aquí lo preponderante.

En cuanto a la antigüedad del Universo, la cifra que se considera actualmente es de 13.800 millones de años (según el satélite Planck), diferente de los primeros valores planteados, pero que no resta un ápice a las magníficas aportaciones de Hubble, Lemaître y Friedmann a la astronomía y la cosmología, que abrieron la puerta al concepto que todos tenemos hoy de nuestro Mundo. Notoria, por otra parte, fue la contrariedad de Einstein, quién ante las evidencias tuvo que aceptar finalmente la expansión del Universo, renunciando expresamente a su *"constante cosmológica"*, aunque dicha constante haya sido retomada en gran medida por la ciencia actual, como veremos enseguida.

Parece, pues, fuera de duda que el Universo se expansiona. Ahora bien ¿cómo es esta expansión? Tomando exclusivamente en consideración el ritmo de la expansión originada en el Big bang y la atractiva gravitación, consecuencia de la curvatura que imponen al espacio-tiempo tanto la materia como la energía, hay que preguntarse ¿se expandirá indefinidamente el Universo o se detendrá, comenzará a encogerse y colapsará o bien un intermedio entre ambos, un Universo que se expanda justamente con la velocidad crítica para que no llegue a colapsar?

Pues bien, desde las postrimerías del siglo pasado, los cosmólogos vienen confirmando que el Universo está actualmente no frenando (como se había venido suponiendo), sino acelerando su expansión y están convencidos de que la causa es la existencia de un nuevo tipo de energía, a la que vienen denominando *energía oscura*, precisamente porque por el momento se desconoce su naturaleza.

Se estima que tras transcurrir buena parte de su existencia con una expansión frenada -superado el brevísimo periodo inicial inflacionario-, retomó en un momento dado -se habla de hace unos 5.000 millones de años- una expansión acelerada, al irse imponiendo la *energía oscura* (ya veremos cómo). Si esta tendencia no se invierte, y no parece haber motivo para ello (aunque habría que prestar atención al *Proyecto DESI*, citado más adelante), dentro de varios miles de millones de años más nacerían, se supone, las ya últimas estrellas de los despojos de las actuales, lo que poco a poco iría dando paso a un Universo infinito -o al menos en ampliación desbordante- y desolado. Algunos científicos hablan ya, incluso, del "gran desgarramiento". Veamos todo esto un poco más en detalle:

Los científicos, tradicionalmente, habían venido viendo con buenos ojos el *modelo finito* -espacial y temporalmente-, con una expansión suficientemente frenada, pues permite un *Universo autocontenido* -una sucesión cíclica de grandes estallidos y grandes estrujamientos-, lo que eliminaría o al menos suavizaría sensiblemente la existencia / necesidad de puntos singulares (que escapan al control de la ciencia, por aparecer valores infinitos), pero enseguida se comprobó que para que este modelo tuviera una cierta posibilidad, tenía que haber mucha más materia que la observada.

Relativamente pronto se evidenció la presencia de otra materia adicional a la conocida, que ha venido ayudando decisivamente en el "frenado" de la expansión. Es una materia invisible (ya en los años 30 del siglo pasado, empezó a atisbarse su posible existencia), la denominada *materia oscura*, al no poder verse, pues no emite tipo alguno de radiación electromagnética que delate su presencia. Las evidencias se sustentan en comprobaciones experimentales como, por ejemplo, deformaciones del espacio-tiempo puestas al descubierto por insospechadas *lentes gravitatorias;* o las características de la rotación de estrellas y sistemas estelares en torno al centro de la Vía Láctea, mucho más rápida en las zonas alejadas del núcleo central de lo que una atracción gravitatoria, exclusivamente debida a la materia ordinaria, permitiría; o los propios desplazamientos de las galaxias en sus cúmulos; etc.

Se puso entonces de manifiesto, que la única explicación plausible para la expansión acelerada actual constatada del Universo es la existencia de algún tipo de energía desconocida, denominada por ello energía oscura, cuya principal candidata, hoy por hoy, es una *energía del vacío*, asociada principalmente a *fluctuaciones cuánticas* del vacío en cuestión. Esto se apoya en las propiedades de la Mecánica Cuántica, postulándose la existencia de esta nueva forma de energía, que proporcionaría una nueva y desconocida fuerza repulsiva que dilataría el espacio, acelerando la expansión del Universo.

Astrofísicos y cosmólogos se encuentran, entonces, actualmente con los siguientes hechos básicos:

1) La *ley de Hubble*, que relaciona distancias estelares con el correspondiente corrimiento al rojo cosmológico, del que a su vez se deducen las velocidades (radiales) de expansión.

2) Posibilidad de definir las distancias de galaxias lejanas con mucha exactitud, principalmente mediante la observación de *supernovas* de un tipo especial, denominadas Ia. Este hecho ha sido crucial para transformar la cosmología de una ciencia especulativa a otra experimental y más exacta. Ahora son los resultados de mediciones y experimentos los que mandan, más bien que elucubraciones teórico-matemáticas.

3) De lo anterior se deduce claramente que el Universo está actualmente en *expansión acelerada*. La mejor explicación para ello es que exista algún tipo de energía desconocida, denominada por ello *energía oscura*.

4) Comprobación por diferentes medios -también mediante el estudio del *fondo cósmico de microondas*- de la existencia de *materia oscura* (no constituida por átomos, ni protones o neutrones) en grandes cantidades respecto a la materia "normal", visible o conocida. La suma de ambas materias representa aproximadamente el 30% (0,3) de la *densidad crítica* (la densidad correspondiente a un Universo plano).

5) Constatación mediante el análisis del *fondo cósmico de microondas* de que la curvatura promedio del espacio está en el entorno de cero, o sea, un Universo próximo a la *planaridad*. Como ello implica densidad de materia-energía respecto a la densidad crítica en torno a 1, por simple diferencia se deduce de nuevo que debe haber una *energía oscura*, que se puede cuantificar aproximadamente en 70% (0,7) de la *densidad crítica*.

No se sabe en qué consiste exactamente la *energía oscura* ni se conocen sus características, si bien hay varias ideas sobre la misma ampliamente consensuadas, a saber:

* Está claro que no la vemos –y por eso se denomina oscura-.

* Se considera además que o no interactúa en absoluto con la materia o, si lo hace, es en un nivel tan bajo o de una forma tan extraña, que no se puede detectar.

* Por otra parte se la considera *uniforme*, en el sentido de que se distribuye uniformemente por todo el Cosmos, no acumulándose en cúmulos o galaxias, como hace la materia (sea normal u oscura).

* Se cree también que es lo que los científicos denominan *persistente,* en el sentido de que no se diluye como la materia, es decir su densidad permanece constante, a pesar de que el Universo se expanda. Esta extraña propiedad es decisiva para caracterizar la expansión, como podemos ya suponer.

* La *energía oscura* suma con la *materia normal y oscura* y viene siendo considerada como causante de una *fuerza repulsiva*.

Los científicos opinan en general -aunque no hay unanimidad al respecto- que la *energía oscura* no es propiamente la fuente de una fuerza nueva o adicional (a las cuatro básicas conocidas), sino que más bien habría que definirla como causante de un nuevo tipo o una variante de *fuerza gravitatoria*, que sin embargo origina una dilatación o expansión del espacio. Si tuviésemos, por ejemplo, un espacio libre de toda fuerza o campo con sólo dos pompas de *energía oscura*, estas pompas se atraerían entre sí -por gravedad-, pero el espacio se expandiría dentro de cada una de ellas, aunque sea difícil de entender.

Se interpreta frecuentemente la *energía oscura* como la *"constante cosmológica"* de Einstein, que proporcionaría al Universo, recordemos, una desconocida fuerza expansiva ¡a pesar de que el científico indicó que había sido el mayor error de su vida (que ciertamente lo fue en la interpretación original de su autor, a saber, para lograr mantener el Universo estático), no puede decirse que no esté dando juego! El valor de la *constante cosmológica* comprobado para el Universo real -en su expansión acelerada- es, sin embargo, muy pequeño, muy ligeramente positivo, ¡muchísimo menor que los valores que deberían estar asociados a las *fluctuaciones cuánticas del vacío,* según los criterios de la *Mecánica Cuántica* y del *Modelo Estándar* (Apéndice 4)! Suele hacerse referencia a esta discrepancia como *"el problema de la constante cosmológica".*

La *uniformidad* parece lógica, al interpretar esta energía como inherente al vacío, y la *persistencia* es la causa de que la aceleración de la expansión cósmica se esté produciendo, al parecer, en las últimas etapas de la historia de nuestro

Universo, tras un largo periodo de expansión frenada, pues la densidad de materia (oscura, normal y la muy pequeña energía de la radiación) fue preponderante frente a la densidad de *energía oscura* durante largos miles de millones de años, pero la materia (y la radiación) se ha ido diluyendo al expandirse el Universo, al contrario que la *energía oscura,* que no lo ha hecho por su *"persistencia",* con lo que, conforme ha ido avanzando la edad y tamaño del Universo, ha ido tomando mayor preponderancia y protagonismo. Desde hace unos 5.000 millones de años, al parecer, la expansión viene ya siendo acelerada.

Si la comprobada expansión acelerada actual no cambia de tendencia, una clara predicción es que se produzca lo que los científicos denominan *gran congelación* o *"big freeze".* En esta hipótesis -considerada la más plausible por la ciencia actual- se daría paso en un futuro muy, muy lejano a un Universo congelado, sin ningún tipo de salto térmico. Es decir, *térmicamente muerto.*

Si la aceleración de la expansión aumentase, otra opción sería lo que se denomina *gran desgarramiento.* Todo se iría desmembrando poco a poco por la dilatación irrefrenable del espacio: cúmulos, galaxias, sistemas estelares….En un futuro quizás de algunas décadas de millones de años (aunque probablemente menor que en el caso anterior) sólo un inmenso océano de partículas subatómicas, enormemente dispersas, quedaría de nuestro Universo actual, pues hasta los átomos se habrían desgarrado internamente.

Por otra parte, hay quienes no terminan de abandonar el viejo modelo del *gran estrujamiento o "big crunch",* pensando que aparecerá *materia oscura* en mayores proporciones que las actualmente constatadas o que la *energía oscura* disminuirá en algún momento, cediendo en su efecto dilatador. Precisamente respecto a esto último, el *Proyecto DESI "Dark Energy Spectroscopic Instrument"* (*Instrumento Espectroscópico para el estudio de la Energía Oscura*), proyecto de cooperación internacional, que dispone de un sistema instalado en el observatorio de Kitt Peak en el desierto de Sonora (Arizona – EEUU), ha divulgado recientemente que existen indicios de que la *energía oscura* pudiera estar debilitándose.

Estas ideas e indicios entreabren la puerta de nuevo a la posibilidad de que acabara frenándose la expansión del Universo, luego se detuviera, y finalmente pudiera empezar a contraerse hasta un *gran estrujamiento*, modelo que, como comentaba más atrás, ha venido siendo especialmente atractivo para los científicos. Tanto porfía la ciencia en encontrar modelos *cíclicos* de Universo, que actualmente existen modelos, que podríamos llamar híbridos de los anteriores y que siguen perseverando en el intento de explicar, de alguna forma, el enlazamiento del fin de nuestro Universo actual con el reinicio de un posterior *"Big bang"*. En cualquier caso, los que siempre juegan un papel esencial en las etapas finales del Universo son los *agujeros negros*, que encontrarían su propio final al irse "evaporando" muy lentamente por emisión de radiación cuántica (la denominada radiación Hawking).

Comentar también que, en la búsqueda de la *materia oscura*, además de los laboratorios de aceleración de partículas, se utilizan laboratorios específicos subterráneos, como el Centro de investigación de Canfranc (Huesca), soterrado bajo los enormes bloques de piedra de los Pirineos, lo que le dota de un perfecto aislamiento natural y un excelente filtro para los ingredientes de materia-energía ordinarios, que transporta la *radiación cósmica*, que arriba a nuestro planeta. Cuando esta acceda al interior del laboratorio, un porcentaje de lo detectado podría ser *materia oscura* o extraña.

Y termino este capítulo insistiendo en que es, ciertamente, duro para la ciencia ¡ignorar en qué consiste el 95% de la masa–energía de nuestro Universo! Pasan los años y, a pesar de los esfuerzos, el enigma no termina de desvelarse, por lo que no es de extrañar que se estén indagando también otras alternativas a la existencia de la *materia / energía oscuras*, como aducir que quizá las fórmulas de Newton y Einstein para la atracción entre masas no sean correctas a las grandísimas distancias que rigen en el Cosmos o que, al menos, haya que modificarlas o reinterpretarlas. Se estudia también actualmente una posible relación entre la *materia oscura* y los *agujeros negros* (que esbozaremos en el Capítulo IV, dedicado a estos "sumideros infernales"). Incluso se habla de la posible influencia de *universos paralelos* en la atracción gravitatoria o de la existencia de dimensiones extra…Hasta la fecha no hay, sin embargo, ninguna alternativa fiable consolidada.

"La expansión del Universo puede ser el hecho más importante que la Humanidad haya descubierto jamás acerca de sus orígenes. Al igual que la evolución, puesta de manifiesto por Darwin en el siglo XIX, la expansión cósmica provee un contexto dentro del cual las estructuras simples pueden cobrar forma y desarrollarse hasta convertirse en estructuras complejas. Sin la evolución y la expansión la biología y la cosmología carecerían actualmente de sentido alguno" (John P. Huchra 1948-2010, astrónomo estadounidense).

CAPÍTULO III. ESTRELLAS Y GALAXIAS

Contemplemos este Universo nuestro tal como se conoce ahora mismo. En primer lugar debemos tener en cuenta que el Universo que vemos, el que escudriñan los astrónomos, tanto en la zona de luz visible con los potentes telescopios de que se dispone, como la ingente información que se recibe y se procesa en los observatorios que trabajan en otras bandas del espectro electromagnético, no directamente visibles para el ojo humano, como las de infrarrojos, microondas, ondas de radio, en las bandas inferiores o bien en las superiores, correspondientes a los rayos X o los gamma, no corresponde al Universo tal como es hoy en día, sino a como era en el pasado. *La observación del Universo puede considerarse, en cierta forma, una máquina del tiempo.*

Al tener la velocidad de la luz, y de las ondas electromagnéticas en general, un valor elevado pero finito, estas tardan un determinado tiempo en llegar a nosotros desde los focos que las han emitido (estrellas o lo que sea). Estamos viendo por consiguiente cada cuerpo celeste como era cuando la luz salió de él, con lo que ahora mismo podemos estar observando estrellas que ya no existen. Cuanto más lejos miramos, por tanto, inevitablemente más atrás en el tiempo estamos viendo lo que estamos mirando. La circunstancia adicional de que las galaxias se están alejando entre sí, debido a la expansión del Universo, tampoco facilita precisamente el estudio de este, como veremos. Por tanto, sólo si se extrapola e interpreta adecuadamente toda la información electromagnética que nos llega, podremos hacernos una idea aproximadamente correcta de cómo es el Universo hoy en día.

En todo caso, la visión que nos ofrece el Cosmos es, pues, un fascinante viaje por el espacio y el tiempo. Como todos sabemos, para medir distancias tan inmensas como las cósmicas se utiliza el año–luz (que equivale a casi 10 billones de kilómetros). El que una estrella esté situada por ejemplo a 20 millones de años–luz del Sistema Solar, significa que su luz tarda 20 millones de años en alcanzarnos -en una primera aproximación, pues la expansión del Universo, insisto, complica enormemente las cosas-.

La Vía Láctea es un enorme disco espiral de unos 100.000 años-luz de diámetro, que alberga al parecer nada menos que ¡entre 200.000 y 400.000 millones de estrellas! Tiene un movimiento lateral de aproximación de unos 40 Km/s a nuestra gran galaxia vecina Andrómeda, de quien dista algo más de 2 millones de años-luz. Junto con Andrómeda y otras galaxias forman lo que se denomina el grupo local, con medio centenar de galaxias y 4 millones de años-luz de diámetro, que a su vez gira en torno al cúmulo de Virgo, con unas 2.000 galaxias, situado en torno a 50 millones de años-luz de distancia. Todo lo anterior constituye el denominado supercúmulo de Virgo, que engloba 10.000 galaxias con una extensión de unos 100 millones de años–luz de diámetro.

Este supercúmulo es atraído por otro "compañero", el Hidra – Centauro, y toda esta masa imponente de galaxias se mueve hacia un punto que ejerce una atracción inimaginable, denominado *gran Atractor*. Así que el Universo tiene hasta sus "autopistas" por las que se deslizan los cuerpos celestes, dando por otra parte la impresión de que en este Cosmos, por lo general violento, todo gira alrededor de todo ¡es increíble…, y nosotros pendientes del último fichaje que hace nuestro equipo!

Se han detectado hasta la fecha cientos de miles de millones de galaxias, cada una por lo general con miles de millones de estrellas. Entre los supercúmulos existen enormes vacios intergalácticos, algunos de extensión inimaginable. A esta escala inmensa el Universo se asemeja a una especie de "esponja", con cúmulos y supercúmulos arracimados a modo de filamentos, formando una increíble "tela de araña", con sus correspondientes huecos / vacíos cósmicos . Hay filamentos, que por su enorme extensión y consistencia son denominados murallas. ¡Todo esto sobrepasa con mucho los límites de nuestra mente humana! ¡Sobrecoge y marea a poco que meditemos en ello!

Limitándonos a nuestro "patio de vecindad", se puede decir que este está formado por estrellas que se encuentran a distancias del orden de algunos años-luz del Sistema Solar, la más cercana Próxima Centauri a 4,3 años–luz. ¿Nos sentimos pequeños? Pero pensemos también ¿cómo se sentirían un virus o un electrón "inteligentes" frente a las dimensiones de un ser humano?

El hecho de que *las estrellas nazcan, vivan y mueran*, que ahora nos parece evidente y normal, sólo se puso de manifiesto hace poco más de un siglo. Las estrellas y los planetas, por cierto y contrariamente a lo que podría pensarse, constituyen solamente una pequeña parte de la materia normal (sin entrar en la materia oscura) del Universo, consistiendo la misma mayoritariamente (en una u otra forma) en gas y polvo interestelar.

Pues bien, las estrellas se originan a partir de nubes de gas -principalmente hidrógeno, también helio y otros más residuales-, por el aglutinamiento de materia mediante las fuerzas gravitatorias. Ubicadas en los cúmulos, son las nebulosas generalmente los "criaderos de estrellas", las cuales se inician, usualmente agrupadas en racimos, como protoestrellas. Se mantienen vivas mediante reacciones nucleares de fusión que se originan en su seno, produciendo ingentes cantidades de energía que equilibra a su gravedad, evitando su colapso. Para ello consumen hidrógeno en primer lugar, luego pueden consumir helio y algunos otros elementos en mucha menor medida, siendo principalmente la masa de la estrella (junto a su composición) la que determina su tamaño, brillo / luminosidad, evolución y productos finales de las reacciones de fusión, marcando en definitiva los procesos y características de la misma.

Para que se inicie la fusión nuclear la temperatura ha de ser lo suficientemente elevada. De ello se encargan (como de costumbre) las fuerzas gravitatorias. La masa de la estrella es determinante: para masas muy pequeñas (inferiores a 0,1 masas solares aproximadamente), las reacciones nucleares se limitan a formar deuterio (isótopo del hidrógeno con 1 protón + 1 neutrón en su núcleo) a partir del hidrógeno y se denominan *enanas marrones* por su característico color apagado. Son unas estrellas un tanto fallidas, no mucho más allá que un planeta, algo así como un "quiero y no puedo".

Para masas superiores y hasta más o menos la mitad de la masa del Sol, ya pueden fusionarse también los átomos de deuterio para formar helio (2 protones + 2 neutrones en su núcleo). Estas estrellas se denominan *enanas rojas*, como en el caso anterior a causa de su color dominante y son muy abundantes en la Vía Láctea. Nuestra ya citada "vecina de al lado", Próxima Centauri, que configura el sistema estelar allende la nube esférica de Oort, es precisamente una enana roja, mucho más pequeña que el Sol.

Estrellas aún mayores, más o menos como nuestro Sol, pueden continuar con procesos de fusión, produciendo átomos progresivamente más pesados hasta el hierro -que es el elemento más estable-, convirtiéndose así en *auténticos talleres en los que se va produciendo materia cada vez más elaborada.* Por otra parte, un pequeño porcentaje de la energía producida en estos gigantescos reactores nucleares, alcanza, tras larguísimos periodos de tiempo, la superficie de la estrella, desde donde es emitida al espacio, propagándose a enormes distancias en forma de radiación electromagnética. Por eso vemos o detectamos las estrellas lejanas. Así nos llegan la luz y el calor procedentes del Sol, elementos indispensables para el desarrollo y mantenimiento de la biología en nuestro planeta.

Hablamos de átomos (neutros) por sencillez expositiva, pero se debe aclarar que normalmente las zonas internas de las estrellas, debido a las altísimas temperaturas reinantes, se encuentran en estado de plasma, con los electrones (carga negativa) desligados de sus núcleos (carga positiva), en el que se suele denominar cuarto estado de la materia -adicional a los tradicionales estados sólido, líquido y gaseoso-. Este estado de plasma ralentiza enormemente el camino de la radiación electromagnética, al ir esta interactuando en su recorrido con los electrones libres (y, en menor medida, con los núcleos positivos) -en forma similar a lo que acontecía en el Universo naciente hasta sus aproximadamente 380.000 años de existencia-. De ahí los larguísimos periodos de tiempo a considerar hasta que la radiación alcanza la superficie de la estrella.

La vida de una estrella, antes de su inevitable muerte, también depende de su masa. Como regla general, cuanto mayor es su masa, menos viven. Nuestro Sol, por ejemplo, tiene una vida esperada del orden de 10.000 millones de años (actualmente está, por tanto, alcanzando la mitad de su edad). Podemos distinguir, básicamente, dos formas de "vejez" y "agonía" de las estrellas:

En las que tienen una masa similar o mayor que nuestro Sol (hasta unas 7 u 8 veces), la vejez empieza a producirse cuando el combustible nuclear fundamental (hidrógeno con sus isótopos) empieza a escasear, con lo que las fuerzas gravitatorias empiezan a imponerse, produciéndose una gran compresión en la zona central de la estrella, con el correspondiente aumento de temperatura, lo que propicia que empiecen a fundirse elementos más pesados (como helio y otros). Las partes externas de la estrella se van dilatando enormemente -y acabarán siendo expulsadas, en gran medida como residuos estelares-. El tamaño de la estrella aumentará pues muchísimo en esta etapa de su vida, en lo que se conoce como *gigante roja*. Es por tanto el destino de nuestro Sol, que de paso se llevará por delante, calcinándolos, a Mercurio, Venus y la Tierra -al menos- (pero tomémonos nuestro café tranquilamente, que todo esto tardará todavía algunos miles de millones de años).

La zona central de la estrella pervive con todo, a pesar de que ya haya cesado toda reacción nuclear ¿y qué fuerza es, entonces, la que se opone a la gravitatoria para mantener el equilibrio? La fuerza gravitatoria triunfante habrá logrado comprimir la materia (los átomos son en gran medida "espacio vacío"), aplastando a los electrones hacia los núcleos y, al quedar tan juntos los electrones, entra en acción el *principio (cuántico) de repulsión electrónica,* que es quién tomará ahora el relevo de las reacciones de fusión, para equilibrar la atracción gravitatoria. Estas estrellas acabarán, pues, sus días convertidas en lo que se conoce como *enana blanca,* un resto degenerado de la estrella original, con un brillante color blanquecino y con sólo unos miles de kilómetros de diámetro, que poco a poco se irá enfriando, perdiendo su color blanco y convirtiéndose en un oscuro y frío cadáver estelar, en lo que se denominará *enana negra.* Al ser las enanas blancas de pequeño tamaño y poco brillo son difíciles de detectar y además son de muy larga vida, suponiéndose por tanto que son muy abundantes en el Universo.

Las de masas aún superiores tienen un final muy diferente y mucho más fructífero para el Universo ¡y para nosotros, como veremos a continuación!, al acabar sus días estallando en una colosal traca cósmica, en lo que se conoce como *"supernovas".* En realidad, lo que suele explotar es la periferia de la estrella, al producirse una desestabilización entre dicha periferia y el núcleo del astro, provocando la gravedad un tremendo impacto entre ambos, que es la causa de la explosión cósmica. Al producirse este estallido descomunal, el brillo de la supernova compite (e incluso supera) en intensidad, por un breve periodo de tiempo, con el de toda la galaxia en la que se encuentra. En la explosión en supernova se llegan a sintetizar todos los elementos del sistema periódico, a diferencia de las estrellas más pequeñas, donde sólo se sintetizaban elementos hasta el hierro ¿por qué?

Porque en las estrellas de menor masa -que no llegan propiamente a explotar-, las reacciones que se producen liberan energía -son exógenas- y de esta forma sólo se puede llegar hasta el hierro, que es el elemento más estable del sistema periódico y, por tanto, el de menor energía. En la violenta explosión supernova de una estrella, sin embargo, se produce un gran exceso de energía, que la naturaleza aprovecha para producir reacciones que la absorben –endógenas-, con lo que se pueden producir todos los elementos del sistema periódico, también por encima del hierro (aunque sean menos estables que él o claramente inestables).

Con los restos de la supernova, con sus despojos, se formará pues otra generación de astros, de manera que en estos últimos la cantidad de elementos pesados será mayor, pudiendo repetirse el proceso. De esta forma la variedad de elementos complejos va aumentando en el Universo, permitiendo progresar en la vía hacia la vida.

El núcleo estelar que pervive a la supernova, por su parte, puede tener varios destinos en función de su masa, siendo dos los más usuales. Una posibilidad es que los electrones y protones de los átomos de este núcleo estelar (o estrella residual) se combinen a neutrones. Es decir, la fuerza gravitatoria, al ser aquí todavía mayor (por la enorme concentración de masa), logra no sólo comprimir a los electrones hacia el núcleo atómico, sino fundirlos con los protones, originando neutrones. Los átomos de esta estrella residual se habrán convertido, por tanto, en auténticos núcleos constituidos sólo por neutrones, de modo que la fuerza que se opone ahora a la gravitatoria es la *fuerza (cuántica) de repulsión neutrónica*, mayor que la de repulsión electrónica. En cierto modo toda la estrella es como un gigantesco núcleo de neutrones, quedando reducida a un tamaño mínimo, mucho menor aún que el de una enana blanca. Esta estrella residual se denomina en consecuencia *estrella de neutrones*.

En relación con las estrellas de neutrones, por otra parte, se ha establecido recientemente otro mecanismo de generación de elementos pesados, complementario del descrito un poco más arriba, que propone que las reacciones endógenas que los originan se producirían también en colisiones entre estrellas de neutrones (normalmente en sistemas binarios de este tipo de astros). Las enormes densidades de neutrones rápidos a disposición, propiciarían la conversión de elementos ligeros en pesados.

El físico y astrónomo indio Chandrasekhar, por su parte, añadió precisión y claridad a los procesos que estamos comentando, al demostrar que la fuerza de repulsión electrónica de una enana blanca resulta insuficiente para equilibrar / detener la fuerza gravitatoria compactante, si la masa de dicha enana blanca supera el valor de 1,44 masas solares, denominado lógicamente límite de Chandrasekhar. Cuando la enana blanca sobrepasa ese límite, lo normal es que degenere en una estrella de neutrones. Ahora bien, si la masa de la estrella residual de neutrones supera unas 2 masas solares, se abre otra inquietante posibilidad, pues entonces no hay fuerza alguna que se oponga ya a la gigantesca fuerza gravitatoria, ni siquiera la repulsión cuántica de los neutrones, sobrepasándose por tanto todos los reductos y el residuo de la supernova -el núcleo central de la estrella- se acabará convirtiendo en un *"agujero negro"*, concepto tan apasionante como extraño, que estudiaremos en el próximo capítulo.

Los astrónomos venían tropezando con un problema, en principio insalvable, que entorpecía la observación del Cosmos y este era la atmósfera de la Tierra que, a modo de filtro deformante / absorbente, dificultaba enormemente una correcta visión del Universo. Esto se soslayó en 1990 con la puesta en órbita del telescopio espacial Hubble, de forma que la información no distorsionada aportada por este ha venido añadiendo datos de incalculable valor en este campo.

Entre otros, confirmó la existencia del agujero negro en el centro de nuestra galaxia; la homogeneidad del Cosmos a gran escala; el descubrimiento de galaxias muy lejanas y por tanto pertenecientes a un Universo muy primitivo; y casos de "canibalismo galáctico", al detectar como una galaxia grande se "engullía" a otra pequeña ¡la máxima de que "el pez grande se come al chico" es válida también a nivel galáctico! Para sustituir al Hubble se lanzó a finales del año 2021, el imponente observatorio espacial James Webb.

Por otra parte, primero el satélite COBE, lanzado en 1989 por la NASA, luego la sonda WMAP, también de la NASA, lanzada en el 2001 y finalmente el satélite de la Agencia Espacial Europea (ESA), PLANCK, lanzado en 2009, han detectado y analizado las mínimas, pero significativas, diferencias de temperatura (en el entorno de los 3K ó -270ºC) de la *radiación de fondo*, que se hizo visible unos 380.000 años después del Big bang, lo cual ha permitido obtener una sorprendente "radiografía" de cómo era el Universo a tan temprana edad, la más antigua que puede verse, pues hasta ese momento este era densamente opaco, como se ha indicado.

Esas mínimas diferencias o fluctuaciones de temperatura son significativas, pues responden a inhomogeneidades o desigualdades -"fosilizadas"- de la densidad de masa / energía del Universo primitivo, que presagiaban / implicaban ya una estructura diferenciada en numerosísimos aglutinamientos de materia —cúmulos de galaxias con sus correspondientes estrellas- y los correspondientes vacíos intergalácticos, que se irían conformando hasta desembocar en el Universo que constatamos en la actualidad. Además estos satélites han permitido datar la edad del Universo, finalmente, en 13.800 millones de años con mínimo margen de error. En el 2013 se lanzó también la sonda europea *Gaia* (tomando el nombre de la diosa mitológica de la Tierra), que analizará infinidad de estrellas y otros cuerpos celestes, fundamentalmente en la Vía Láctea, con el objetivo (entre otros) de confeccionar mapas tridimensionales de los mismos.

El Universo es autocontenido, no parece tener bordes y desde luego nosotros no somos su centro y ni siquiera hay tal centro (aunque sí se habla de un centro de masas). Lo que sí somos, sin embargo, es el centro de nuestro *Universo observable*, que como una gigantesca esfera aparente, denominada esfera celeste desde tiempos inmemoriales, se abre ante nuestros ojos. Eventuales alienígenas en otro rincón del Cosmos, también serían el centro de su *Universo observable* (por supuesto diferente del que vemos nosotros). El detalle y profundidad en su observación depende lógicamente de las prestaciones técnicas de nuestros telescopios, pero parece obligada la pregunta: ¿hay un límite u horizonte cosmológico, más allá del cual sea ya imposible ver / detectar algo?

En un supuesto Universo estático, que hubiera surgido de pronto hace 13.800 millones de años tal como hoy lo conocemos, las galaxias más lejanas que podríamos ver actualmente estarían a una distancia de precisamente 13.800 millones de años–luz, por corresponder a la máxima distancia que podría haber recorrido la luz desde su existencia y este sería hoy el límite cosmológico del Universo observable (una aparente esfera celeste con este radio y nosotros como centro). A mayor antigüedad, correspondería proporcionalmente mayor distancia y...fin de la historia.

En el caso de nuestro Universo dinámico y en expansión, surgido del Gran estallido, las cosas se complican enormemente. De hecho, los astrónomos se ven obligados a utilizar distintas interpretaciones / escalas de "distancia". El Universo hoy directamente observable (en teoría) se restringe aquí, en principio, también a los 13.800 millones de años–luz, correspondientes a su edad, pero ahora, mientras el rayo de luz emitido por una galaxia ha estado viajando hasta alcanzarnos, simultáneamente el espacio ha estado dilatándose, tanto "a sus pies" (de ahí el corrimiento al rojo que detectamos en sus frecuencias), como "a sus espaldas", lo que es importante para entender los conceptos que siguen.

Cuando se determine que la distancia de una galaxia es de, por ejemplo, tres mil millones de años – luz, en base a que su luz ha estado viajando tres mil millones de años, correspondiente pues a la antigüedad con que la estamos viendo: *distancia por tiempo de viaje - luz*, hay que considerar que, ni la galaxia estaba a esa distancia cuando emitió el rayo de luz que ahora nos alcanza, sino que estaría más cerca: *distancia por diámetro angular*, ni está a dicha distancia ahora, cuando nos llega su rayo, pues se encontrará más alejada: *distancia comóvil*.

Tampoco la luminosidad que captamos con nuestros telescopios: *distancia por luminosidad* nos da la distancia correcta. Afortunadamente para los astrónomos, las "diferentes distancias" prácticamente se superponen cuando son inferiores a unos 2.000 millones de años-luz y además todas las distancias comentadas están relacionadas por sencillas fórmulas matemáticas (al menos en teoría, claro).

Los cosmólogos cifran entonces el radio del Universo observable en torno a 46.500 millones de años – luz, que puede ser interpretado como el radio de una colosal esfera ideal / inferida, centrada en nosotros. Esto es así porque, cuando recibimos las imágenes de objetos celestes, debido a la expansión del espacio "a espaldas" del rayo de luz que nos alcanza, sabemos que dichos objetos se encuentran actualmente más allá de la distancia que ha recorrido el rayo luminoso (que incluye la expansión del espacio "a sus pies"), según una escala de distancias que se expande con el Universo -distancia y coordenadas comóviles-.

A esa distancia límite de 46.500 millones de años-luz (respecto a nosotros) se situaría actualmente el Big bang y la correspondiente emisión de ondas gravitatorias y neutrinos que le siguió (ambos fenómenos aún no detectados, al menos fehacientemente). Cuesta asimilar esto, pero hay que insistir en que como el Universo es una "máquina del tiempo", cuanto más lejos miramos, más en el pasado lo estamos viendo. Conviene recordar, asimismo, que hasta que se liberó la luz, a los 380.000 años tras el Gran estallido, todo era "invisible" en el Universo primigenio.

El Universo observable así definido puede dar lugar entonces a cierta controversia, al no ser en realidad el límite del Universo directamente observable, que sería el delimitado por el radio de 13.800 millones de años-luz, según lo dicho -y que algunos astrónomos siguen interpretando como su auténtico radio-, sino el límite del Universo del que hoy podemos tener información. Fuera de la esfera de 46.500 millones de años-luz se extenderá pues un Universo que ya nos es absolutamente desconocido y sobre el que sólo caben especulaciones. La mayor distancia detectada por los astrónomos (hasta el momento) ha sido una galaxia, que se sabe que actualmente debe estar a unos 32.000 millones de años–luz.

Para complicar un poco más las cosas, algunas explicaciones parecen confundir *Universo observable y Universo total*, que aunque nadie sabe realmente qué dimensiones tiene, se sospecha que es mucho mayor que el observable (incluso ciñéndonos a lo generado en nuestro Big bang). Por otra parte, el hecho de que la dilatación del espacio se esté acelerando -y no frenando, como hasta hace bien poco se suponía-, hace que cada vez mayor número de galaxias se estén alejando de nosotros a velocidades superiores a la de la luz (lo cual no viola ninguna ley, como se comentó al tratar de la expansión inflacionaria del Universo inicial) y, si la aceleración sigue aumentando, hará inevitable que cada vez más galaxias vayan quedando fuera de nuestro alcance por siempre jamás, existiendo por tanto un número creciente de ellas de las que los futuros astrónomos nunca sabrán nada ni recibirán información alguna.

El científico, filósofo y académico estadounidense Douglas R. Hofstadter (1945) afirmó: *"Resulta que un misterioso caos acecha tras una fachada de orden...y en cambio, dentro del caos, se esconde un orden aún más misterioso".* Esto lo dijo, en principio, a propósito de nuestro cerebro, pero podemos aplicarlo también al Universo, ya que los expertos están cada vez más asombrados por el gran parecido existente entre la red neuronal de nuestro cerebro, constituida por del orden de 100.000 millones de neuronas, actuando interconectadas y el Universo a muy gran escala, como una inmensa esponja, constituida por cúmulos y supercúmulos de galaxias, arracimados a modo de filamentos, con enormes huecos y vacíos cósmicos, como decíamos más arriba. Similitud estructural, pero ¿¡también organizativa!? Resulta llamativo, en este sentido, que ¡el número de neuronas de nuestro cerebro sea del mismo orden de magnitud que el de estrellas de la Vía Láctea o que el de galaxias del Universo!

CAPÍTULO IV. AGUJEROS NEGROS

Apasionante tema el de los *agujeros negros*, pero ¿qué son exactamente? Como resultado de las investigaciones de varios científicos, entre otros el alemán Schwarzschild, los estadounidenses Oppenheimer (el "padre de la bomba atómica", que tuvo "ratos libres" para ocuparse también de este asunto), Wheeler (que fue el primero en usar esta curiosa denominación) y Kip Thorne, así como los británicos Hawking y Penrose, se puso de manifiesto que uno de los destinos posibles de una estrella residual constituida por un núcleo muy masivo, al enfriarse y por tanto contraerse, es convertirse en un *agujero negro*. Es el caso de estrellas residuales de neutrones con masas superiores a unas 2 veces la masa del Sol (como avanzábamos en el capítulo anterior) y que normalmente provienen de enormes estrellas originales.

Con las matizaciones que se hacen más adelante, los *agujeros negros* son altamente concordantes con la *Teoría de la Relatividad* y, por ello, con la curvatura y deformación del *espacio-tiempo* y correspondiente curvatura de la propia luz, por efecto de la gravedad. El área del recinto inferido que envuelve a la estrella residual supermasiva se denomina *horizonte de sucesos*, pues marca el camino de no retorno para quien lo traspase desde el exterior.

Por otra parte, considerado desde el interior, el *horizonte de sucesos* establece la zona que nada ni nadie puede traspasar, ni siquiera la luz, ya que en su interior hay una masa tan enorme, concentrada en un espacio tan reducido, que la densidad de esa materia es tal, que produce una fuerza de atracción gravitatoria tan elevada, que impide incluso que la propia luz, emitida por la estrella pueda propagarse, curvándose hacia adentro los rayos que intentan salir, de forma que vuelvan otra vez hacia la estrella. Al no poder salir la luz de la reducida zona en que está confinada, mirada desde fuera de dicha zona, esa estrella se convierte en invisible. Solamente la atracción gravitatoria que ejerce, engullendo todo lo que se le "pone a tiro", a modo de un imponente torbellino cósmico, es palpable.

Sólo *tres parámetros* definen un agujero negro: su masa, su momento angular (en el caso de que sean rotatorios) y (eventualmente y si es el caso) su carga eléctrica. Los científicos se refieren a esta circunstancia con bastante sorna, diciendo que los *agujeros negros* "no tienen pelo" -en realidad ¡tienen sólo tres pelos!- En el caso de los *agujeros negros* sin rotación el *horizonte de sucesos* es una superficie esférica, cuyo radio es directamente proporcional a la masa encerrada.

Los *agujeros negros* presentan una serie de características / propiedades tan extrañas como interesantes. En primer lugar, tienen una temperatura, que resulta ser inversamente proporcional a su masa. Por otra parte, el *área de su horizonte de sucesos* aumenta siempre, tanto al acrecentar materia / masa, como la resultante de fusionarse dos de ellos (dejando al margen la emisión de ondas gravitatorias), resultando que el área del horizonte de sucesos es proporcional a la entropía o grado de desorden del *agujero negro*. Los *agujeros negros* detentan una de las mayores reservas de entropía (si no la mayor) del Universo, cosa lógica debido a la ingente cantidad de masa que almacenan y al hecho de "no tener pelo", es decir, que se trata de una masa "amorfa", desprovista de rasgos diferenciales.

En base exclusivamente a la *Relatividad* la contracción de la estrella residual no tendría límite alguno, con lo que el espacio-tiempo colapsaría y esta acabaría convirtiéndose en un punto -en una singularidad de densidad infinita-. Pero, precisamente porque la gravedad alcanza valores descomunales en una zona tan compactada y reducida, también hay que tomar en consideración los conceptos y criterios cuánticos, en lo que trabajó muy activamente el físico y divulgador Stephen Hawking, considerando además que, por el hecho de tener una temperatura, los agujeros negros deberían emitir radiación.

Aplicando entonces criterios cuánticos -efecto túnel de forma destacada- se nos explica cómo los *agujeros negros* irán convirtiendo su masa en radiación electromagnética, que se irradiará desde sus contornos y acabarán desapareciendo tras larguísimos periodos de tiempo, consiguiendo así lo que sería impensable sin considerar –además de la *Relatividad*- las extrañas propiedades de la *Física Cuántica*. La radiación emitida se conoce como *radiación de Hawking...*, pero hay un problema. Veamos:

La temperatura de los *agujeros negros* es en general bajísima (salvo en los muy, muy pequeños), al ser inversamente proporcional a su masa. La temperatura del *fondo cósmico de microondas*, que se puede considerar la temperatura promedio del Universo, es sin embargo –actualmente- de 2,7 K, es decir, superior (en la generalidad de los casos). Por tanto, para que los *agujeros negros* empiecen a emitir radiación / energía neta o, lo que viene a ser lo mismo, para que su masa disminuya ($E=mc^2$), la temperatura promedio del Universo tendrá que haber quedado por debajo de la suya, lo que si bien llegará a producirse en algún momento -de continuar la expansión-, tardará por lo general todavía muchos miles de millones de años. Así que los *agujeros negros* tardarán ¡muchísimo! en extinguirse.

En relación con los *agujeros negros* se venía dando la curiosa situación de que todo el mundo (científicos y profanos) venía hablando sobre ellos desde hace bastantes décadas y, sin embargo, sólo desde prácticamente las postrimerías del siglo pasado han empezado a llegar pruebas fehacientes de su existencia, dado el avance tecnológico espectacular de todo lo relacionado con la astronomía y cosmología (el papel del observatorio espacial, *Hubble*, ha sido aquí decisivo). Tanto ha sido así, que recientemente (en 2019) se consiguió incluso fotografiarlos por primera vez, como comentaremos a continuación.

No deben extrañar, con todo, las dificultades para su verificación, ya que por su propia definición no pueden verse. Sí pueden verse o al menos constatarse o medirse sus diversos e importantes efectos colaterales, como el giro anómalo y forzado de estrellas a su alrededor, debido a la enorme atracción gravitatoria, así como los discos de acreción de materia, cayendo en espiral hacia ellos y chocando entre sí, desde los que, debido a las enormes aceleraciones y correspondientes temperaturas que se alcanzan, así como a los campos magnéticos originados, se eyectan a enormes distancias chorros de radiación electromagnética -muy especialmente rayos X y gamma-.

Por otra parte, debido a su (por lo general) imponente masa y consecuente deformación brutal del espacio-tiempo en su entorno, hay que considerar también los efectos tipo *"lente gravitatoria"*, cuando los *agujeros negros* se interponen en el camino de los rayos de luz, que nos llegan de estrellas o galaxias. Todo esto arroja pues gran información (aunque sea indirecta) sobre estos abismos finales, tan extraños como imponentes.

En el centro de la Vía Láctea tenemos uno enorme de 4 millones de masas solares, denominado *Sagitario A*, y cientos (si no miles) de *agujeros negros* menores en su entorno. Hay *agujeros negros* en el centro de la mayoría de las galaxias (si no en todas), en muchos casos mayores y/o más activos que el nuestro. Por otra parte, las *ondas gravitatorias* que se detectaron en 2016 fueron causadas por la fusión de dos enormes agujeros negros.

Pues bien, el Consorcio / Proyecto *"Event Horizon Telescope"*-*Telescopio del Horizonte de Sucesos*-, formado por numerosos científicos e instituciones de diferentes países y utilizando una serie de radio-observatorios distribuidos por todo el planeta -entre ellos el de Pico Veleta en Sierra Nevada (España) y la red *ALMA* (Chile)-, entrelazados como si fueran uno solo (del tamaño de la Tierra), logró en 2019, utilizando técnicas revolucionarias de interferometría, diferentes algoritmos y un ingente trabajo de análisis de datos y correspondiente computarización, obtener la fotografía de un agujero negro supermasivo -de casi 7.000 millones de soles- en el centro de la *galaxia M-87*, situada a 55 millones de años-luz de la Tierra.

Y en 2022 se fotografió ¡por fin! el *Sagitario A*, situado en el centro de nuestra galaxia. En las fotografías puede verse toda la zona que rodea al *horizonte de sucesos* del agujero, cuyas imágenes responden asombrosamente a las características esperadas, y con el inaccesible recinto interior lógicamente en negro.

Enlazando ideas, un *agujero negro* sería similar al caso del hipotético -y, por lo que hoy sabemos, bastante impro- bable- *"gran estrujamiento"*, pero como final de una estrella (en lugar de para todo nuestro Universo). También puede razonarse a la inversa, el *"gran estrujamiento"* sería como un *agujero negro,* pero para el Universo en su totalidad, es decir sería el *"superagujero negro por excelencia"*. Los científicos van todavía un paso más allá en su estudio y afirman que, dada la monstruosa curvatura / deformación del espacio–tiempo que presentan, en pura teoría, cosas que fueran engullidas en uno de ellos podrían reaparecer en otra región muy distinta y diferente del espacio y en otro tiempo, mediante lo que denominan *conductos o agujeros de gusano.*

La *Teoría de la Relatividad* ofrece la posibilidad de viajar al futuro, pero no al pasado. Al tratar de los *agujeros negros* atisbamos, sin embargo, la posibilidad de viajar tanto al fu- turo como incluso al pasado, a través de esos *"atajos" del espacio–tiempo* que son los *conductos de gusano*, en los que los conceptos habituales tanto del espacio como del tiempo carecerían de sentido. De momento estamos ante disquisi- ciones teóricas, pero cuanto menos no cabe duda de que la idea de los *agujeros de gusano*, como un medio para burlar las leyes normales de la física, sigue entusiasmando a científicos y aficionados.

Abundando en lo anterior hay estudios, fórmulas y elucu- braciones, que apuntan a que el tiempo se detendría para un hipotético astronauta en el momento de atravesar el *horizonte de sucesos* y dado el entrelazamiento espacio-tiempo, hay quién afirma que a partir de ese instante, es decir, cuando el astro- nauta empezara a adentrarse en los dominios del *agujero negro,* habría de alguna forma (que no está muy clara, ciertamente) *una inversión de los papeles entre el espacio y el tiempo,* ya que el espacio sería ahora unidimensional (pues sólo tiene ya sentido en la dirección radial, hacia el centro del *agujero negro*) y el tiempo sería tridimensional ¿¡ofreciendo al astronauta una panorámica completa de pasado, presente y futuro!? ¿O será el *tiempo imaginario* dentro del *horizonte de sucesos...*? ¿¡Ciencia –ficción o realidad!? (Ver el Apéndice 5). Recomiendo también al lector, en este contexto, la estupenda película *"Interstellar"*, de 2014, dirigida por Christopher Nolan.

Sólo cuando los científicos consigan una teoría fiable unificada entre la *Relatividad* y la *Cuántica* se podrá tener una comprensión más clara y exacta (esperemos) de estos extraños cuerpos. Y probablemente sean los *agujeros negros* los *"laboratorios naturales"* más apropiados para buscar -y en su caso conseguir- esta anhelada unificación de la ciencia, por la estrecha conjunción entre ambas teorías presente en ellos, con una curiosa yuxtaposición de aspectos y características tanto relativistas como cuánticos.

Cerramos por el momento lo relacionado con agujeros negros, comentando los "objetos cósmicos" denominados *Quásares*. La naturaleza de los *Quásares* trajo en jaque a astrofísicos y cosmólogos durante muchos años. La propia denominación que se les dio, abreviatura de *"Quasi stellar"*, ponía bien de manifiesto que realmente no se sabía lo que eran, solamente que, a modo de puntos lejanos en el Cosmos, emitían potentísimas radiaciones, la mayoría de ellas fuera de la zona visible del espectro electromagnético.

Desde hace tiempo ya, se ha establecido que son zonas de galaxias o incluso galaxias enteras con colapsos gravitatorios, que albergan en su interior *agujeros negros*. Al estar los *Quásares* muy alejados de nosotros, lo que vemos ahora debe corresponder, por otra parte, a fases tempranas del Universo, cuando los *agujeros negros centrales* serían más activos (se supone). En esta línea, los científicos están cada vez más convencidos del papel decisivo que los *agujeros negros* jugaron, tanto en la formación de las galaxias tal como hoy las contemplamos, como respecto a su muy probable papel en las fases finales de nuestro Universo, sean estas las que sean.

En relación con su papel en la formación de las galaxias y del Universo, tal como lo conocemos, muchos astrofísicos actualmente consideran que numerosos *agujeros negros* no se habrían originado por colapso de estrellas, en la forma descrita más arriba, sino que su origen radicaría, al parecer, en el Universo muy primitivo con una temperatura, presión y densidad extremas y con (o debido a) las inhomogeneidades que citábamos en el capítulo anterior. Serían los denominados *agujeros negros primigenios o primordiales*.

Algunos de estos *agujeros primitivos / primigenios / primordiales* se habrían extinguido ya, pero muchos seguirían existiendo hoy en día, incrementando como norma materia de sus contornos -es decir, "vivos y engordando"-. Pues bien, los científicos vienen actualmente relacionando cada vez más los *agujeros negros primigenios o primordiales* –estos sumideros gravitatoriamente atractivos- con la *materia oscura*. El recientemente lanzado observatorio espacial *James Webb*, entre otros cometidos, está dirigido a aportar datos y conocimientos sobre este importante tema, sobre el que aún no hay resultados fidedignos ni consolidados.

CAPÍTULO V. EL SISTEMA SOLAR Y UN PLANETA VULGAR ¿¡O EXCEPCIONAL!?

Todo el *Sistema Solar* tiene el mismo origen. Las mismas nubes de residuos de anteriores cuerpos celestes, explosiones de supernovas incluidas, afortunadamente para nosotros, pues son el mejor "criadero" de elementos pesados, esenciales en el camino hacia la vida; polvo y gas interestelares (hidrógeno principalmente y también helio); y siempre la misma fuerza, la gravitatoria, que primero empezó a condensar el Sol y a continuación, más o menos con los restos, los cuatro pequeños planetas rocosos interiores y los otros cuatro mayores gaseosos exteriores; el cinturón de asteroides (con miles de ellos), entre Marte y Júpiter, separando los planetas rocosos de los gaseosos; el *cinturón exterior de Kuiper*, también con miles de cuerpos, entre ellos el no hace mucho destronado planeta Plutón y cometas -actuales o potenciales-.

Todos los cuerpos mencionados están girando en una especie de disco en torno al Sol, pero además mucho más allá del cinturón de Kuiper, en la parte más externa del Sistema Solar, a modo de cierre del mismo, se extiende en forma más o menos de superficie esférica una suerte de nube, que alberga multitud de cuerpos menores, la denominada *"nube de Oort"*, en gran medida todavía desconocida por los astrónomos, pero que se supone con un radio del orden de ¡1 año-luz!

Planetas, asteroides, cometas y restantes cuerpos celestes quedaron irremediablemente "enganchados" a la estrella naciente por la gravedad. Júpiter fue, al parecer, el primer planeta que se formó y por su gran tamaño y posición tuvo una influencia decisiva en el desarrollo y características de sus compañeros –Tierra incluida–. Se formó así el sistema estelar en el que todos nosotros vivimos, *nuestra familia cósmica*.

Veamos entonces algunos "cotilleos de familia" que suelen pasar inadvertidos. Por razones de diseño, las representaciones del Sistema Solar nos lo suelen mostrar muy reducido, con los planetas apiñados en torno al Sol, lo que es incorrecto, ya que es enorme (al menos para nuestra escala humana) –piense como referencia en el tamaño de la nube de Oort–, con inmensos espacios vacíos. Los planetas, por otra parte, son de tamaño mínimo frente a la estrella (incluso el enorme Júpiter, no digamos el resto). Esto, salvando la abismal diferencia de escala, nos recuerda la estructura básica del átomo (núcleo / mucho espacio vacío / minúsculos electrones frente al núcleo ¿o no?).

A partir de la exploración de nuestro satélite y correspondiente alunizaje de seres humanos, por primera vez en 1969, gracias al Apolo 11 y posteriores alunizajes, muy seguidos en el tiempo, de los Apolo 12, 14,15, 16 y 17 –otros cinco, hasta 1972–, se han venido realizando por la NASA, la Agencia Espacial Europea (ESA) y/o por terceros, numerosas misiones espaciales / lanzamiento de sondas, para conocer de cerca y explorar diferentes cuerpos del Sistema Solar, sean planetas, planetas enanos (como Plutón), satélites, cometas o asteroides. Sin ánimo de ser exhaustivos, podemos citar:

- El Pioner 10, que llegó a Júpiter en 1973 y el Pioner 11, en 1974
- El Mariner 10, que llegó a Mercurio en 1974
- El Viking 1 y 2, que llegaron a Marte en 1976
- La sonda Galileo, que llegó a Júpiter en 1995
- La Cassini, que llegó a Saturno en 2004 y la Huygens, que se lazó conjuntamente con la Cassini, se posó en el satélite de Saturno, Titán, en 2006
- Spirit y Opportunity, que llegaron a Marte en 2004
- Messenger, que llegó a Mercurio en 2008
- La sonda Dawn, lanzada en 2007 para explorar los asteroides Ceres (planeta enano) y Vesta
- Curiosity, que llegó a Marte en 2012
- New Horizonts, que llegó al planeta enano Plutón en 2015
- La sonda Rosetta, que orbitó un cometa en 2014/15, enviando al mismo el módulo de aterrizaje Philae.
- El Voyager 1 continua actualmente su viaje, encontrándose a más de 20.000 millones de Km., esperándose que continúe activo hasta 2025
- El Voyager 2, que después de recorrer Júpiter, Saturno, Urano y Neptuno, se encuentra en la actualidad a más de 17.000 millones de Km. y continuará transmitiendo señales al menos hasta 2025
- La sonda Juno, lanzada en 2011 para explorar Júpiter
- La velocísima sonda solar Parker, lanzada en 2018, para estudiar la corona solar.

El hecho de que los planetas rocosos sean los más próximos al Sol y los gaseosos (helio, hidrógeno, metano, hielo…) los más alejados, no es una casualidad, sino que debido a la proximidad de la estrella, la masa gaseosa de los planetas interiores resultó evaporada por el calor de la misma. En relación con los planetas gaseosos es interesante comentar, que el último de ellos –Neptuno- fue descubierto en el siglo XIX gracias a los precisos cálculos aportados por el francés Le Verrier (matemático, químico y astrónomo), quién había detectado anomalías en la órbita de Urano, respecto a lo que la Teoría de la gravitación universal de Newton indicaba. Con independencia del importante hallazgo astronómico en sí mismo, esto tuvo tres efectos colaterales considerables:

En primer lugar, fue una nueva confirmación de la teoría newtoniana; en segundo, evidenció cómo se podía llegar a un hallazgo físico - cósmico gracias a las matemáticas exclusivamente (o casi); y en tercero, que al detectarse también anomalías en la órbita de Mercurio (el planeta más próximo al Sol), se pensó en una causa parecida a la de Urano, es decir que habría un cinturón de asteroides o un nuevo planeta (al que se llegó a denominar Vulcano) entre Mercurio y el Sol, que alteraría(n) por su atracción la órbita de Mercurio -en concreto el avance o precesión de su perihelio (el punto de la órbita más próximo al Sol)-. Aquí, sin embargo, lo que fallaban eran las teorías humanas del momento, en este caso la Ley de la gravitación de Newton, como puso de manifiesto Einstein, pocas décadas después, al demostrar que la precesión del perihelio de Mercurio se correspondía -con precisión asombrosa- con los planteamientos de la Teoría de la Relatividad.

La historia del *Sistema Solar*, de nuestra *familia* cósmica, es el mejor ejemplo para introducir brevemente los *sistemas caóticos*. La *Teoría del Caos*, junto a la *Teoría de la Relati-*

vidad y la *Teoría Cuántica*, fue uno de los avances trascendentales de la ciencia del siglo XX, aunque en el caso del *caos* probablemente sea más correcto hablar de una serie de estudios, conceptos e investigaciones, que de una teoría integral (al modo de sus dos nombradas "compañeras de siglo"). Los antiguos griegos encontraron un *orden* en el Universo, un *"cosmos"* (que ese es su significado), pues también fueron ellos los que nos legaron el vocablo antónimo, *"caos"*, con el significado (que se mantiene actualmente) de *desorden* o *lo incontrolado*.

La meteorología es un ejemplo paradigmático de *sistema caótico*. No hay más que constatar los habituales errores de sus predicciones, en cuanto van más allá de unos pocos días y ello a pesar de la cantidad de medios disponibles -satélites incluidos, por supuesto-, pero hay otros muchos ejemplos, desde la trayectoria que sigue el extremo de un "sencillo" péndulo doble, hasta la economía, pasando por el *Sistema Solar* -a partir de tres cuerpos interactuándose gravitatoriamente, sus trayectorias exactas se van volviendo "impredecibles"-, la biología, el crecimiento de las poblaciones, la sociología...., la propia historia de la humanidad en general, como iremos constatando más adelante.

Un *sistema caótico*, en principio, sería aquel no determinista, regido por el azar y las probabilidades, si bien los estudios al respecto se vienen centrando en lo que se denomina *caos determinista*, claramente alejado ya de ese caos mítico o primordial que deriva de las antiguas culturas. El *caos determinista*, como su nombre indica, no presupone un mero azar, sino una sujeción a determinadas reglas, fórmulas matemáticas (aunque puedan ser muy enrevesadas) y límites, que de alguna forma imponen un cierto carácter determinista a estos sistemas, dentro de su enorme complejidad, ausencia de previsibilidad clara y falta de linealidad en sus ecuaciones. La introducción de los ordenadores ha sido decisiva para el estudio de estos sistemas. De hecho, el surgimiento moderno de los estudios sobre el *caos*, ha ido muy de la mano de la evolución de las modernas técnicas de computación, decisivas por su enorme capacidad, rapidez de cálculo y posibilidades de simulación.

Hay una serie de características o rasgos comunes a todo *sistema caótico determinista*. El primero, y probablemente el más importante, es la gran sensibilidad que tienen los *sistemas caóticos* a las *condiciones iniciales*. El célebre *"efecto mariposa"*, por ejemplo, nos pone de manifiesto las increíbles consecuencias que puede tener el *"aleteo de una mariposa"* en un determinado lugar, sobre el clima en una región muy alejada de la anterior.

Otra característica importante es la denominada *auto-similitud* o *auto-semejanza*, que indica que en el desarrollo de un *sistema caótico* hay dibujos, figuras o rasgos que, a distintas escalas, se repiten incesantemente. Propiedad que está estrechamente relacionada con la aparición de lo que se denominan *fractales* -abreviatura de *"fractional dimension" / dimensión fraccional*-, que pone de manifiesto la existencia de un patrón (o patrones) que se multiplica(n) indefinidamente. Por otra parte, la *recurrencia* indica que un *sistema caótico determinista* vuelve una y otra vez a situaciones similares (pero no iguales) a la de partida, algo así como lo que sugiere esa frase tan coloquial de "meterse en bucle".

Relacionada con la *recurrencia* toma asimismo relieve lo que se denomina *atractor (extraño),* una especie de figura etérea que "centra o limita" al sistema, como si lo atrajera hacia él, aunque el sistema esté evolucionando con gran dinamismo. Recordemos a modo de ejemplo cósmico el *"gran Atractor"* hacia el que se mueve el supercúmulo Hydra-Centauro y con él nuestro supercúmulo de Virgo ¡con decenas de miles de galaxias que, a su vez, están en incesante agitación y movimiento entre ellas!

Los *sistemas caóticos* han sido, de alguna forma, un revulsivo para la ciencia actual. Esa especie de *curiosa reconciliación entre lo impredecible* (al menos en la práctica) *y el determinismo* ha abierto nuevos horizontes a nuestra comprensión del mundo, poniendo cada vez más en cuestión esos modelos nítidos y ordenados de cosas y sistemas, tan sencillos como llenos de estética y elegancia, tal como nos legaron los griegos clásicos, con Pitágoras, Platón y Euclides a la cabeza y que, en buena medida, conservaron filósofos, matemáticos y científicos, alcanzando la Edad Moderna —iniciada en torno al Renacimiento- y que prácticamente se han venido manteniendo, de una u otra forma, hasta hace poco más de un siglo. Aunque parezca mentira, cuesta mucho convencerse de que *¡la naturaleza forma imperfectas y deformadas montañas y no perfectos y estéticos conos!*

En relación con las importantes —y, en gran medida, imprevistas- consecuencias, que un mínimo incidente casual puede tener según el *"efecto mariposa"* o, lo que viene a ser lo mismo, la gran importancia de las condiciones iniciales en el desarrollo del sistema global, se ha hecho popular un poema que, más o menos, dice así:

"Por culpa de un clavo, se perdió la herradura,
Por culpa de la herradura, se perdió el caballo,
Por culpa del caballo, se perdió el jinete,
Por culpa del jinete, se perdió el mensaje,
Por culpa del mensaje, se perdió la batalla,
Por culpa de la batalla, se perdió el reino."

Poema basado, a su vez, en la obra teatral *"Ricardo III"*, del gran dramaturgo inglés William Shakespeare. Además de mostrar la importancia de las condiciones iniciales para un *sistema caótico*, en este poema –muy didáctico, ciertamente- podemos constatar cómo, en cada verso, aparece un *efecto* originado por su correspondiente *causa*. Es decir, la *ley causal* no desaparece. Y, conforme avanzamos en los versos, la importancia de la causa / efecto va aumentando, hasta la consecuencia final. Pero lo impredecible también está ahí, pues la realidad es que, a fin de cuentas, por la azarosa pérdida de un clavo ¡se acaba perdiendo un reino!

Concluyo estas ideas generales sobre los *sistemas caóticos* comentando que, aunque estos sistemas están por lo general enfocados al mundo macroscópico, sus "conflictos con el determinismo" están muy en línea con los que aparecen al intentar explicar la *Mecánica Cuántica* (Apéndice 2), si bien esta última está fundamentalmente centrada en el mundo microscópico.

Pues bien, el *Sistema Solar* fue en tiempos pretéritos violento y caótico en extremo. En la actualidad es, ciertamente, mucho más tranquilo y estable, pudiendo parecer a primera vista algo armonioso y exacto, regido por unas claras y sencillas leyes matemáticas. La "guinda" sería, claro está, que las órbitas de los planetas fueran circunferencias en lugar de elipses, pero también la elipse es al fin y al cabo una cónica, una pura curva matemática. Sin embargo, en cuanto lo estudiamos "de cerca", vemos que nada más lejos de la realidad. Los planetas describen complicadas y cambiantes curvas, hay continuas resonancias gravitatorias (por coincidencias de dos o más planetas en determinadas zonas a lo largo del tiempo) y un mundo caótico y turbulento persiste en buena medida y así aparece ante "la lupa" de nuestros modernos e inquisidores telescopios.

El *Sistema Solar* completa una vuelta alrededor del centro de nuestra galaxia o universo isla, la Vía Láctea, que se encuentra a 26.000 años-luz, en unos 230 millones de años (año cósmico), con una velocidad del orden de 220 Km/s, lo que significa que el Sol es ya un adulto de 20 "años" de existencia. La Tierra se fue formando unos 100 millones de años después que el Sol, teniendo una edad en torno a 4.500 millones de años. En una primera etapa fue un amasijo incandescente, hasta que su temperatura fue disminuyendo y acabó permitiendo que se formara una corteza, más o menos sólida, en su superficie, fluyendo lava incesantemente por grietas e intersticios. Con el tiempo se formarían atmósfera, mares y océanos, y un solo y gigantesco continente, denominado *Pangea*. Este macro-continente se acabó fragmentando y derivó en los continentes actuales.

Nuestro planeta gira alrededor del Sol a unos 30 Km/s. En nuestro turbulento *Sistema Solar*, de vez en cuando, se ha venido produciendo un cataclismo que ha puesto la Tierra "patas arriba" -también por causas internas al propio planeta, naturalmente-, lo que ha sido decisivo, entre otras cosas, para alterar, en muchos casos drásticamente, la evolución de los seres vivos, sobre lo que trataremos en el próximo capítulo.

Nuestro satélite, la Luna, se formó muy tempranamente. Según teorías recientes, se fue formando mediante la conglomeración de los restos producidos en una tremenda colisión de otro planeta, denominado Tea, (dentro del violento y caótico sistema solar inicial, que comentábamos más arriba) con la Tierra. El papel de la Luna ha venido siendo decisivo por diversos motivos. En primer lugar, estabilizó progresivamente el *periodo de rotación* de la Tierra, actualmente en 24 horas (girando mucho más rápido al principio); fue importante también para el desarrollo de la vida en nuestro planeta, al menos tal como la conocemos, al fijar el *eje de rotación* de la Tierra, decisivo para el cambio de las estaciones; y produjo *las mareas*, moviendo rítmicamente las ingentes masas de agua de los océanos.

Correspondiendo al título de este capítulo nos preguntamos entonces ¿es la Tierra un planeta vulgar o excepcional? Y, a pesar de todo lo que ha avanzado la ciencia y el conocimiento, continuamos sin tener una respuesta contundente. Es un planeta vulgar, por ser uno entre miles de millones, por no ser, no ya el centro del Universo (como durante milenios se supuso, por cierto), ni tampoco el centro de nuestra galaxia ¡ni siquiera de nuestro vulgar sistema estelar! Sólo uno entre tantos y, sin embargo, como trataremos con más detalle en el Capítulo XV, a pesar de innumerables esfuerzos exploratorios del Cosmos, los *sapiens* continuamos (por el momento) sin encontrar "parientes" en este Universo inconmensurable y no sólo en referencia a seres inteligentes, sino que por mucho que algunos nos quieran embarullar, ni siquiera parece haberse confirmado aún vida elemental fuera de la Tierra (al menos como nosotros la entendemos).

Progresivamente va tomando forma, por otra parte, la idea de que los sistemas, la naturaleza en general y el Universo en su conjunto, parecen evolucionar *auto-organizándose*, avanzando sin un centro organizador claro, moviéndose dentro de un aluvión de posibilidades y ensayando múltiples caminos. Y todo ello entrelazado en buena medida con los conceptos *fractales*, de *auto-semejanza* y de *recurrencia*, comentados un poco más arriba.

Es sólo cuestión de observación constatar cómo, en medio del desorden (al menos aparente), se van produciendo unidades *auto-organizadas*, con clara tendencia a formas esferoides, elipsoidales o espirales, de tipo "torbellinesco" en general, y también de tipo arbóreo o de esponja, como se puede apreciar barriendo la escala cósmica, desde los diminutos núcleos atómicos y correspondientes átomos -*microladrillos de la materia*- hasta en los planetas, estrellas, sistemas estelares, agujeros negros, galaxias y cúmulos -*macroladrillos cósmicos*-, pasando por los ciclones y tornados, que periódicamente asolan la superficie terrestre. Patrones similares desde el microcosmos hasta el macrocosmos.

CAPÍTULO VI. LA CHISPA DE LA VIDA Y EL GÉNERO HOMO

Bajo condiciones de intensa radiación electromagnética, tanto del Sol como del propio planeta, ausencia de oxígeno en la atmósfera y existencia de agua líquida, progresó la formación de *moléculas orgánicas* cada vez mayores y más complejas. No se sabe exactamente cómo, si por una muy afortunada y difícil conjunción de factores o por una tendencia hacia la auto-organización del Universo (como apuntábamos) o probablemente por la combinación de ambos -y/o de más- fenómenos, hace unos 3.800 / 3.900 millones de años -muy temprano, por tanto-, durante un periodo de tiempo relativamente corto, una o varias macromoléculas empezaron a replicarse, dando paso al / a los primer(os) organismo(s) unicelular(es), a la *vida elemental*, en definitiva.

La intensa radiación aportaría la necesaria energía para tan complicados procesos; la ausencia de oxígeno era imprescindible, pues si este hubiera estado presente, su poderoso poder oxidante sobre otros átomos / moléculas habría impedido que estas moléculas se fueran "enmarañando"/ entrelazando, impidiendo así que progresaran en su enorme complejidad; el agua líquida, por su parte, aportaría el soporte físico, "la charca cálida" para estos difíciles y complicados procesos. Las moléculas biológicamente complejas o incluso vida muy elemental también pudieran haber venido del espacio, mediante asteroides o cometas por ejemplo, posibilidad con la que se especula mucho actualmente, pero esto, a nivel cósmico, sólo distanciaría en el tiempo el fenómeno que estamos considerando, sin desvirtuarlo.

Menos unanimidad de la ciencia que en el caso de los *organismos unicelulares* -bacterias eucariotas (las más sencillas), procariotas (ya con núcleo diferenciado) y otros- hay, respecto a cuándo se produjeron los primeros *organismos pluricelulares* -fueran plantas o animales-. Existe una enorme dispersión de cifras, pero por dar fechas, parece que en el dilatado entorno de hace entre 1.000 y 1.500 millones de años se produjeron los primeros *organismos pluricelulares*, mucho después, en cualquier caso, que los unicelulares, lo que da idea de la enorme complejidad de todo el proceso.

Podemos asimilar un organismo pluricelular a una colonia (enorme, por lo general) de organismos unicelulares, pues el *ADN* del individuo pluricelular se incluye íntegramente en cada célula del mismo, si bien con la particularidad de que estas células (su *ADN*) están especializadas según el órgano que constituyan. Hace unos 2.500 millones de años, un tipo concreto de bacterias, las *cianobacterias*, produjeron ya fotosíntesis, es decir, pudieron aprovechar la energía solar para convertir moléculas inorgánicas en orgánicas, liberando oxígeno (de forma residual).

Sí hay gran unanimidad de los expertos respecto a que, en el denominado *Periodo Cámbrico,* que duró unos 60 millones de años, hace aproximadamente unos 500 millones de años, hubo una auténtica eclosión de los *organismos pluricelulares.* Por otra parte, se han constatado cinco *extinciones masivas* desde esta eclosión. Frente a lo comentado al hablar de la formación de vida elemental y, aunque parezca paradójico, la presencia de oxígeno en la atmósfera sí fue necesaria para el desarrollo de *vida compleja*, ya que permitió aportar la energía necesaria al ser vivo en evolución. Este oxígeno había empezado a ser producido por las *cianobacterias*, como decíamos, y precisamente hubo un fuerte pico de este elemento durante el *Periodo Cámbrico*, lo que potenció la gran variedad de seres vivos originada en esta época.

El militar, ingeniero, antropólogo y naturalista español Félix de Azara, como consecuencia de sus investigaciones en la América Española, ya en el siglo XVIII, avanzó ideas básicas sobre la *evolución* de las especies (como posteriormente fue reconocido por Darwin). Otro precursor de la evolución, ya a caballo entre los siglos XVIII y XIX, fue el francés Lamarck. En el XIX, el agustino checo (imperio austro-húngaro, entonces) Mendel estableció las leyes de la herencia; fueron los naturalistas británicos Darwin y Wallace quienes profundizaron en la *Teoría de la Evolución*; el estadounidense Watson, el británico Crick y el español Severo Ochoa, entre otros, ya en el siglo XX, hicieron avances esenciales sobre el *ADN*, revolucionando la biología. Y ya en nuestro siglo, el *Proyecto Genoma Humano*, descifrando nuestro *ADN*, ha sido un avance espectacular.

Mediante la *evolución,* los seres vivos se han ido adaptando al medio ambiente de la mejor manera posible, por *mutaciones* en su *ADN* -según sabemos hoy- básicamente aleatorias o azarosas, prosperando en su supervivencia por *selección natural*. Es llamativo, a este respecto, que todos los seres vivos (incluidos los actuales, claro) tienen el mismo origen, derivando por evolución de los organismos unicelulares primigenios. No surge, por tanto, nueva vida hoy -ni siquiera una bacteria-. Toda la vida en la Tierra tiene entonces la misma edad, es decir, la longitud genealógica de cualquier ser vivo es la misma. Se le ha dado incluso nombre a este *"último antepasado común"*: LUCA ("Last Universal Common Ancestor").

Toda clase de vida en la Tierra, plantas y animales, está constituida, asimismo, en base a las mismas sustancias y todos los seres vivos compartimos el tener *ADN*, *ARN*, código genético o los 20 aminoácidos que constituyen las proteínas. Todo esto nos recuerda la circunstancia de que la totalidad de la materia actual está constituida también en base a las partículas iniciales o primigenias, mediante posterior reelaboración de parte de ellas en las reacciones nucleares que se producen en el seno de las estrellas o en las explosiones supernova, según comentamos en un Capítulo anterior ¡¡qué coincidencia!?

Entonces, la evolución de los seres vivos puede que no sea una excepción en la naturaleza, sino algo así como un ejemplo de cómo parece evolucionar el Universo, un tanto "a trompicones" entre una encrucijada de posibilidades que se le van presentando –y sin que se puedan excluir errores e imperfecciones-. La *vida* no dejaría de ser, sino una de las posibles derivaciones evolutivas de la naturaleza, si bien ciertamente extremadamente compleja y privilegiada.

En el núcleo de las células están los *cromosomas*, una cadena de doble hélice, conformada por una macromolécula orgánica de *ADN -ácido desoxirribonucleico-*. La macromolécula de *ADN* está constituida por *nucleótidos*, que están formados, respectivamente, por una *molécula de azúcar,* un *grupo fosfatado* y una *base nitrogenada,* formada por *adenina (A), citosina (C), guanina (G)* y *timina (T).* Cada organismo vivo viene marcado por una determinada codificación de las *bases A / C / G / T,* por su *ADN* característico en definitiva. ¡La densidad de información concentrada de esta manera es increíble! Las células humanas tienen 46 cromosomas: 23 del padre y 23 de la madre. El cromosoma 23 es el sexual: X ó Y (XY si es niño y XX si es niña).

En el proceso de división celular o *mitosis* se separan las 2 hélices del *ADN,* cada una hacia un lado de la célula, clonando respectivamente otra igual –haciendo un duplicado– y finalmente dividiéndose en 2 la célula: *¡una célula se copia a sí misma, característico de la vida!* En este proceso pueden producirse *mutaciones.* Si estas son positivas, favoreciendo la integración del organismo con su medio ambiente –favoreciendo su supervivencia, en definitiva–, esta "derivada" resultará potenciada, pero si las *mutaciones* por el contrario resultan ser negativas, la derivada resultante propenderá a su extinción.

Otra función de la *macromolécula de ADN* es producir los *20 aminoácidos* que sintetizan las *proteínas,* que son los materiales de construcción, algo así como los ladrillos, del ser vivo. O sea, que esta macromolécula –el *ADN*– no sólo dirige la película de la vida, sino que la materializa. Los módulos o segmentos del cromosoma que sintetizan cada proteína son los denominados *genes* y, según el tipo de célula del cuerpo, unos estarán activados y otros no (células del páncreas muy diferentes de las neuronas, por ejemplo). El *ADN humano* más antiguo, hasta la fecha, se ha encontrado entre los restos

arqueológico de la *"Sima de los huesos"*, en la Sierra de Atapuerca (Burgos). En este yacimiento se han encontrado restos del *homo antecessor* y de *neandertale*s (entre otros), según
menciono más adelante. Estos importantes descubrimientos
potenciaron, por cierto, que se erigiera el interesante Museo
de la Evolución Humana en Burgos capital.

El *Proyecto Genoma Humano* ha puesto de manifiesto que
el *ADN humano* consta de algo más de 20.000 genes. Para
la segunda función (producción de los 20 aminoácidos) es
esencial también el *ARN -ácido ribonucleico-*, articulado mediante una cadena de una sola hélice, coordinándose con
el *ADN* en la sintetización de aminoácidos y proteínas, actuando como *intermediario o mensajero.* En vez de la base
timina (T), consta de *uracilo (U).* Fundamentales también
para sintetizar las proteínas son los *ribosomas*, quienes haciendo uso del ARN intermediario / mensajero actúan como
"centros de interpretación" altamente elaborados, dentro de
la célula, al traducir el lenguaje de las cuatro bases nitroge-
nadas originales del ADN en el de los 20 aminoácidos, que
conformarán finalmente las proteínas.

Por su interés deben ser citadas asimismo la *enzimas*, proteínas específicas que actúan como auténticos catalizadores,
acelerando las múltiples reacciones químicas que se producen continuamente en cada célula, permitiendo así una
enorme multiplicidad de procesos, al durar estos muchísimo
menos. Mucho de lo que brevemente se ha esbozado hasta aquí sobre la enorme complejidad de la vida, se ha ido
poniendo de manifiesto y afianzando sólo desde hace unas
cuantas décadas, quedando pendientes aún muchos interrogantes, como puede suponerse.

El *Sistema Solar* es –y sobre todo fue- más turbulento de lo que nos puede parecer en una primera estimación, como ya comentamos en el Capítulo anterior. Tan turbulento, que por eso, de vez en cuando, se produce un *cataclismo* que pone la Tierra "patas arriba", unas veces por causas internas al propio planeta y otras por causas externas al mismo (asteroides, cometas...), alterando, en algunos casos drásticamente, la evolución de los seres vivos. Las cinco extinciones masivas constatadas desde el *Periodo Cámbrico*, según hemos comentado, dan fe de ello. Es nuestra *"falta de perspectiva"* respecto a la inmensidad de los periodos temporales, por otra parte, lo que nos hace muy difícil comprender a los humanos como han podido producirse determinados fenómenos durante el devenir del Universo.

Es curioso que -desde el punto de vista meramente científico- nosotros existiríamos, porque hace unos 65 millones de años el impacto de un gran asteroide (según la hipótesis mayoritariamente aceptada) eliminó del planeta, mediante desbocados incendios, calor extremo y posterior degradación insostenible de las condiciones medioambientales, a los "señores dominantes" de la época, a los *dinosaurios,* que habían venido "enseñoreándose" de la Tierra durante nada menos que ¡150 millones de años!, eliminando asimismo a otras especies vivas en enorme proporción –en la que fue la última de las extinciones masivas-, lo cual permitió novedosas derivaciones evolutivas, entre ellas la potenciación de los mamíferos, de los que procede el *homo sapiens* y de su mano la imponente civilización de que nos hemos dotado. Todo ello originado por un vulgar y casual asteroide –considerado a la escala del *Sistema Solar*-. ¿Y no es este, por cierto, un increíble ejemplo de sensibilidad a las condiciones iniciales, según apuntábamos al hablar de las propiedades de los *sistemas caóticos?*

Los seres humanos, como parte de los seres vivos, somos fruto de la evolución de muchos cientos de millones de años. En el entorno de hace unos 6 millones de años, al parecer, se desgajó en África, la ramá de los homínidos de la de los chimpancés. Parece ser que sucedió en la zona oriental del continente, donde han aparecido gran cantidad de fósiles de homínidos, especialmente en el denominado Valle del Rift, conocido como *"la cuna de la humanidad".*

Los *primates* comparten el tener un cráneo razonablemente grande; cinco dedos con el pulgar oponible (pero generalmente pequeño, por su forma de caminar, apoyados en los nudillos); visión binocular (dos ojos) y tricromática (receptivos a los tres colores básicos: rojo, verde y azul). En el caso de los *homínidos*, la postura bípeda, el hecho de andar erguidos dejando los brazos y sobre todo las manos libres para utilizarlas, con un dedo pulgar más largo posibilitando así el "efecto pinza", facilitando el poder fabricar armas y utensilios, así como nuevas habilidades, fue decisivo. Por otra parte, permitió la visión de amplias áreas –fundamental en territorios de sabana, por ejemplo-. Todo ello potenció el desarrollo del cerebro. Con todo, sólo (apenas) el 2% de nuestro ADN nos diferencia de nuestros "primos" chimpancés ¡hemos aprovechado bien, desde luego, este 2%!

Hace unos 2 millones de años empiezan las migraciones del género homo, desde África a Asia y Europa, habiendo ya utensilios primitivos constatados. Homo erectus en Asia oriental; homo ergaster en Africa; homo de denisova en Siberia; homo florensiensis en la isla de Flores, en Indonesia; homo antecessor hace casi 1 millón de años, en Europa (Sierra de Atapuerca, Burgos), que fue el ancestro común, al parecer, del homo heidelbergensis y de los neandertales. Hace medio millón de años ya había neandertales constatados en Europa y Asia occidental. Hace 300.000 años los homínidos utilizaban ya el fuego de forma habitual.

Hace unos 250.000 años, se supone que aparece *homo sapiens* en África y Hace unos 70.000 años empiezan a salir de este continente, llegando a Eurasia. Los *sapiens* evolucionan rápidamente en este periodo. El lenguaje avanzado es decisivo, al parecer. Se van expandiendo por Eurasia, llegan también a Australia y hace unos 15.000 años se expanden finalmente por América, desde la actual Alaska.

Hace unos 30.000 años se extinguen los *neandertales*. Otras especies de homínidos también van desapareciendo antes o después, hasta quedar sólo los *sapiens*. Aunque hay varias hipótesis, no se sabe exactamente el porqué de estas extinciones masivas, pero probablemente "la mano" del *homo sapiens* no estaría muy lejana. Contra lo que hasta hace pocos años se suponía, sí hubo apareamientos fértiles limitados entre los *sapiens* y otras especies, pues se han descubierto en nuestro *ADN* pequeños porcentajes de otras (normalmente inferiores al 5%). Hace unos 10.000 años comienza el *Neolítico*…Y a partir de ahí, la agricultura, sedentarización, asentamientos, domesticación de animales y aumento exponencial de población.

La evolución ha dotado, pues, a los sapiens de un cerebro increíblemente elaborado y desarrollado, constituido fundamentalmente por una complejísima red neuronal, que nos permite no sólo conocer la realidad –al menos "nuestra realidad"-, sino a nosotros mismos, dotándonos de autoconsciencia, inteligencia, emociones y sentimientos. El cerebro tiene además una curiosa característica, denominada plasticidad, por la que cambia y progresa constantemente a lo largo de nuestra vida, adaptándose de manera muy dinámica al ambiente y circunstancias. Tiene un peso próximo a 1 Kg y medio, consumiendo nada menos que del orden del 20% de la energía de nuestro cuerpo y utilizando más del 60% de nuestros genes (nuestro genoma consta de algo más de 20.000 genes, como decíamos).

A caballo entre los siglos XIX y XX, los neurocientíficos Camillo Golgi (italiano) y Santiago Ramón y Cajal (español), iniciaron la carrera moderna sobre el cerebro, que ha desembocado en los enormes (pero incompletos, como comentamos a continuación) conocimientos actuales. El segundo, aprovechando un método de tinción (tinte o coloreado) de las *neuronas* que había descubierto el primero, lanzó las primeras ideas claras y certeras sobre la composición de las mismas y en definitiva sobre el cerebro, desterrando montones de teorías que se venían arrastrando desde la antigüedad, tan interesantes y curiosas como generalmente disparatadas. Ambos científicos recibieron merecida y conjuntamente el Premio Nobel.

A pesar de los avances en el estudio del cerebro, este sigue siendo en buena medida el gran desconocido de la ciencia. Se sabe bastante bien ya lo que hace, pero sigue habiendo muchos interrogantes respecto a cómo lo hace, a cómo funciona exactamente. Su estructura se va desentrañando poco a poco y se intenta descifrar el código neuronal, el cómo se comunican exactamente las neuronas. Especialmente enrevesado es averiguar cómo surgen nuestras emociones, pensamientos y razonamientos; el funcionamiento de lo que habitualmente conocemos como *mente*, en definitiva. En este sentido, hay diversos proyectos en marcha en diferentes países, centrados en la investigación del cerebro humano y en el estudio de las interfaces cerebro – ordenador, como el *"Human Brain Project"*; *"Human Connectome Project"*; *"Brain"*; y otros.

En todo este contexto, y obviando cualquier triunfalismo, tampoco estaría de más preguntarse si nuestra *"inteligencia sapiens"* colabora fehacientemente en nuestra supervivencia como especie. Si hubiera un cataclismo nuclear -es sólo un ejemplo- provocado precisamente por nuestra avanzadísima tecnología, adivine quién sobreviviría mejor tras el holocausto ¿los cultos e inteligentes sapiens, las listas pero poco inteligentes ratas o las bacterias, tontas del todo?

Se suele comparar nuestro cerebro a un ordenador muy evolucionado. No cabe duda de que similitudes hay, sin embargo los neurocientíficos, los expertos en general sobre este importante tema, no suelen estar muy de acuerdo con esta comparación, al menos si no se introducen matices, como que, en todo caso, el cerebro podría asimilarse a un *ordenador analógico – digital* y no a los ordenadores actuales, casi exclusivamente digitales, es decir, basados meramente en la combinación de unos y ceros –de síes y noes-.

Los *ordenadores analógicos* tuvieron un papel relevante en los inicios de las tecnologías de computación, sobre todo a nivel industrial, basándose en dispositivos electrónicos que efectuaban operaciones matemáticas con magnitudes variables amplificadas, siendo su herramienta básica los denominados *amplificadores operacionales*. Personalmente siento una especial simpatía por estos ordenadores industriales, pues uno de mis primeros cometidos en el mundo laboral fue participar muy activamente en el estudio y puesta a punto de un aparato de estas características –al que denominábamos *"regulador de marcha"* (todavía recuerdo el nombre, por la "guerra" que nos dio)- para dirigir y controlar adecuadamente las diferentes funciones de marcha, velocidades y aceleraciones de una serie de unidades de tren pertenecientes a una empresa nacional ferroviaria.

Otro matiz que se suele hacer, al comparar el cerebro con un *ordenador,* es apuntar en el sentido de que este último fuera *cuántico* (Apéndice 3). Un *ordenador cuántico* está lógicamente fundamentado en la *Mecánica Cuántica,* abriendo además la puerta a la incorporación de las comentadas características analógicas. Tener en cuenta los fenómenos cuánticos parece imprescindible para comprender el complejísimo y bastante misterioso funcionamiento cerebral.

La *"conquista del cerebro"* promovida por gobiernos e instituciones está, pues, de la mayor actualidad. Sería exagerado afirmar que haya sustituido a la *"conquista del espacio",* pero sí puede afirmarse que ambos retos conviven hoy en competencia e incluso podría pensarse, si la inquietud por desvelar los secretos de nuestro cerebro no supera ya, en cierto modo, al interés por descubrir los misterios de nuestro Universo, quizá por ser más novedoso todo lo que rodea a nuestro órgano estrella, frente a un cierto desgaste, cuando no desilusión (¿¡pero dónde están los "dichosos marcianos"!?), en la investigación del Cosmos.

Este doble planteamiento me afianzó precisamente en la idea de enlazar en este libro la investigación cosmológica con el mundo de los sapiens, con nuestro mundo, trayectoria e historia, pues, si efectivamente somos "sapiens", parece que casi exclusivamente se lo debemos a nuestro cerebro, a nuestro "órgano esotérico y sabio". Entiendo que esta es una forma novedosa de encarar estas interesantes cuestiones –al menos, así lo he intentado-. Tú tienes la última palabra, amigo lector.

CAPÍTULO VII. PRIMERAS CIVILIZACIONES E IMPERIOS

Los asentamientos humanos y comunidades más antiguas comienzan, al parecer, en la península de Anatolia (actual Turquía, más o menos), así como por todo el área de Mesopotamia y se van extendiendo por la zona del arco oriental del Mediterráneo y Egipto. Núcleos fundamentales son también China, el Valle del Indo y áreas del sudeste asiático. Posteriormente zonas de América central y del sur.

Hacia el 3.000 a.C. hay ya comunidades grandes y civilizaciones jerarquizadas en Sumeria y en Egipto. La *rueda* y el *arado*, inventos esenciales para el desarrollo humano, aparecieron por esta época o incluso antes, probablemente en el área de Mesopotamia, así como la utilización del *cobre*. Se inició la *escritura*, primero incompleta, orientada sobre todo a una contabilidad rudimentaria.

A partir del 2.000 a.C aparecen los primeros imperios, como el de Hammurabi en Acadia, del que es muy conocido su *Código legislativo*, en el que tienen una gran importancia los asuntos referentes a la familia, propiedad, trabajo, prestaciones, etc., siendo ya el Estado el responsable de castigar al culpable, si bien todavía bajo el criterio del "ojo por ojo". Este *Código* tuvo una influencia grande y duradera, sobre todo en Mesopotamia y en el oriente. Un imperio (dicho breve y resumidamente) sería un conjunto fragmentado de poder, con autoridades / poderes parciales supeditados a uno central y donde, por lo general, coexistiesen diferentes etnias, culturas e idiomas.

Se utiliza ya el *bronce*, aleación del cobre y el estaño y más duro que estos, que posteriormente dará paso a la utilización del *hierro*, aún más resistente. Sucesivos imperios van surgiendo, en Babilonia y en Asiria. Se desarrollan las primeras *escrituras ya completas*. Se emplea el *dinero* como intercambio, teniéndose ya constancia de acuñación de *moneda*, en torno al 600 a.C. (en Lídia, Anatolia occidental).

Desde las primeras civilizaciones se entremezclan las religiones, los mitos y las leyendas. De esta amalgama mítico–religiosa se entresaca, no obstante, un saber sobre el Universo y la naturaleza que llama poderosamente la atención del hombre actual. Los conocimientos astronómicos, matemáticos y técnicos que encierran las *pirámides de Giza* – o *Gizeh* -, por citar un conocido y sugerente ejemplo, nos sorprenden una y otra vez. Todo lo que encierra el Egipto milenario, en cuanto a historia, cultura, religión –su compromiso con todo lo relacionado con el "más allá", con los conocimientos científico-médicos que implicaban las técnicas de embalsamamiento, sigue resultando fascinante, estando además el firmamento estrechamente vinculado con su religión-. Sus imponentes templos y monumentos continúan impresionando, tanto a los investigadores y arqueólogos, como a los curiosos turistas que inundan el país. El Nilo fue el gran protagonista de esta portentosa civilización africana.

En la cadena de los avances científico–tecnológicos que fueron produciéndose en las antiguas culturas hay, con todo, muchos eslabones perdidos, lo que ha dado lugar a diversas (y a veces variopintas) interpretaciones y conjeturas. En toda la región de Mesopotamia, bañada al sur por los fértiles ríos Tigris y Éufrates, prosperó asimismo una primitiva *literatura*, pudiendo destacarse la *Epopeya* del héroe mitológico *Gilgamesch*, de origen sumerio, pero a la que poco a poco se fueron incorporando aportaciones de otras culturas presentes en esta extensa área geográfica.

Parece comprobado por expertos, historiadores y lingüistas, que alrededor del año 1500 a.C. hubo unas migraciones masivas de pueblos desde un área situada en el entorno de los mares Caspio y Negro, en la zona del Cáucaso, tanto hacia la regiones asiáticas de Irán e India, como hacia numerosas regiones europeas. Ello se ha deducido, en buena medida, estudiando los idiomas de las regiones citadas -actuales y antiguos- (farsi en Persia / Irán, sánscrito en la India, idiomas célticos, griego, latín y sus lenguas romances derivadas, idiomas eslavos y germánicos), constatando que deben haber tenido un idioma original común, el denominado *idioma indoeuropeo*. También se han detectado numerosas similitudes en las religiones correspondientes –todas politeístas, ciertamente-.

Por todo ello estos pueblos ancestrales son asimismo denominados *indoeuropeos o arios*. Entre ellos, los *celtas / galos* tienen especial interés para nosotros ya que, aunque aún hay mucha controversia y cuestiones abiertas, lo cierto es que los pueblos celtas se desparramaron por gran parte de Europa (también se les sitúa en Anatolia), alcanzando asimismo la península Ibérica y poblando toda su área noroccidental y central.

El *Imperio persa* aporta ya, para su época, un carácter cosmopolita y bastante tolerante. Sus impresionantes construcciones y su arte en general manifiestan una significativa tendencia al eclecticismo. Con diferentes dinastías y religiones esta civilización ha perdurado, en buena medida, hasta nuestros días. Fue la cuna de la importante religión *mazdeista*, una religión de carácter dualista -la eterna lucha entre el bien y el mal- muy avanzada para aquellos tiempos, implantada por Zoroastro / Zaratustra. No se sabe con certeza cuándo vivió este personaje, quizá en torno al siglo VIII a.C. Este imperio fue conquistado por Alejandro Magno en el siglo IV a.C., pero a la temprana muerte de este, quedó en manos de uno de sus generales, retomando poco a poco su carácter propio.

Nunca llegó a ser conquistado, sin embargo, por el poderoso *Imperio romano*, aunque sí lo fue por los musulmanes, en el siglo VII de nuestra era, que implantaron el *islam* (quedando el *mazdeísmo* como religión residual). Bajo esta nueva religión, en su versión chiita, ejerció de nuevo una poderosa y prolongada influencia sobre los países de su entorno. Su núcleo esencial es el actual Irán.

Persia ha sido una gran desconocida para occidente por diversos motivos. Fue la gran enemiga de la Grecia clásica –encabezada por Atenas y Esparta-, al intentar invadirla, sin éxito, en las conocidas *guerras médicas* (los medos eran uno de los pueblos esenciales de Persia y, sin entrar en detalles, podemos hablar indistintamente de persas o medos). Y, aunque Grecia fue conquistada posteriormente por el *Imperio romano*, ejerció una influencia cultural enorme sobre su conquistador. La imagen que nos ha llegado entonces de

Persia, a través de Roma–Grecia, no ha sido demasiado benevolente. Y tampoco los propios romanos (prescindiendo de la influencia griega) transmitieron precisamente a sus sucesores una imagen positiva de sus eternos y nunca conquistados enemigos -a pesar de los numerosos intentos- ¡parece lógico!

Imperio milenario, comparable al persa en su duración y persistencia, ha sido el *chino*. Los conocimientos de la *civilización china*, desde tiempos muy remotos, especialmente sobre astronomía, agricultura, geología y alquimia fueron muy importantes. El *Imperio romano* coexistió durante un dilatado periodo con este "primo oriental". El *Imperio chino*, cuyo inicio suele situarse en el siglo III a.C., con la dinastía *Qin* (de aquí viene, el gentilicio *"China"*, al parecer, ya que la *"Q"* en chino se pronuncia como la española *"Ch"*), a diferencia del romano, ha pervivido con sus lógicos altibajos, periodos de fragmentación y bajo diferentes dinastías -incluyendo la breve dominación mongola en la intersección de los siglos XIII-XIV (que a los occidentales "nos suena" por Marco Polo y sus viajes)-, hasta principios del siglo XX, cuando China pasó a ser una República. Ya como tal, aunque bajo régimen comunista, vuelve a ser en la actualidad una de las potencias mundiales hegemónicas. ¡Curioso caso, desde luego!

Otra civilización del continente asiático, constituida también en *imperio* durante diferentes periodos, se asentó desde la antigüedad muy remota en las regiones de la India y Pakistán actuales, manifestándose inicialmente en torno al *valle del río Indo*. Toda esta vasta región, cruce de culturas, religiones e influencias, ha venido teniendo desde siempre un marcado carácter propio, lo que unido a su gran densidad de población, le otorga un muy razonable protagonismo en el mundo actual.

En relación con estas dos últimas civilizaciones es importante y a la vez curioso citar, que justo en el entorno del medio milenio a.C., surgieron en esas áreas asiáticas importantes pensadores, a caballo entre filósofos, sabios e iluminados: Gautama Buda y Mahavira en India, y Confucio y Lao Tse en China. El *budismo* ha venido teniendo, según épocas y corrientes, una apreciable influencia hasta nuestros días. El *jainismo* de Mahavira fue un interesante intento reformador del ancestral *hinduismo*. Su gran respeto por los animales (y las plantas), por cierto, le hace en cierta forma precursor del *animalismo* actual. El *confucianismo* de Confucio y el *taoísmo* de Lao Tse —con el *yin* y el *yang* como conceptos opuestos, si bien complementarios-, siguen teniendo alta consideración en la China actual.

El *Imperio griego-macedonio*, de la mano de Alejandro Magno, fue tan efímero políticamente -se desintegró a la temprana muerte de Alejandro, siendo troceado y repartido entre sus generales-, como trascendente culturalmente, por lo que supuso la difusión de la cultura griega por un territorio enorme, en lo que se conoce como *Helenismo* —que, más exactamente, consistió en la fusión de lo griego con las culturas integrantes del inmenso imperio persa conquistado-, considerado por muchos como la *primera globalización*.

Una de las consecuencias relevantes de este periodo fue la erección de la ciudad de Alejandría, en la costa mediterránea de Egipto, con el *Museo* (para promover la investigación, en honor de las musas o diosas de las artes, concepto un tanto diferente de lo que hoy entendemos bajo esta palabra), que albergaba la magnífica y conocida *Biblioteca*. Este recinto, en el que se concentraron el saber y la ciencia de la época, es sin duda uno de los más famosos de toda la historia. A la *Grecia clásica* propiamente dicha dedicaré, por su interés indiscutible, al menos para nuestra sociedad occidental, buena parte del próximo capítulo.

El *Imperio romano* fue uno de los más duraderos, extensos y consolidados de la Historia. Fue creciendo a costa de los etruscos -pueblo de elevada civilización, que ejerció una gran influencia en numerosos aspectos sobre los romanos, siendo incluso la etapa monárquica inicial romana muy dependiente de ellos-; de los celtas / galos; de los griegos -asentados en la "Magna Grecia", al sur de Italia-; de los cartagineses –sus grandes rivales-; y de otros pueblos de menor rango histórico. En su momento de mayor expansión, se extendía por gran parte de Europa, buena parte de Asia y todo el norte de África, a modo de envolvente del mar Mediterráneo, del en consecuencia denominado *"Mare nostrum"* por los romanos. Tras el *helenismo* estamos, sin duda, ante la segunda gran *globalización*.

Gran parte de los países occidentales somos, en una u otra forma, herederos del *Imperio romano*, que primero se configuró como *República* (aunque su historia se inicia como *Monarquía*, según lo arriba indicado) y, a partir de Octavio Augusto, dirigida por emperadores –césares-, en la práctica con un poder casi absoluto y con un Senado ya muy sometido, constituyendo el *Imperio* propiamente dicho.

En el año 395 de nuestra era, el emperador Teodosio dividió definitivamente el imperio en dos partes: el *Imperio ro-*

mano de occidente, con capital en Roma y el *Imperio romano de oriente*, con capital en Constantinopla (antigua Bizancio). Fue este mismo emperador el que, pocos años antes había proclamado al *cristianismo* como religión oficial del *Imperio*, más de medio siglo después del *edicto de tolerancia*, proclamado ya por el emperador Constantino.

El *cristianismo* surgió del seno del *judaísmo*, según la predicación de Jesús de Nazaret, nacido en la época de Augusto. El pueblo judío, que tuvo su periodo de mayor esplendor histórico -como *Estado de Israel*- en torno al siglo X a.C., había venido practicando una religión monoteísta, muy circunscrita a los suyos y poco proselitista. En la época de Jesús, el territorio de Israel (más o menos dividido) estaba integrado en el *Imperio romano*. El *cristianismo,* que al principio apenas era una mera variante o derivada del *judaísmo*, pronto se distanció de su tronco, evolucionando con enorme rapidez, llegando a convertirse –tras años de persecuciones- en la religión oficial del *Imperio*, prosperando luego como religión predominante sobre los restos de este –tras su derrumbamiento en el año 476-, imponiéndose sin rival durante toda la *Edad Media* en Europa, hasta llegar a ser en la actualidad la mayor religión universal.

Interesante pueblo el judío, por otra parte. Uno de los más antiguos que aparecen en la historia y que, a pesar de diásporas y persecuciones implacables, ha venido perseverando en el mantenimiento de sus tradiciones, idioma y creencias, aportando además a nuestra civilización a lo largo de la historia intelectuales y pensadores decisivos. Valga reseñar el elevado porcentaje de Premios Nobel que han venido recayendo en figuras de cultura y/o etnia judía, en relación con la pequeña población mundial que representa este pueblo.

En el continente americano se irían desarrollando lentamente interesantes civilizaciones y culturas, como los *olmecas*, una de las más antiguas conocidas, que darían paso a los *toltecas* y a los *mayas*, en la zona centroamericana. Estas civilizaciones ostentaban destacados conocimientos en arquitectura, escritura, numeración y especialmente astronómicos. El calendario maya, por ejemplo, impresiona y llama poderosamente la atención de los especialistas contemporáneos por su rigurosa precisión. Más tardíamente se desarrollarían *Imperios* como el *inca*, en la zona andina, en el área occidental de Sudamérica o el *azteca*, en la zona sur de Norteamérica y América Central, ambos vigentes hasta el siglo XVI.

CAPÍTULO VIII. UNA SOCIEDAD MUY ESPECIAL

Trataremos en un próximo capítulo de la revolución científica, que empieza a producirse en Europa en torno al año 1500, pero no podemos pasar por alto el primer intento serio, a este respecto, que de la mano de la Filosofía, se produce ya en la *Grecia clásica* unos 2.000 años antes. Los antiguos griegos, cuyos inicios como civilización podríamos situar en la *civilización micénica*, heredera en buena medida de la ancestral *cultura minoica* -radicada en la isla de Creta-, como es lógico, bebieron en las fuentes de otras civilizaciones potentes, pero supieron ir despojando este conocimiento de los componentes míticos que hasta entonces lo habían enmascarado, lo que unido a una curiosidad sin límites sobre el mundo que les rodeaba y el papel que el propio ser humano jugaba en él, les permitieron hacer aportaciones geniales en prácticamente todas las áreas del saber y del arte, pudiendo ser considerados en buena medida como los "inventores" de la ciencia.

Los pueblos griegos, que nunca llegaron a configurar una unidad política (salvo el período efímero del semi-griego Alejandro), se fueron constituyendo a lo largo de su historia en *ciudades-estado* que, en torno al siglo V a.C. y gracias a sus potentes flotas navales y correspondientes rutas marítimo-comerciales –que alcanzaron incluso Hispania, como dan fe las ciudades de Ampurias, Rosas o Denia, por no hablar de sus contactos con la todavía no muy conocida y un tanto envuelta en el misterio civilización de Tartessos, situada en torno al área de la actual Andalucía occidental–, fueron propiciando una región próspera y de riqueza creciente.

La austera Esparta y la más cosmopolita Atenas eran las dos ciudades con mayor influencia, unidas o enfrentadas según los casos. Hicieron frente común ante la amenaza persa –las famosas *guerras médicas*-, para pocos años después enfrentarse duramente entre ellas en la llamada "*guerra del Peloponeso*", con victoria final de Esparta, lo que significó el comienzo del declive político y económico de Atenas.

Aparte de la prosperidad, condición casi ineludible para que numerosos colectivos de ciudadanos estuvieran interesados en temáticas un tanto "etéreas" (sobre todo por entonces), como la *filosofía*, la *ciencia especulativa* o el *arte* (en todas sus facetas), es de reseñar también la (prácticamente) ausencia de una casta sacerdotal en el desenvolvimiento de su religión. Trataron sobre los elementos que constituyen la *materia* y de las *fuerzas* que operan en la naturaleza, como dos grandes bloques y también de los átomos (supuestamente indivisibles, como indicaba su nombre) y de la Tierra esférica y de un Universo regido por las matemáticas y la geometría, en sintonía con la música de las esferas celestiales. Brillante civilización esta, que floreció, como decíamos, hace unos 2.500 años. El imponente y duradero *Imperio romano* se constituyó en heredero de la ciencia, filosofía y arte griegos, ejerciendo así un importante papel amplificador y difusor de esta cultura.

En la *antigua Grecia* se elaboraron, pues, diversas teorías sobre la *constitución de la naturaleza* y la actuación de las *fuerzas* que operaban en la misma. Algunas de las más antiguas que han llegado hasta nosotros, muy desligadas ya de mitos y leyendas, se elaboraron en la ciudad de Mileto, donde varios filósofo – científicos en el siglo VI a.C. manifestaron diversas opiniones razonadas respecto a la constitución de la misma. Tales consideraba el *agua* como el fundamento o principio de todas las cosas. Otros, como Anaxímenes, consideraban por el contrario que este principio era el *aire*. Finalmente Anaximandro y su escuela defendían que el origen de todas las cosas no podía ser una sustancia corriente, sino una *sustancia indeterminada*. No deja de ser sorprendente que, según parece, estos pensadores apuntaban ya opiniones en el sentido de que "*los puntos luminosos que aparecían en la Vía Láctea eran otros mundos semejantes al nuestro*".

Empédocles, un siglo más tarde, manifestó que eran cuatro los elementos que, combinándose de diferentes formas y en distintas proporciones, constituían la base de todas las cosas, es decir de la naturaleza. Estos elementos eran *tierra, fuego, agua y aire*. Esta teoría fue avalada y perfeccionada por Aristóteles, el gran científico de la antigüedad, en el siglo IV a.C., quién añadió un *quinto elemento* para el espacio más allá de la Luna, un sutil elemento que daría un enorme juego a los científicos durante muchos siglos posteriores, como tendremos ocasión de constatar. Me estoy refiriendo naturalmente al éter.

Aristóteles consideraba además dos fuerzas fundamentales: *la pesadez y la ligereza,* que Empédocles había denominado de una forma más poética: *amor,* lo que une las cosas y *odio*, lo que las separa. Una piedra soltada en el vacío caía porque la pesadez (o el amor*)* la obligaba a volver a su situación de origen, la tierra. El humo por el contrario ascendía, porque sobre él actuaba la ligereza (o el odio). En cualquier caso nótese la temprana estructuración de la naturaleza en *elementos y fuerzas,* se los denomine como se los denomine. Esta clasificación en *elementos / materia y fuerzas / energía* esencialmente se ha mantenido hasta nuestros días y es fuertemente intuitiva. Se navega en un barco de vela, porque se dispone del barco (materia) y porque el viento (fuerza) impulsa las velas. Un ser vivo es un cuerpo (materia) con hálito vital (energía), etc.

En cuanto a la naturaleza íntima de la materia, circularon entre los antiguos griegos diversas teorías que, básicamente, se agrupaban en dos tendencias: la que afirmaba que el desmenuzamiento de la misma es ilimitado, es decir, que una partícula de materia, por pequeña que sea, siempre se puede descomponer en partículas aún más pequeñas, modelo al que se adhirió Aristóteles con su imponente prestigio y otra teoría opuesta, iniciada por Leucipo, continuada por Anaxágoras y desarrollada sobre todo por Demócrito (siglo V a.C.), discípulo de Leucipo, que afirmaba que existe un límite inferior en la descomposición de la materia, o sea, que existen unos ladrillos básicos, diminutos, indivisibles, eternos, fijos y macizos, pero no idénticos entre sí, para poder formar las diferentes cosas.

A estas piezas básicas, de las que toda la materia estaría hecha, los llamó átomos, palabra que en griego significa precisamente "indivisible". Habría un determinado número de átomos en la naturaleza que, combinándose de diversas maneras, originarían los distintos tipos de materia conocidos. Los átomos serían como las piezas básicas de un "puzzle" o "mecano", indeterminadamente pequeñas, que ensamblándose de múltiples formas originarían toda clase de cuerpos. Además y con gran perspicacia Demócrito supuso que, debido a las *leyes mecanicistas* que regirían sobre los átomos y que los obligarían a agregarse o disgregarse (según casos y circunstancias), se habrían formado infinidad de mundos, más o menos semejantes al nuestro.

Un siglo más tarde Epicuro hizo suyo el *atomismo* y con ello la doctrina *materialista*, pero frente al *determinismo y la fatalidad* que impregnaban profundamente las ideas de su maestro Demócrito, introdujo buenas dosis de *azar* en relación con las leyes que regían el movimiento de los átomos y en definitiva en la naturaleza, cuestionando con ello la *causalidad*, pero primando el *libre albedrío*. Estas importantes facetas de la doctrina de Epicuro, suelen pasar sin embargo un tanto desapercibidas, pues son muchos los que prefieren centrarse en su doctrina defensora del hedonismo y el placer, que el filósofo, por otra parte, entendió siempre en una forma moderada y racional.

Estamos viendo, pues, teorías y doctrinas en buena medida enfrentadas, de la *Grecia clásica*, que están más presentes hoy en día, a la luz de los modelos actuales, de lo que en un principio pudiera pensarse, como iremos teniendo ocasión de comprobar. Así como también sigue haciéndose sentir la controversia que mantuvieron Parménides de Elea y Heráclito de Éfeso (ambos del siglo VI a.C.). Parménides defendía la identidad e inmutabilidad del ser, frente a la teoría del devenir de Heráclito, rechazando el conocimiento que proviene de la experiencia sensible, ya que la misma está en continuo cambio y lo único que hace es ocultar la exacta verdad de "lo real". Es decir, nos propone un *racionalismo* a ultranza. Para Herácito, por el contrario, lo que cuenta es el *cambio incesante,* según nos muestran *los sentidos*, la transformación continua -nacimiento y destrucción-, subrayando el hecho de que todo fluye y nada permanece, según su ya célebre frase: *"no nos bañamos dos veces en el mismo río"*.

Volviendo a Anaxágoras, los relatos que nos llegan sobre él nos muestran un personaje muy interesante. Era amigo personal del gran estadista y gobernante de Atenas, Pericles, durante el periodo de máximo esplendor de esta ciudad-estado. A pesar de la defensa de Pericles, Anaxágoras fue condenado al pago de una fuerte multa y al destierro, acusado de impiedad, por afirmar que *"el Sol era.... un astro enorme y ardiente"*. ¡Ya entonces la ignorancia investida de autoridad no trataba demasiado amablemente a los científicos!

El concepto dominante que se tenía del Universo en la *antigua Grecia* era el de algo básicamente estático en el tiempo, si bien de alguna manera concatenado con una vaga visión cíclica del mismo. A la Tierra se la consideraba el centro del Universo y se la suponía inmóvil. A su alrededor giraban la Luna, el Sol y los planetas por entonces conocidos. A mayor distancia habría una especie de esfera transparente a la cual, de alguna forma no muy clara, suponían enganchadas las estrellas, que girarían alrededor de la Tierra al girar la esfera que las soportaba. Estamos ante el *modelo geocéntrico*.

Diversos *modelos geocéntricos* se fueron sucediendo, ya desde el enigmático Pitágoras (místico – matemático y filósofo - científico, quien por cierto ya tenía claro que la Tierra era esférica y no plana) en el siglo V a. C., pasando por Aristóteles, Hiparco de Nicea (siglo II a. C.) y finalmente por Ptolomeo, quien en el siglo II d. C. propuso un modelo muy elaborado, explicado en una magna obra astronómica conocida como *Almagesto* (nombre derivado de la traducción al árabe del original griego) y que, básicamente, fue el que perduró hasta bien entrada la *Edad Moderna*.

Hay que añadir, no obstante, que hacia el 300 a.C. Aristarco de Samos ya postuló un modelo alternativo y revolucionario para la época. Sería la Tierra la que giraría alrededor del Sol, auténtico centro del Universo y además la Tierra rotaría sobre sí misma. Es decir, el *modelo heliocéntrico*. Aristarco, además, parece ser que era consciente de las inmensas dimensiones que había que atribuir al espacio sideral. Este modelo sin embargo no prosperó, porque ni la ciencia ni la mentalidad de la época estaban maduras y, por lo que sabemos, todavía tardarían muchos siglos en hacerlo. Sea como fuere, los griegos encontraron un *"orden"* en el Universo, un *"cosmos"* (que ese es precisamente su significado).

El Universo para los griegos y en general para las culturas avanzadas de la época, era habitualmente considerado de dimensiones muy reducidas en comparación con los modelos actuales. La muy antigua y avanzada *civilización egipcia*, de la cual los griegos tomaron prestadas muchas ideas, consideraba que la bóveda celeste estaba casi al alcance de la mano, suponiéndola incluso apoyada en las cumbres de las montañas más altas.

El hecho de que la Tierra estuviera inmóvil, hacía del reposo una situación privilegiada. El sistema de referencia de la Tierra era el sistema absoluto y cualquier cosa que se moviera lo hacía respecto a este sistema en reposo, respecto a la Tierra. Los modelos y teorías de los antiguos griegos sobre la materia, las fuerzas y el Universo son muy a tener en cuenta, puesto que, dado el escaso avance de la ciencia durante la *Edad Media*, con mayores o menores variaciones, fueron los que prevalecieron hasta el advenimiento de la *Edad Moderna* en Europa.

Imprescindible recordar en este breve repaso de tan brillante civilización al filósofo racionalista Platón (cuya vida se desarrolló a caballo entre los siglos V y IV a.C.), cuyas teorías sobre *"el mundo de las ideas"*, del que nuestro mundo físico sólo sería un pálido e imperfecto reflejo, han tenido una influencia posterior enorme (solamente superadas por la de su discípulo aventajado, y mucho más empirista, Aristóteles) y no meramente sobre la filosofía, sino también sobre la ciencia, ya que Platón consideraba que las matemáticas y la geometría eran atributos esenciales de ese *"Mundo / Universo Ideal"*. Platón fue admirador –y en cierta forma discípulo- de Sócrates, quien había sido un pensador humanista e inquisitivo muy "rompedor" para su época *("sólo sé que no sé nada")*.

Muy influenciado por Pitágoras en este sentido, a diferencia de este que se había centrado en los *números* y en la *aritmética*, Platón se decantó especialmente hacia la *geometría*. Esta *concepción matemática del mundo* -el mundo de las ideas para Platón era el verdadero- ha venido marcando en buena medida la ciencia occidental, alcanzando incluso a muchos científicos contemporáneos. Ya ejerció, al parecer, una gran influencia sobre otro grande de las matemáticas, Euclides (siglos IV – III a.C.), quién escribió una obra impresionante de geometría, *los Elementos*, que ha perdurado a través de los siglos, estando incluso vigente en la actualidad en buena medida. Euclides es reconocido, con todo merecimiento, como *"el padre de la geometría"*.

Aristóteles, al que ya nos hemos referido en varias ocasiones, se formó en la célebre *Academia* de Platón (academia que ha venido dando nombre a las miles y miles de academias, que han aparecido posteriormente por todas partes a lo largo de la historia). De sólida formación platónica, por tanto, evolucionó sin embargo hacia posturas filosófico – científicas que se apoyaban ya mucho más en la experiencia y en la observación. Comento también que fue el preceptor de Alejandro Magno.

Desechó el mundo ideal de su maestro (por considerarlo una innecesaria duplicidad) y fue pionero en la aplicación del *método inductivo* (partiendo de las experiencias particulares intentar llegar a afirmaciones generales), combinándolo magistralmente con la *lógica deductiva*, mediante relaciones *causa – efecto*, sistema precursor del *método científico* moderno -cuya paternidad suele tradicionalmente atribuirse a Galileo-. Aristóteles ya afirmaba que *"Debe darse más valor a la observación que a las teorías, siendo estas sólo creíbles si están confirmadas por los hechos observados"*. Es considerado en definitiva uno de los primeros grandes científicos y tuvo una influencia enorme, tanto en la *civilización medieval árabe*, como posteriormente sobre el *occidente cristiano*, especialmente a partir de la *Escolástica* de Tomás de Aquino.

Hacia el año 300 a.C., Zenón de Citio difunde en Atenas una filosofía que ensalza la vida virtuosa, austera, en concordancia con la naturaleza, basada en aceptar los acontecimientos que nos van impactando con criterios de autocontrol y racionalidad. Es el conocido como *estoicismo*, que tuvo muchos seguidores durante bastantes siglos, tanto en el ámbito helenístico, como posteriormente en el romano. A esta filosofía se adhirieron figuras muy relevantes, como el cordobés Séneca o el emperador Marco Aurelio.

Volviendo a Aristóteles, un personaje tan polifacético no podía pasar por alto la política. Afirmó que hay distintas formas buenas de gobierno: la *monarquía* es una de ellas, aunque hay que evitar que degenere en *tiranía*, es decir que el jefe gobierne para su propio beneficio; también puede ser buena la *aristocracia*, pero aquí debe evitarse que se convierta en una *oligarquía*; y finalmente buena forma de gobierno es la *democracia*, aunque aquí se corre el riesgo de que derive hacia una *demagogia*.

La política ya había estado muy presente en los planteamientos de su maestro Platón, quien mucho más teórico y rígido que su discípulo, aspiraba (al menos en su primera etapa) el *Estado perfecto* o *Estado filosófico,* asimilando además los estamentos del Estado (gobernantes / soldados / productores) con las partes del cuerpo humano (cabeza / pecho / vientre) y con el alma (razón – sabiduría / voluntad – valor / deseo – moderación).

Téngase en cuenta, por otra parte, que la *ciudad-estado* de Atenas es considerada *la cuna de la democracia*, alcanzando su madurez en el siglo V a.C., en la época del citado Pericles, aunque para ser honestos es preciso comentar que todavía una democracia limitada, pues esta *ciudad-estado* tenía una población por aquella época estimada en unos 250.000 habitantes, de los cuales estaban excluidos del voto las mujeres, los extranjeros, los esclavos (nada menos que del orden de

1/3 de la población) y todos aquellos jóvenes que aún no hubieran cumplido su servicio militar.

También la medicina tuvo gran desarrollo en las ciudades griegas. En torno a la figura de Esculapio (que acabó convertido en un personaje deificado), y aunque combinando ciencia con magia y esoterismo, fue prosperando un cuerpo de médicos, que alcanzó su máxima expresión con Hipócrates, con unas normas muy fundamentadas ya en la experiencia y el conocimiento, postergando las prácticas mágicas en buena medida.

La formación del *Imperio romano* hizo de caja de resonancia de la ciencia y filosofía griegas, al igual que de su arte, todas estas disciplinas muy respetadas y reconocidas por los romanos. A este respecto hay que decir que, si bien los prácticos romanos fueron grandes ingenieros, arquitectos, políticos y juristas no hicieron, en líneas generales, aportaciones significativas a los conocimientos científicos de base. No deja de llamar la atención en este sentido, que el imperio más poderoso y duradero del mundo antiguo, sólo haya podido ofrecer un oscurecido resplandor de la ciencia griega. Como ejemplo apunto que una de las pocas obras latinas (en verso, por cierto) con pretensiones científicas sobre el Cosmos y la física conceptual, que han llegado hasta nosotros, "*De rerum natura*", escrita por el filósofo y poeta romano Lucrecio (del siglo I a.C. y en consecuencia contemporáneo de Julio César y Cicerón), está absolutamente fundamentada en las enseñanzas de los griegos Demócrito y Epicuro (y sus teorías atomistas).

Al menos los romanos nos han legado el propio vocablo "*ciencia*", que no significa otra cosa que conocimiento, sabiduría y erudición. Los griegos no tuvieron necesidad de acuñar una palabra específica para ello, porque les bastaba y sobraba con su *"filosofía"*, con su *"amor a la sabiduría"*, de forma que la *ciencia* para ellos no era en absoluto algo diferente de esta, ni siquiera como una derivación, tal como se entiende en el mundo moderno.

Hemos enfocado este capítulo hacia la filosofía y la ciencia, pero sería imperdonable cerrarlo sin mencionar brevemente los logros artísticos y literarios de esta civilización, que tanto ha influido –y sigue haciéndolo- en nuestra sociedad occidental y, a partir de ella, en el mundo entero. La arquitectura aúna monumentalidad y elegancia, conceptos que se fundieron de manera especial en la *Acró*polis de Atenas. La primitiva *Acrópolis* fue destruida en las *guerras médicas*, siendo reconstruida en el periodo de Pericles con renovada magnificencia y perfección artísticas, precisamente cuando Atenas disfrutaba de una posición política y económica privilegiada. Los *Propileos* constituyen la entrada monumental y única al recinto de la *Acrópolis*. El *Partenón* dedicado a Palas Atenea, probablemente el templo más famoso de todos los tiempos, quedaba rodeado de otros magníficos edificios, como el templo de la *Victoria Áptera* o el *Erecteón*.

La arquitectura griega inspiró, como decíamos, decisivamente a los romanos, quienes por su parte introdujeron importantes avances técnicos y diversas concepciones arquitectónicas propias. Combinaron el arco de medio punto y la bóveda con la recta y el dintel griegos, entre otros progresos, e hicieron predominar lo grandioso del conjunto sobre el detalle de las partes. Todo ello, lo *greco-romano*, constituye el denominado *arte clásico*, que en sucesivas oleadas desde la caída del *Imperio romano*, ha venido impregnando decisivamente el arte europeo y occidental. El denominado *Renacimiento*, reactivado algo más de dos siglos más tarde, bajo la denominación de *Neoclasicismo,* con prolongaciones y derivadas que llegan hasta hoy, han sido movimientos paradigmáticos.

La representación de la figura humana es la preocupación esencial de los escultores griegos, alcanzando una perfección insuperable. Los relieves y decoración de templos y monumentos –el *Partenón* entre ellos- dan también fe de ello. Los escultores romanos realizaron numerosas copias de las figuras helénicas, siendo parte de estas copias las que han llegado hasta nuestros días.

Las creencias de los griegos, sus dioses, sus héroes y mitos, sus relatos épicos, que se remontan hasta Homero (personaje tan icónico como un tanto "fantasmagórico", por cierto), impregnaron el Imperio romano, pasando así a la historia. Los propios relatos de Homero, *La Ilíada* –con la narración de la *guerra de Troya*- y la *Odisea* –el retorno épico de Odiseo (en griego) / Ulises (en latín) a su patria, Ítaca- se enmarcan nada menos que en la *civilización micénica* (en torno al milenio largo a.C.) según se citó al inicio de este capítulo. Poco interesado en reyes y aristócratas, el poeta pastor y agricultor, Hesíodo, se centró en dos cuestiones muy diferentes: una narración sobre el origen del cosmos y los dioses en su *"Teogonía"*, y una descripción de las vicisitudes de los seres humanos corrientes y sencillos, del valor del trabajo, de las corruptelas y problemas al uso en la sociedad, que refleja en su obra *"Los trabajos y los días"*.

El teatro griego está especialmente representado por la tragedia –Esquilo, Sófocles y Eurípides- y por la comedia –

Aristófanes-. La literatura histórica viene de la mano de Heródoto y Tucídides, principalmente. En otro orden de cosas, los *Juegos Olímpicos* tuvieron tal significado en la historia de la humanidad, que a partir de 1896 fueron reinstaurados, celebrándose los primeros *Juegos Olímpicos* modernos en la ciudad de Atenas (naturalmente).

En Roma las letras jugaron también un importante papel. Virgilio, el citado Lucrecio y Lucano en la poesía; Marcial y Juvenal también en la sátira; el genial Ovidio, del que destacamos *"El arte de amar"*, libro rompedor y muy adelantado para su época (que precisamente por ello, le causó problemas) y *"Las metamorfosis"*, poema en quince libros, donde narra la historia del mundo; Plauto y Terencio en el teatro; en la prosa, oratoria, historia y/o filosofía destacaron Cicerón, César, Salustio, Tito Livio, Tácito, Suetonio, Flavio Josefo, Séneca, el emperador Marco Aurelio -estos dos últimos estoicos declarados, como dijimos-, y San Agustín -ya en la era cristiana del Imperio-, entre otros.

El *Derecho romano* fue una de las grandes creaciones del *Imperio*, tan necesario por otra parte para el mantenimiento y fortaleza del mismo, así como la impresionante red de caminos y calzadas, que los romanos construyeron a la largo y ancho de su dilatado territorio. Ambos aún persisten en buena medida. El *Derecho romano* ha venido inspirando, de una u otra forma, las leyes de los países occidentales hasta prácticamente nuestros días.

Respecto a los *caminos y calzadas*, todavía se conservan numerosos restos y vestigios de los mismos y no digamos respecto a otras magníficas *obras públicas*, en las que los romanos fueron maestros, como coliseos, acueductos, puentes, arcos, columnas, teatros, circos…Ciudades de Hispania, sin ir más lejos, como Mérida / Emérita Augusta, capital de Extremadura, que acumula una increíble herencia romana: teatro, anfiteatro, circo, acueductos, puentes…; Tarragona / Tarraco donde se conservan también numerosas obras: circo, anfiteatro, muralla…; Itálica (Sevilla) con el mayor anfiteatro fuera de Italia; Lugo / Lucus Augusti, con su imponente muralla; Segovia, con uno de los acueductos romanos mayores y mejor conservados del mundo; La Coruña, con su torre de Hércules, el único faro romano existente en la actualidad ¡y aún en funcionamiento!; o Medinaceli (Soria) con el exclusivo en nuestro país arco de tres vanos. Todos estos son buenos ejemplos, teniendo que reconocer, transcurridos cerca de dos milenios que ¡no construían mal estos romanos!

La *pintura* y el *mosaico*, como elementos decorativos, alcanzaron una gran perfección y difusión, especialmente en casas nobles y residencias. En medicina es obligado citar a Galeno, en el siglo II – III, de origen y formación griegas, pero plenamente asentado en el *Imperio* (fue incluso médico personal del emperador Marco Aurelio). De formación de origen hipocrática, tras su paso por Alejandría llegó a dominar multitud de facetas médicas (cirugía, biología, neurología,…) e incluso filosóficas. Sus escritos, investigaciones y explicaciones llegaron a ser icónicos durante la *Edad Media.*

CAPÍTULO IX. EUROPA AÑORA A LOS CÉSARES

Declinando el siglo V pueblos belicosos y bárbaros del norte y nordeste de Europa se repartieron los despojos de un decadente *Imperio romano (de occidente)*, dando paso al periodo conocido como *Edad Media*. Este periodo de la historia no fue, en su conjunto, una época fecunda para el conocimiento y la ciencia. Europa se sumió durante varios siglos en la división y la decadencia. Demasiadas guerras, multitud de fronteras y excesivos fanatismos de diverso tipo, propiciaron la ignorancia, el atraso y la pobreza en amplios sectores de la población. Tampoco fue, sin embargo, el páramo cultural y social que con frecuencia se nos presenta. Un periodo tan dilatado, de nada menos que un milenio, tuvo sin duda circunstancias, realizaciones y facetas claramente positivas que aportar. Efectuaremos un breve recorrido por esta época, comentando los hitos y acontecimientos más relevantes.

Al iniciarse la decadencia irreversible del *Imperio romano*, este fue dividido en dos –en un intento de salvaguardarlo-: el *Imperio romano de occidente* con capital en Roma y el *Imperio romano de oriente* con capital en Bizancio (Constantinopla). La cronología actual sigue manteniendo precisamente la caída de cada uno de estos imperios como inicio "oficial" de una respectiva era. La caída del de occidente, como el inicio de la *Edad Media* y la del de oriente, como inicio de la *Edad Moderna*.

En el siglo VI el emperador del superviviente, y bajo su mandato potenciado, *Imperio romano de oriente* -o *Imperio bizantino*-, *Justiniano*, intentó reconquistar la totalidad de la antigua *Roma*, consiguiéndolo en alguna medida, aunque de forma bastante efímera. Correspondientemente se produjo también en esa época un renacer literario y científico, así como en lo tocante a la legislación, de lo que da fe el *Código de Justiniano*, un compendio de primer orden.

Reyes y mandatarios de los diversos territorios en que había quedado fragmentada Europa tras la caída de *Roma* mantuvieron, con todo, siempre viva la llama, en cuanto se hacían relativamente fuertes y poderosos, de restablecer o al menos revivir en cierta forma (siempre parcial e incompleta) el extinto *Imperio romano*.

Este fue el caso del *rey franco Carlomagno*, que en el año 800 fue proclamado emperador de occidente en Roma por el *Papa León III,* lo que, por cierto, empezaría a marcar un antes y un después respecto al origen o procedencia del poder. Este imperio, sin embargo, fue de corta duración, pues tras un débil reinado de su hijo se desmembró finalmente entre sus nietos. Curiosamente fue el que creó las denominaciones y correspondientes cometidos de *marqueses* -debido a sus "marcas" fronterizas, como la *"Marca Hispánica"* frente al dominio árabe, por ejemplo-, *condes* y *duques* -por la obligada delegación de poder para lograr gobernar tan vasto territorio-. ¡Numerosos historiadores vislumbran además en el *Imperio carolingio* el embrión o, al menos, el presagio de la actual *Unión Europea*, aunque esta tardase todavía un milenio largo en madurar!

Y, unos dos siglos después, *Otón I* en Alemania, llegó a instaurar el que acabaría recibiendo el sugerente nombre de *Sacro Imperio romano-germánico* -una renovada alianza del cristianismo, omnipresente en la *Edad Media*, con el ya lejano y añorado imperio civil- y que, aunque en determinados periodos de su existencia apenas tuvo poder efectivo, perduró nada menos que 900 años, hasta su desaparición por la presión de Napoleón, ya a principios del siglo XIX.

El régimen feudal o *feudalismo* marcó buena parte de la *Edad Media*. Los señores feudales eran auténticos reyezuelos en sus dominios, en constantes luchas entre ellos, siendo su vasallaje ante el rey poco más que nominal, a veces exclusivamente limitado a prestarle ayuda militar, cuando les era solicitada. El rey no dejaba de ser algo así como "el primero entre los iguales". Son siglos duros, de un continuo guerrear, tradición heredera en gran medida de los métodos y costumbres de los pueblos germánicos.

La mítica figura del caballero medieval se contrapone a la figura de los humildes campesinos y de los "siervos de la gleba" (estos últimos adscritos a la tierra, como su denominación pone de manifiesto). Esta situación fue lentamente suavizándose, hasta adentrarse, desde la *alta Edad Media* hasta la *baja* —muchos historiadores introducen también, entre ambos periodos, la *plena Edad Media*-. En cualquier caso el año 1000, en el que muchos situaban el fin apocalíptico del mundo, empezó a marcar un antes y un después.

A finales del siglo VI nace en La Meca, en la península de Arabia, Mahoma, fundador del *islam*. Esta gran península está en Asia, pero apenas separada de Egipto por el mar Rojo, separándola de Persia el golfo del mismo nombre. Entre sus habitantes abundaban los mercaderes y comerciantes, siendo elevado el grado de nomadismo. Mahoma predicó una religión monoteísta, ecléctica y realista. A pesar de los inevitables problemas iniciales, la *civilización árabe-islámica*, motivada por un inaudito fervor religioso, se expandió vertiginosamente a partir del siglo VII, constituyendo en buena medida *un enorme bloque religioso, idiomático y político* (aunque lo último brevemente).

Al haber accedido mediante sus rápidas conquistas a culturas muy diversas, algunas de ellas muy avanzadas, jugó un significativo papel durante buena parte de la *Edad Media*, y aunque no hizo demasiadas aportaciones propias en el terreno científico, supo conservar, ampliar y difundir muchos conocimientos científicos de la antigüedad. A partir de mediados del siglo VIII se traslada la capital del *Imperio musulmán* de Damasco a Bagdad, donde se funde con la ancestral cultura persa, convirtiendo poco a poco a esta ciudad en un auténtico foco de saber y conocimiento.

Entre los siglos IX - XII se produce en esta civilización una auténtica época dorada para la ciencia y el conocimiento (astronomía, medicina, matemáticas, física experimental, etc.) Por citar algunos ejemplos significativos: el matemático, astrónomo y geógrafo persa Al – Juarismi introdujo en Europa los *números indo – arábigos*, así como el álgebra y los *algoritmos* (concepto hoy tan de moda, del que trataremos más adelante); el físico, astrónomo y matemático iraquí conocido por Alhazen, por su parte, realizó grandes avances en el conocimiento de la *óptica* y la *luz*, potenciando el *método científico*; impresionante es la figura de Avicena (nacido en Uzbekistán y fallecido en Persia, actual Irán), el gran filósofo aristotélico, además de médico y científico. Junto a los *números indo – arábigos* también introdujeron el concepto y uso del *cero* lo que, aunque hoy pueda parecernos banal, supuso un avance matemático de primer nivel.

Las civilizaciones cristiana y musulmana dirimieron un largo conflicto, durante nada menos de dos siglos, entre finales del XI y finales del XIII, con intervalos de guerra (la mayor parte) y paz. Fueron las denominadas por el occidente europeo como *"Cruzadas"*. El objetivo primordial fue la conquista de Jerusalén y otros lugares santos, especialmente para los cristianos, que se encontraban por entonces en manos de musulmanes. Eran épocas de gran fervor religioso, entremezclado con intereses económicos y comerciales (como suele ser habitual entre los sapiens, ciertamente).

Probablemente el gran perdedor de este dilatado enfrentamiento fue "el tercero en discordia", el *Imperio bizantino* -cristiano, pero "ortodoxo", ya separado del cristianismo católico de occidente-, que quedó muy debilitado entre un poder turco creciente y las tropelías de sus "colegas" occidentales. En cualquier caso *las Cruzadas* marcaron significativamente esa época, en lo religioso, político, comercial, caballeresco, literario, en la música –juglares y trovadores incluidos, naturalmente-, y nombres como Urbano II, Pedro el ermitaño, Godofredo de Bouillon, Federico I Barbarroja, Balduino, Saladino o Ricardo Corazón de León, por citar algunos, se llegaron a convertir en auténticas figuras icónicas.

El sur de Italia, Salerno y Nápoles especialmente, fue abandonando los tiempos bárbaros y constituyéndose en áreas de saber y conocimiento, importando progresivamente obras y documentos del mundo clásico, procedentes bien del

Imperio bizantino, bien del *Mundo islámico*. Especialmente interesante es el caso de Sicilia, isla por la que fueron discurriendo numerosos pueblos y etnias desde la caída de Roma: vándalos, bizantinos, árabes, normandos, Sacro Imperio,... Este trasiego y crisol de culturas y civilizaciones convirtió la isla, especialmente la ciudad de Palermo, a partir del siglo XI, en un importante foco de sabiduría, muy especialmente en lo relativo a la medicina.

El *Imperio (asiático) mongol*, de la mano de Gengis Khan (siglo XII / XIII), fue impresionante durante los siglos finales de la Edad Media europea. Sus intromisiones en la incipiente Rusia, por citar un ejemplo significativo –eran conocidos como *"la horda dorada"*-, fueron enormes y llegó a ocupar, con divisiones internas y discontinuidades, un área asiática (y también europea) muy extensa. China fue una de sus primeras conquistas.

Y unos tres siglos más tarde, un segundo imperio turco-mongólico, ya islamizado y promovido por Tamerlán, llegó a conquistar buena parte de los actuales India y Pakistán, en lo que se conoce habitualmente como *Imperio mogol*. La impresionante ciudad de Agra fue la capital de este imperio durante los siglos XVI / XVII, siendo el magnífico y mundialmente conocido monumento funerario del Taj Mahal, erigido en el siglo XVII, fundamentalmente de estilo arquitectónico islámico – persa.

España fue conquistada en su mayor parte por el *Imperio árabe-islámico* en el siglo VIII, iniciándose ya desde los primeros años la rebelión *cristiano-visigoda* desde el norte de la península, situación que se prolongó durante bastantes siglos y que se conoce como *la Reconquista*. Todavía en el siglo VI / VII, destacamos al obispo hispano – visigodo Isidoro de Sevilla, de quién -entre otras obras- destacan sus *"Etimologías"*, una magna recopilación del saber de la época, incluido lógicamente el científico y la astronomía, obra que durante siglos fue un referente en toda Europa. Por esa época se dicta el *"Liber Iudiciorum"*, una recopilación de leyes y normas –fusión de lo godo y lo latino-, que inspiraría, ya en el siglo XIII, el *"Fuero Juzgo"* en la España cristiana.

La ciudad hispano–árabe de Córdoba fue la principal y más poblada de occidente, principalmente entre los siglos IX y XI, alcanzando un muy elevado nivel cultural y científico. Fue convertida en capital de la España musulmana - Al Ándalus- por la dinastía *omeya*, que huía de Damasco al ser masacrada por la *abasida o abasí* (esta última fue la que trasladó la capitalidad del *Imperio árabe-musulmán* a Bagdad). Se constituyó primero en *Emirato independiente* y posteriormente, ya en el siglo X, en *Califato* de la mano de Abderramán III. - Apuntando ya su declive político, en el siglo XII, hay que destacar por méritos propios, a Averroes y Maimónides -musulmán el primero, judío el segundo- médicos, filósofos, matemáticos y astrónomos.

El intercambio artístico, cultural y de todo tipo que propició el *Camino de Santiago*, a partir del siglo IX en la zona septentrional de España, enlazándola con los países europeos más al norte, dentro del común religioso cristiano, fue enorme. Encrucijada así de caminos, ideas y religiones, España fue un foco cultural –y científico- de primera magnitud durante la *Edad Media*. Las primeras Cortes -con su papel representativo-, por ejemplo, fueron las de León en 1188, promulgadas en la Real Colegiata de San Isidoro reinando

Alfonso IX (según reconoce la UNESCO en el *"Programa de Memoria del Mundo"*, como el testimonio documental más antiguo del sistema parlamentario europeo). El clérigo Gonzalo de Berceo, a caballo entre los siglos XII y XIII, es el primer poeta en idioma castellano de nombre reconocido.

La ciudad de Toledo también se convirtió en un imponente foco de cultura y erudición, que traspasó los límites de la Península Ibérica, irradiando hacia el resto de Europa. La *Escuela de Traductores de Toledo*, donde principalmente entre los siglos XI y XIII convivieron en una muy razonable armonía las tres culturas de aquella época en España (cristiana, islámica y hebrea), tuvo un influjo de gran calado sobre toda Europa, al traducir desde el árabe y el hebreo al latín y al castellano-español multitud de obras y textos astronómicos, médicos, filosóficos y científicos de la *antig*üedad *clásica*.

El castellano fue utilizado, sobre todo, como lengua de mediación entre los originales árabes (y hebreos) y las versiones latinas. Muy significativas a este respecto fueron las *"Tablas astronómicas"*, elaboradas bajo el patrocinio directo del rey Alfonso X "el sabio" en el siglo XIII. A este monarca se debe también el *"Código de las siete partidas"*, extensa obra jurídica (también filosófica, social y moral) que tendría una enorme influencia durante bastantes siglos en España y luego también en Hispanoamérica. La corte de este rey es, sin duda, un auténtico precedente –y referente- del Humanismo que se avecina. A propósito de Toledo, no deja de ser curioso cómo esta milenaria ciudad, capital de la España visigoda –y de nuevo durante el reinado de Carlos I-, ha logrado mantener su impresionante carácter y personalidad hasta nuestros días.

En el siglo XIV el Arcipreste de Hita escribe en un castellano ya bien consolidado el *"Libro del buen amor"*, una de las obras más representativas de la España medieval. Recordamos asimismo la importante figura del mallorquín Raimundo Lulio, a caballo entre los siglos XIII y XIV, filósofo, teólogo, científico e incluso considerado, en buena medida, precursor de la informática con su *"Ars Magna"*, donde presentó un diseño muy elaborado de una especie de pre-computador. Lulio utilizó para sus obras el catalán, el árabe y el latín.

Del resto de Europa, y centrados en el terreno científico, destacamos al franciscano escolástico inglés Roger Bacon (S/ XIII); al lógico, médico y teólogo Guillermo de Ockham (S/ XIII – XIV), también inglés y franciscano (reflejado, por cierto, en el personaje de Guillermo de Baskerville, protagonizado por Sean Connery, en la famosa película *"El nombre de la Rosa"*, dirigida por Jean-Jacques Annaud, según la novela de Umberto Eco), de quién llegó a hacerse famosa entre los científicos su frase *"en igualdad de condiciones, la explicación más sencilla suele ser la más probable"*, conocida como *"la navaja de Ockham"*.

Y al dominico alemán Alberto Magno (S/ XIII) filósofo, naturalista, geógrafo y que puede ser considerado el padre de la *química*, sin olvidar que fue el maestro de Tomás de Aquino, el gran escolástico aristotélico italiano, también dominico. Recordemos sucintamente, que la *filosofía Escolástica* intentaba conciliar la fe cristiana con la razón, utilizando en gran medida, a tal fin, la filosofía de la Grecia clásica (fundamentalmente la platónica en el caso de los franciscanos y la aristotélica en el de los dominicos).

De lo que venimos comentando se puede deducir que el siglo XIII en Europa fue fructífero, apuntando decididamente ya hacia el cambio y progreso en esa interminable *Edad Media*, lo que sin embargo se ralentizó en gran medida en el siglo siguiente, debido principalmente a una epidemia de *peste nagra*, que asoló Eurasia, causando millones de muertos. A lo anterior se unió un *cambio climático*, que potenció el empobrecimiento de la sociedad; así como una interminable guerra en el occidente europeo, la denominada *"guerra de los cien* años", contienda inacabable que, a pesar de su denominación, duró todavía unos cuantos años más, abarcando buena parte de los siglos XIV y XV. Los contendientes principales fueron Francia e Inglaterra, aunque en una u otra forma participaron bastantes más países, como los Reinos españoles de Castilla y León y de Aragón, sin ir más lejos.

Dos tendencias artísticas sucesivas dominan el arte occidental, tanto en arquitectura como en escultura o pintura (si bien estas dos últimas estaban muy subordinadas a la primera), durante la mayor parte de la *Edad Media*: el *arte Románico* y el *Gótico*. Tras derrumbarse el mundo clásico, los primeros intentos serios artísticos habían sido el *Prerrománico* y el *arte Carolingio*, primeros atisbos de lo que constituirá el *arte Románico*.

El *Románico*, propiamente dicho, parece ser que se inició de la mano de la orden francesa de Cluny (una reforma de la regla de San Benito), hacia finales del siglo X. Edificios sobre todo religiosos –la religión lo inunda todo-, iglesias, monasterios o catedrales. Altura de los edificios muy contenida. Se impone el arco de medio punto y su prolongación, la bóveda de cañón, en la arquitectura. Edificios generalmente sobrios y modestos. Escultura y pintura ingenua y sencilla, muy didáctica, pues tengamos en cuenta que gran parte de la población era analfabeta. La cultura se refugia en los monasterios, regentados por órdenes religiosas. En ellos se confeccionan los códices y otros manuscritos, normalmente en pergamino y profusamente decorados. En el ámbito musical muy destacable es el *canto gregoriano.*

La arquitectura *Gótica* se va imponiendo a partir del siglo XII, coexistiendo durante un buen periodo con el *Románico*, como es lógico, extendiéndose, según áreas y países, hasta el siglo XVI. La altura de los edificios se desborda de forma increíble. El arco de medio punto da lugar al arco ojival y la bóveda es de crucería ("entrecruce de nervios"). Los contrafuertes y arbotantes son ahora fundamentales para soportar las presiones debidas a la enorme altura de los edificios y, por lo general, amplias vidrieras. También este arte es potenciado por una orden religiosa, la de Cister (otra reforma de la orden benedictina), asimismo en Francia.

El *arte Árabe* se fundamenta en una gran síntesis de influencias fruto, como decíamos antes, del número significativo de civilizaciones y culturas desarrolladas, vigentes en los países conquistados por el islam. La escultura y pintura, contrarias a sus creencias religiosas, están escasamente representadas. No así la arquitectura, por lo general impresionante, fastuosa y sensual.

En España, antes de la llegada del *Románico* y el *Gótico*, coexisten un esplendoroso *arte Árabe* en la zona musulmana, en *"Al Andalus"*, con un pobre y sencillo *arte Asturiano* y con el arte denominado *Mozárabe*, acometido por artesanos evadidos de la zona musulmana a la cristiana y lógicamente una especie de derivada, un tanto pobre, del *arte Árabe* adaptado "a las modas del norte". Monumentos representativos del *arte Árabe – musulmán* son la mezquita de Córdoba, cuya fundación inicial se remonta al siglo VIII y Medina Azahara (siglo X), próxima a la capital, sede de la corte cuando Córdoba se había convertido ya en califato. Más tarde, cuando la presencia musulmana en España empezaba ya a tambalearse ante el avance cristiano (siglo XIII), se construyó el conjunto monumental –palacios, fortalezas y jardines- de la Alhambra de Granada.

El *Románico* y luego el *Gótico* se fueron implantando con rapidez por una zona reconquistada cada vez mayor y más poderosa. Buenos ejemplos del primer estilo, entre otros muchos, son las iglesias *románicas* de los Pirineos; la catedral de Jaca en Aragón; las de Lérida y Tarragona; las construcciones que jalonan la práctica totalidad de las provincias de Castilla – León: basílica de San Isidoro de León; iglesia de San Martín de Frómista; la ciudad de Zamora, que atesora la mayor concentración de edificios *románicos* del mundo; y las murallas de Ávila, que circundan totalmente la ciudad medieval, siendo de las mayores y mejor conservadas de Europa; el claustro del monasterio burgalés de Santo Domingo de Silos es impresionante. Terminamos el breve recorrido en Galicia, con la icónica catedral de Santiago de Compostela.

Respecto al *estilo Gótico* en España, es imprescindible citar, entre otras construcciones, las imponentes catedrales de Burgos, León, Barcelona, Palma de Mallorca, Toledo, Cáceres -la "ciudad vieja" impacta por la simbiosis de edificaciones medievales y ya renacentistas-, o Sevilla, así como los edificios civiles del Alcázar de Segovia (destacado recientemente por una prestigiosa publicación, por cierto, como el mejor castillo de Europa) o la Lonja de la Seda en Valencia, por poner significativos ejemplos. Abundan entre los lugares y construcciones citados los que son *Patrimonio de la Humanidad.*

Ambos estilos de la España cristiana coexistieron en bastantes áreas, ya reconquistadas, con una arquitectura y/o decoración de procedencia árabe, como es el caso del *arte Mudéjar.* En Aragón hay numerosas edificaciones en este estilo arquitectónico, especialmente llamativas y características son las de Teruel y Zaragoza. En algunos casos se produjeron simbiosis espectaculares, como en el denominado *estilo Isabel* (siglo XV), edificios de estructura Gótica y decoración Mudéjar -monasterio de San Juan de los Reyes en Toledo, por ejemplo-.

Edificios civiles, castillos y palacios siguen lógicamente directrices y tendencias similares a las comentadas. Los castillos, torres y atalayas son muy numerosos en España, tanto que precisamente han dado nombre a dos regiones -actualmente "comunidades autónomas"-, Castilla y León y Castilla - La Mancha, además de la Comunidad de Madrid, pues su territorio situado, más o menos, entre los ríos Duero y Tajo, incluyendo dos cordilleras divisorias –el *sistema central* y el *ibérico-* fue durante varios siglos *zona de frontera* entre el norte cristiano y el sur musulmán. Estas construcciones corresponden lógicamente a variados estilos arquitectónicos: árabe, románico, gótico, mudéjar o ya renacentista. Y, aunque el carácter defensivo parece que es inherente a los castillos, en el caso español y especialmente en la zona central, según lo comentado, se intensifica el "diseño fortaleza". La *Reconquista* imprimía carácter…

A partir de los siglos XII – XIII, por otra parte, es decisivo en Europa el papel de las *Universidades*, caldo de cultivo humanístico y científico de primer orden, que tuvieron su origen en las *Escuelas catedralicias*. En las *Universidades* se estudiaban el *Trivium* -gramática, dialéctica y retórica; las tres como compendio de la elocuencia- y el *Quadrivium* -aritmética, geometría, astronomía y música-, disciplinas básicas que permitían profundizar posteriormente en otras cuestiones y saberes. Muchas de las *Universidades* pioneras aún las tenemos hoy con nosotros: Bolonia, París, Salamanca, Oxford, Cambridge, Valladolid (cuya precursora, la de Palencia, fue la más antigua de España), Coimbra…

Como se viene insistiendo, nunca se extinguió del todo en la fragmentada Europa el recuerdo del mundo clásico, el anhelo por la cultura greco-romana, idea que incluso ha aportado el título al presente capítulo. Pero fue en Italia, como no podía ser de otra forma, donde se potenció, ya de manera decisiva y en buena medida sin marcha atrás, a lo largo de los siglos XIV y XV, un renovado movimiento cultural, artístico, humanista e intelectual, cimentado en la *antigüedad clásica*, al que por ello se denominó *Renacimiento*, y que fue implantándose poco a poco por el resto de Europa, dejando atrás la *Edad Media* y dando paso a la *Edad Moderna*.

Numerosas ciudades de la península: Florencia, Milán, Venecia, Génova, Siena, Nápoles…, a las que pronto se sumaría Roma, sede papal y por tanto epicentro del cristianismo católico, se fueron transformando en importantes y ricos núcleos comerciales y financieros, llegando a convertirse también en centros artísticos de primer orden, cubriendo tanto la arquitectura, como la escultura o la pintura. Familias poderosas e influyentes se constituyeron en grandes *mecenas* de las artes (*"mecenas"*, muchos lo ignoran, deriva de Cayo Mecenas, consejero del césar Augusto y patrocinador de las letras y las artes romanas), como los Medici en Florencia o los Sforzza en Milan, por citar un par de ejemplos significativos y, por supuesto, los Papas en Roma.

También en la literatura se nota este cambio decisivo de mentalidad: Dante, Petrarca y Bocaccio son precursores –y en cierta forma iniciadores- del *Renacimiento*. *"La divina comedia"* es la obra cumbre del primero, escrita en italiano y en verso, con alto contenido teológico (icónica del número tres); el segundo compara la imponente Roma clásica con la decadente ciudad de ese momento (en su época ni siquiera el Papa vivía en ella, sino en Avignon); el tercero inicia un proceso de vulgarización de los autores clásicos, siendo su obra más conocida *"El Decamerón"*, libro de cuentos.

La influencia del *Imperio romano de oriente* o *Imperio bizantino* sobre el *Renacimiento*, como puede suponerse, fue muy importante. Este imperio sobrevivió un milenio (nada menos) a su "hermano occidental", conservando en buena medida la cultura greco – romana, a pesar de su inevitable contaminación por otras civilizaciones extrañas a lo largo de su dilatada existencia y a pesar también de su progresiva decadencia, motivada tanto por el incesante acoso de poderosos enemigos externos, como por un acusado agotamiento y anquilosamiento propios, tanto en lo cultural como en lo político.

Con todo, aún mantuvo esta capacidad de influir decisivamente en el resurgimiento de la *cultura clásica* en la Europa occidental, haciendo además importantes aportaciones propias, caso de *la cúpula*, uno de sus elementos arquitectónicos más distintivo, de lo que da fe la magnífica catedral –hoy mezquita- de Santa Sofía en Constantinopla –hoy Estambul-, con mosaicos y decoración interior deslumbrante. Destacados edificios e iglesias fueron construidos asimismo en la ciudad italiana de Rávena, cabeza de sus posesiones occidentales reconquistadas por el ya citado emperador Justiniano.

El mosaico, la pintura –los iconos-, el dominio de los esmaltes, la ornamentación vegetal, la escultura -normalmente realizada bajo la forma de relieves-, son formas artísticas que alcanzan en el *Imperio bizantino* un elevado nivel de esplendor, siendo en gran medida –y durante siglos- un referente cultural para la Europa occidental fragmentada y semi-bárbara. Por otra parte, la influencia artística, religiosa y hasta política del mundo bizantino sobre una incipiente Rusia y otros países eslavos fue decisiva y dominante.

Mención específica merece también la ciudad–estado de Venecia, que alcanzó su cima en torno al siglo XV, superando incluso a su icónico rival Florencia, más afectada por las intrusiones francesas, de las que Venecia se libró gracias a su excepcional situación geográfica en medio de una laguna -rodeada de agua-, situación que ya la salvó en buena medida de las invasiones bárbaras a la caída de Roma ¡por eso escogieron este asentamiento, claro! Su proximidad al *Imperio bizantino*, por otra parte, promovió unas relaciones comerciales y culturales privilegiadas entre ambas entidades y que, ante la caída de Bizancio a manos de los turcos, se produjeran migraciones masivas de personas, bienes, libros,...–de riqueza y conocimiento en definitiva-, desde el *Imperio* agonizante hacia Venecia.

Es en el siglo XV, por otra parte, cuando la *imprenta* empieza a tomar carta de naturaleza, especialmente en Europa, abaratando la edición y difusión de libros y documentos. Este avance es decisivo, impulsando los nuevos tiempos que se avecinan –especialmente desde el ámbito de los conocimientos y las ideas-, como tendremos ocasión de comprobar. Culmina así, en cierto modo, un largo camino que comenzó con el *papiro* (egipcio), luego el *pergamino* (medieval) y finalmente el *papel* (¡no entramos todavía en los libros digitales y ordenadores, evidentemente!). La primera fábrica de papel en Europa, por cierto, estuvo en Játiva (Valencia) bajo los árabes, en el siglo XI, y de ahí se fue extendiendo lentamente esta tecnología al resto del continente.

Y al hilo de libros, literatura y siglo XV, cerramos este denso y complejo capítulo, recordando al poeta y militar pre-renacentista castellano, Jorge Manrique, cuya obra, especialmente el poema pleno de nostalgia y filosofía *"Coplas a la muerte de su padre"*, ha venido siendo considerado una de las grandes obras de la literatura universal, llegando a ser icónico para los escritores españoles de generaciones futuras, especialmente para las conocidas como del 98 y del 27 respectivamente, que citaremos más adelante.

CAPÍTULO X. ¡HAY COSAS IMPORTANTES QUE IGNORAMOS!

En torno al año 1500 se produce en Europa la *revolución científica*, donde va de la mano del *Renacimiento*. El hito fundamental para que se produjera es el *"reconocimiento de la ignorancia"*. El descubrimiento de América en 1492 por Cristóbal Colón, al servicio de los reyes españoles –con especial apoyo de la reina Isabel I de Castilla- fue decisivo. Un continente desconocido para todos. Ni lo atisbaban los sabios de la antigüedad clásica ni figuraba en texto sagrado alguno (Vedas, Bíblia, Corán…)

Decisiva, asimismo, fue la primera circunvalación del planeta, acometida por una expedición de cinco naves, que se inició en 1519 comandada por el portugués al servicio de España, Fernando de Magallanes. De los cinco navíos, sólo consiguió regresar a España la *nao Victoria*, al mando del español Juan Sebastián Elcano, en 1522 –es decir, hace casi exactamente medio milenio-. Ambos acontecimientos fueron decisivos en el lento camino de los sapiens hacia un planeta más global.

Por esa época había dos rutas por las cuales accedían a Europa las codiciadas *especias*, que se producían principalmente en el área de Indonesia, más concretamente en las islas Molucas. Clavo, nuez moscada, cilantro, canela, mostaza… eran utilizados como apreciados condimentos culinarios, pero también en medicina, perfumería y como conservantes de alimentos, cuando no existía forma alguna de refrigeración. La primera ruta era atravesando todo el continente asiático, desde el sudeste hasta el oeste. Para penetrar en Europa occidental se tenía que atravesar diversos territorios complicados, la mayor parte hostiles. Estamos hablando fundamentalmente de los *Imperios chino, persa y turco-otomano*, que controlaban la mayor parte del recorrido.

Itinerarios parecidos seguía la también famosa *ruta de la seda*. Ciudades espectaculares y milenarias como Samarcanda (en el actual Uzbekistán) en el corazón de Asia o Isfahán en Persia / Irán, ya más al sur, eran auténticas encrucijadas de caminos, culturas y conocimientos, pues, junto a las mercancías viajaban naturalmente las ideas.

Las ricas *ciudades – estado* del norte de Italia, ya citadas en el capítulo anterior, especialmente Venecia, también "sacaban su buena tajada". Así que, como puede suponerse, el precio de estos productos, cuando llegaban a los restantes mercados europeos, estaba disparado. Los portugueses habían hallado otra ruta, bordeando por el sur el continente africano y arribando a Portugal por África occidental, por donde habían ido estableciendo numerosas colonias costeras. La intención de Magallanes fue hallar una ruta también marítima, alternativa a la consolidada por Portugal, bordeando ahora el recientemente descubierto continente americano por el sur -y así negoció la expedición con los responsables españoles-.

Fue Elcano quien decidió, al asumir el mando de la expedición tras la muerte de Magallanes en Filipinas a manos de nativos, retornar a España siguiendo por el oeste, en lugar de regresar por el mismo camino, completando así la vuelta al mundo ¡por primera vez! Esta hazaña fue decisiva, entre otras cosas, para desmontar mitos ancestrales sobre el *mar tenebroso* y correspondientes abismos finales de la Tierra, que habían estado vigentes tanto durante la antigüedad como en la *Edad Media*. La suposición de una Tierra más o menos plana, por ejemplo (y contra lo que suele suponerse), no terminaba de excluirse definitivamente por aquel entonces.

Como consecuencia en gran medida de estos aconteci-mientos y de otros logros que se iban consiguiendo, dentro del espíritu renovador, inquieto e incluso exultante del *Rena-cimiento*, la *tecnología* empieza a relacionarse estrechamente con los *avances científicos*, lo que aunque ahora nos parezca una idea obvia, no lo era en tiempos pretéritos. Ciencia y tecnología habían venido desarrollándose de manera bas-tante independiente. La elucubradora ciencia no aspiraba, por lo general, a revolucionarios y decisivos avances, preci-samente porque se pensaba que todo el saber importante era conocido y estaba ya ahí. En todo caso habría que recurrir a los clásicos, a las escrituras o a la filosofía (por lo general, muy basada en las fuentes clásicas, también). La tecnología, por su parte, avanzaba muy lentamente basada en la expe-riencia, en mejoras puntuales y en el "prueba y, en su caso, cambia".

España fue creando un impresionante imperio, que abar-caba grandes extensiones en los cuatro continentes por en-tonces conocidos -Australia se descubrió también relativa-mente temprano por portugueses y españoles, pero su co-lonización, ya por los ingleses, fue bastante más tardía-. En

Europa los *Reyes Católicos* a fines del siglo XV / principios del XVI, habían consolidado ya la conquista de importantes territorios de Italia (debido principalmente a Fernando y la corona de Aragón); y por supuesto la gran América, recientemente descubierta. Bajo el reinado de su nieto Carlos, se unieron en una sola corona las posesiones españolas -como rey Carlos I- con las del *Sacro Imperio romano-germánico*, incluidos la totalidad de los Países Bajos -con Flandes- y el Franco Condado, así como otros territorios borgoñones e italianos -como emperador Carlos V-.

Portugal, por su parte, había ido desarrollando también un potente imperio ultramarino -más tempranamente que España, incluso- y, al acceder el hijo de Carlos, Felipe II, ya rey de España, al trono de Portugal, la unión de ambos imperios fue, ciertamente, impresionante. En sus manos se hallaba la mitad del mundo conocido.

Los *turcos otomanos* conquistaron también un enorme y duradero imperio, que llegó a extenderse por tres continentes (Asia, Europa y África) y que, en una u otra forma, perduró hasta el fin de la *primera guerra mundial*, cuando una Turquía derrotada y humillada por las potencias vencedoras, perdió sus posesiones y a punto estuvo de desaparecer del mapa como nación. El *Imperio turco*, a decir verdad, nunca tuvo las simpatías de occidente, pues su crecimiento se hizo en buena medida a costa del *Imperio bizantino*, heredero del *Imperio romano* y hermano de religión del mundo occidental (o casi, pues los bizantinos eran cristianos ortodoxos, como sabemos).

Uno de los momentos cumbre de este imperio fue precisamente la toma de Constantinopla / Bizancio, último reducto del *Imperio romano de oriente*. Esta emblemática capital pasaría a denominarse Estambul, convirtiéndose en la sede del *Califato otomano*. Las conquistas del *Califato* parecían no tener fin, continuando su expansión por Europa y el Mediterráneo hacia el oeste, llegando hasta las puertas de Viena y apoyando, incluso, los levantamientos de los denominados "moriscos" en las Alpujarras (en el sudeste español). Ambos imperios, el español y el otomano, estaban condenados a enfrentarse y efectivamente así lo hicieron en la impresionante *batalla naval de Lepanto -"la más alta ocasión que vieron los siglos"*, en palabras de Miguel de Cervantes, un soldado más- con victoria decisiva de los españoles y de sus aliados venecianos (la rica y poderosa Venecia estuvo a punto de ser conquistada por el imperio turco, sintiéndose amenazada) y del Estado Pontificio.

Allí se jugó en buena medida el futuro de Europa y, ciertamente, España estuvo muy sola en esta empresa -a pesar de la citada ayuda menor de Venecia y Roma-. Juan de Austria (hermanastro de Felipe II) y Álvaro de Bazán (marqués de Santa Cruz) fueron los artífices de esta decisiva victoria. En la bonita y evocadora *Plaza de la Villa* (sede del antiguo Ayuntamiento de Madrid) hay, como recuerdo de esta importante batalla, una escultura del almirante Álvaro de Bazán, diseñada por Mariano Benlliure, con unos versos de Lope de Vega en su parte posterior, alusivos a esta y otras victorias del almirante, que aunque no sé si hoy serían políticamente correctos, ofrecen una curiosa y mínima síntesis de época, que no quiero dejar sin transcribir:

"El fiero turco en Lepanto,
en la Tercera el francés,

y en todo el mar el inglés,
tuvieron de verme espanto.
Rey servido y patria honrada
dirán mejor quién he sido
por la cruz de mi apellido
y con la cruz de mi espada".

Si bien es cierto que Europa, gobernada por monarquías autoritarias, vivió una época de gran esplendor cultural durante los siglos XV y XVI y se lanzó a la exploración y colonización de continentes, buscando rutas de navegación alternativas y descubriendo mundos, también es cierto que se dividió profundamente en lo religioso. Frente a la *Iglesia católica romana*, surgió la *reforma protestante*, que conduciría, según zonas y países al *luteranismo, calvinismo* y *anglicanismo*, principalmente.

Esta división de Europa, que llevó al traste todo el lento proceso unificador que venía produciéndose, degeneró en devastadoras guerras de religión, aunque más exactamente habría que hablar de guerras (geo)político-religiosas y de reubicación de poder y riqueza, pues no olvidemos que los bienes que se incautaban a la Iglesia pasaban a manos de los reyes, príncipes y nobles de turno, por una parte, y por otra –en el caso del *Sacro Imperio romano-germánico* específicamente- se mermaba así la autoridad del emperador, en beneficio de los príncipes de los Estados que conformaban este gran imperio. Situación llamativa fue el caso de la católica Francia, apoyando como norma a los países protestantes, en su pugna por imponerse a la hegemónica y también católica España.

Todo ello propició además un auge de los *nacionalismos* –paradigmáticos son los casos alemán e inglés, pero no solamente estos-, pues hay que tener en cuenta que las diferentes confesiones protestantes se convirtieron en religiones ligadas al poder, es decir, en religiones de Estado, implantándose así el criterio de que *"la religión del príncipe será la religión de sus súbditos"*. El triste colofón fue la *guerra de los treinta años,* ya en la primera mitad del siglo XVII, que literalmente asoló buena parte de Europa. Los movimientos nacionalistas europeos se dispararían en la segunda mitad del siglo XIX, con profundas derivadas ya en el XX, como tendremos ocasión de constatar.

El *estilo renacentista* se impuso decisivamente en el *arte,* tanto en la arquitectura como en la escultura y la pintura e incluso, a su manera, en la música. Se retornó a las formas clásicas, abandonando poco a poco el *estilo gótico.* Como venimos comentando fue Italia la cuna de estas formas artísticas. Primero las ricas ciudades del norte de la península y luego la eterna Roma fueron los epicentros del retorno a las formas clásicas que, por cierto, en Italia y por motivos obvios, nunca habían sido abandonadas del todo.

Ricas y poderosas familias italianas se convirtieron en mecenas de este retorno a lo clásico, como ya avanzábamos en el capítulo anterior. La pureza del *quattrocento* (siglo XV) dio paso al *"manierismo"* ("a la manera de") del *cinquecento* (siglo XVI). Brunelleschi -a quien se atribuye nada menos que la invención de la *perspectiva,* con su correspondiente efecto tridimensional-, Alberti, Donatello, Fray Angélico, Bellini, Botticelli...son algunos de los artistas de la primera etapa citada; y Bramante, Rafael, Leonardo da Vinci y Miguel Ángel, junto a los venecianos Tiziano, Tintoretto y Veronés, los más representativos de la segunda.

Mención especial merece Leonardo da Vinci, ya que sus cualidades artísticas son de todos conocidas, pero quizá no tanto sus prodigiosas capacidades como científico y técnico. Se esforzaba en comprender las leyes de la naturaleza, tratando de emularlas mediante modelos pertinentes. Un número significativo de los descubrimientos científicos y tecnológicos que se han producido a partir del siglo XVI fueron ya esbozados por él. Resulta de todo punto asombroso que la genialidad artística y científica puedan haberse aunado de tal manera en una misma persona. Figura paradigmática del *Renacimiento* italiano y europeo, en definitiva. ¡Imposible hallar mejor referente para la dualidad que pretende este modesto libro!

El florentino Nicolás Maquiavelo, por su parte, a caballo entre los siglos XV y XVI, tuvo una enorme repercusión en la Europa de su tiempo, influyendo decisivamente en los conceptos políticos, potenciando la transición hacia los Estados modernos. La justificación de *"la razón de Estado"* indujo a generar una concentración del poder político mucho mayor de lo que se había conocido durante la época medieval. Su libro *"El Príncipe"* contribuyó fuertemente a divulgar sus ideas. A Maquiavelo se le atribuye también la conocida frase *"el fin justifica los medios"*.

Estos estilos arquitectónicos, escultóricos y pictóricos se fueron extendiendo por toda Europa, principalmente durante el siglo XVI, derivando, sobre todo en los países católicos, durante ya el siglo XVII y primera mitad del XVIII, hacia un arte más recargado en lo ornamental y decorativo, conocido como *arte Barroco*, frente al mayor ascetismo artístico de los países protestantes, aunque menos cambios se producen en lo constructivo, ya que la arquitectura sigue rigiéndose esencialmente por los criterios clasicistas (lo que se olvida a veces, por cierto). En cualquier caso ¡las diferencias de religión afectaban incluso al arte en Europa! En el terreno musical destacan en el periodo barroco el italiano Antonio Vivaldi y el alemán Johann Sebastian Bach.

En España, la potencia hegemónica europea, se produce una primera etapa de transición desde el *Gótico* a las formas italianas, durante la segunda mitad del siglo XV, el denominado *estilo Plateresco*, del que dan fe obras como la fachada de la Universidad de Salamanca o el convento de San Marcos de León. A principios del XVI sigue una segunda etapa con el *estilo Cisneros,* del que es buena representación el paraninfo de la Universidad de Alcalá de Henares, que también incluye elementos *mudéjares* –consecuencia lógica de la larga presencia de la civilización árabe en la península-. Durante la primera mitad del XVI se pasa a un *estilo clásico Purista*, como el palacio de Carlos I en Granada, por citar un edificio.

El *Renacimiento*, en sus diversas formas y variantes, se implantó ampliamente en Andalucía, región muy potenciada por monopolizar el comercio con la recién descubierta América (especialmente Sevilla primero y luego también Cádiz). Las ciudades de Úbeda y Baeza son auténticas joyas del *Renacimiento*. El *estilo* renacentista denominado *Herreriano*, sobrio y sencillo en las líneas constructivas, pero monumental en la traza y en el conjunto, se adaptó más a la influencia de la corte, cuya mejor representación es el impresionante monasterio de El Escorial, en las cercanías de Madrid, obra de los arquitectos Juan Bautista de Toledo y Juan de Herrera.

Centrándonos en el ámbito científico, hay que reseñar que por esta época se cuestiona ya a los sabios clásicos, empezando a corregirlos e implantando nuevas teorías. Como ejemplo paradigmático, señalemos que transcurridos dos largos milenios de vigencia de las *teorías geocentristas,* derivadas de la Grecia clásica, el astrónomo y sacerdote polaco Copérnico dio la voz de alarma, manifestando que no era el Sol el que giraba alrededor de la Tierra, sino al revés, según el *sistema heliocéntrico* (de Helios, el Sol en griego). Llama la atención el dilatado espacio de tiempo transcurrido para que alguien, por fin, se aproximara a la realidad.

Este ha sido uno de los casos típicos en que el *"sentido común"* parecía funcionar a favor de las *tesis geocéntricas,* porque ¿notamos acaso nosotros, que estamos sobre la Tierra, que nos movemos? No. Además, si la Tierra estuviera en movimiento, al lanzar un objeto muy a lo alto verticalmente, por el desplazamiento de esta, debería caer un poco más atrás o más adelante, pero no en el mismo punto de lanzamiento, se argumentaba. Por otra parte no olvidemos que el *sistema heliocéntrico* precisa, no de un movimiento de la Tierra, sino de dos (el de traslación alrededor del Sol y el de rotación sobre su eje) para poder ser coherente, frente a un único movimiento del Sol alrededor de la Tierra en el *sistema geocéntrico*, el más "sencillo", el que parecía responder mejor al buen sentido.

A pesar de Copérnico, tuvo que pasar casi otro siglo hasta que Galileo Galilei que acababa de perfeccionar el telescopio y el astrónomo alemán Johannes Kepler (discípulo y colaborador del gran astrónomo danés Tycho Brahe, de quién heredó conocimientos esenciales sobre el Cosmos), que explicó magistralmente mediante tres leyes sencillas el movimiento de los planetas alrededor del Sol, incluida lógicamente la Tierra, volviesen a la carga con renovados ímpetus. Finalmente la verdad científica se acabó imponiendo, dando paso definitivamente al *sistema heliocéntrico.*

Respecto al movimiento de los planetas alrededor del Sol hubo, con todo, su pequeño fiasco: las órbitas que describen los planetas resultaron ser elipses, no circunferencias. La circunferencia se consideraba por aquel entonces y se sigue considerando, en cierta forma, como la curva perfecta. La elipse no deja de ser una "circunferencia deformada". Ya que la Tierra no estaba en reposo – situación considerada hasta entonces de privilegio - pensaban los astrónomos que, por lo menos, su movimiento seguiría una circunferencia ¡pues no! Una elipse. La naturaleza se empeña una y otra vez en ser más complicada de lo que a nosotros nos gustaría.

Copérnico, Domingo de Soto, Giordano Bruno, Galileo, Kepler, y luego Descartes, Leibniz y Newton fueron entonces quienes, a partir del nuevo *sistema heliocéntrico* triunfante, se vieron obligados a revolucionar las leyes del movimiento de los cuerpos y las de la *dinámica* y la *mecánica* en general, tanto a escala doméstica, como -por primera vez de forma claramente razonada- a escala cósmica. Miguel Servet, español cosmopolita, quien además de teólogo y humanista fue médico -descubridor de la circulación pulmonar de la sangre-, astrónomo, físico y matemático fue otra de las figuras clave del *Renacimiento.* El progreso se desliza, pues, de modo ya imparable hacia lo que se viene considerando la *ciencia moderna* y, en general, hacia la sociedad y el mundo tal como hoy los conocemos.

Merece la pena comentar, en este contexto, que el *sistema heliocéntrico* supuso un duro golpe a la mentalidad imperante en la época, que emanaba del *espíritu del Renacimiento*, movimiento cultural, artístico e intelectual como venimos comentando que, entre otras cosas, situaba al hombre y a sus aptitudes en el *cenit de la Creación*. Este nuevo sistema puso de manifiesto que, al menos desde el punto de vista de su ubicación en el espacio, esto ya no estaba tan claro. Tampoco lo estaba desde el punto de vista de su exclusividad en el Cosmos, pues como apuntó el italiano Giordano Bruno por aquella época -retomando la estela del filósofo Demócrito- *"Parecería lógico que hubiera infinidad de mundos con soles y planetas, semejantes a nuestro sistema solar, pudiendo estar muchos de ellos habitados"*.

El novedoso *sistema heliocéntrico*, sin embargo, planteaba serios problemas. Si la Tierra está en movimiento ¿dónde encontramos la situación de *reposo*, en torno a la que se configura el *sistema absoluto de referencia*, respecto al que cualquier cosa se mueve? Muchos científicos hallaron la respuesta en el Sol, pero este está muy lejos de nosotros y la cosa no quedaba muy clara. Al no poder establecer cuál era el sistema de referencia absoluto, por no saber encontrar qué era lo que de verdad estaba inmóvil, el estudio comparativo entre los *diferentes marcos o sistemas de referencia* dentro de los que "suceden las cosas", jugó a partir de entonces un papel fundamental en la física, y las leyes que se habían venido aceptando para explicar el movimiento de los cuerpos empezaron a tambalearse. La situación se hubiera convertido en un auténtico rompecabezas…, si no hubiera sido, primero por el genio de Galileo y posteriormente por Newton que "remató la faena".

Galileo defendió la idea revolucionaria para su época de que las *leyes de la física* conocidas (por entonces básicamente las mecánicas) eran las mismas observadas desde cualquier sistema de referencia, independientemente de la velocidad con que el sistema se moviera, siempre que dicha velocidad fuera constante. Esta afirmación, que se conoce como *principio de relatividad,* lo que ponía fundamentalmente de manifiesto era que las fuerzas que actúan sobre un cuerpo son las mismas, con independencia de la velocidad que lleve el sistema de referencia en el que dicho cuerpo sea considerado.

A Galileo se le ha venido atribuyendo también la paternidad del *método científico,* por ser quien ya de una manera decidida y sistemática aplicó para obtener sus conclusiones los conceptos clave y más representativos del mismo: *observación, experimentación* y *medición.* Este era el camino para salir del círculo vicioso en que se encontraba inmersa la ciencia por entonces, que no solía ir mucho más allá de revisar y analizar una y otra vez los textos de los clásicos de la antigüedad.

El *método científico* tradicionalmente se estructura o articula en los siguientes pasos: observación y clara definición de los hechos en estudio; establecimiento de hipótesis explicativas del problema que se aborda; contrastación y experimentación; verificación de resultados y definición de leyes -expresables en lenguaje matemático- que den paso a la teoría o *modelo* correspondiente. Un *modelo científico* para un determinado tema será por tanto una teoría razonada sobre el mismo, cumpliéndose que los resultados de las comprobaciones y experimentos concuerdan con las predicciones que dicha teoría expone. Mientras se dé esta concordancia el *modelo científico* será válido. Si los resultados o mediciones contradicen a la teoría, el modelo debe ser corregido o abandonado.

El *método científico* combina adecuadamente una fuerte componente *inductiva* con una vertiente *deductiva*. Intrincados razonamientos y elucubraciones teóricas, aún efectuados por mentes prodigiosas, si no se apoyan y contrastan con las mediciones reales y con los experimentos, pueden dar lugar a teorías tan ingeniosas y brillantes como absolutamente falsas y disparatadas. Este era en buena medida el caso de las antiguas civilizaciones. Los griegos ya empezaron a aplicar, si bien parcialmente y sólo en determinadas épocas y escuelas, el *método científico*, lo que lamentablemente no prosperó durante buena parte de la *Edad Media*, en la que la ciencia quedó frecuentemente subyugada por ideas preconcebidas, tradiciones y mitos.

El filósofo y matemático francés Descartes (siglo XVII) hizo valiosas aportaciones al moderno *método científico*, como la importancia que para el conocimiento tiene la *duda sistemática* o la conveniencia de una adecuada combinación entre el *análisis* detallado de los fenómenos en estudio y la posterior *síntesis* de lo estudiado. Descartes fue uno de los máximos exponentes de la denominada *Escuela racionalista*, defensor de la existencia de determinadas *ideas innatas* en nuestra mente, sobreestimando por tanto el papel y las deducciones de la razón, frente a lo que se captaba a través de los sentidos. Consecuentemente potenció la vertiente deductiva del método, así como su fundamento matemático.

A finales del siglo XVII el científico inglés Isaac Newton, haciendo suyas en gran medida las ideas de Galileo, las complementó con otras propias y supo presentar sus conclusiones en forma muy estructurada y convincente, lo que desembocó en su *modelo del movimiento de los cuerpos*, modelo simple y de fácil formulación, que resumió en *tres leyes o principios* y que ha sido el vigente hasta el advenimiento de la *Teoría de la Relatividad* a principios del siglo XX, pero que se sigue considerando válido en la actualidad en la inmensa mayoría de las situaciones prácticas.

Newton aportó otra valiosa teoría para explicar por qué, si lanzamos un objeto hacia arriba, este siempre acaba cayendo, antes o después, a la superficie de la Tierra. Habían transcurrido ya muchos siglos desde que Aristóteles explicara esto mediante su modelo basado en la *pesadez* y la *ligereza* y la ciencia del siglo XVII estaba ya madura para elaborar otro modelo más convincente. Afirmó que dos masas cualesquiera se atraen con una fuerza que es directamente proporcional al producto de estas masas e inversamente proporcional al cuadrado de la distancia que las separa. A esta fuerza de atracción se la denomina *fuerza gravitatoria*. Esta ley, indicó Newton, es universal; es decir, es válida para masas cualesquiera en cualquier región del Universo. Se la denominó por tanto *Ley de la gravitación universal*.

Este calificativo de *"universal"* no debe ser tomado a la ligera, pues el hecho de que se afirmara expresamente que esta *Ley de la gravitación*, así como las *tres leyes del movimiento* anteriormente expuestas, se cumplían no solamente a la pequeña escala de nuestros experimentos en la Tierra, sino en cualquier lugar del Universo y por cualquier tipo de astros, era algo básicamente nuevo. Por primera vez, de un modo razonado, se ponía de manifiesto que las leyes que gobernaban la mecánica celeste no tenían por qué ser diferentes de las que regían "aquí abajo", no eran inabordables para nuestra comprensión (como de manera generalizada se suponía por entonces).

Volvamos a España y a su denominado *"Siglo de Oro"* -aunque en realidad se prolongó durante dos centurias-

La *Escuela de Salamanca,* agrupada en torno a su muy prestigiosa *Universidad,* principalmente durante los siglos XVI y XVII y de la mano fundamentalmente de agustinos, dominicos y jesuitas enlazó en numerosos ámbitos –incluido naturalmente el científico- de forma impresionante y a menudo atrevida el *Escolasticismo* con ideas originales y avanzadas, aportadas por el *Renacimiento.* En esta Escuela se defendió el *sistema heliocéntrico* de Copérnico y se impulsó el proyecto científico de cambio del *calendario* juliano al gregoriano. Aquí surgió el moderno *"derecho de gentes",* que apoyándose en las progresistas *leyes de Indias,* fue precursor de los *"derechos humanos",* auténtico tratado de derecho internacional, que marcó época, como así ha sido reconocido por la ONU. Fue asimismo pionera en numerosos conceptos *económicos,* que alcanzan incluso hasta la actualidad (como comentaré en el Capítulo XII).

Profesores eminentes de esta *Escuela* fueron Fray Luis de León -además de poeta y teólogo, astrónomo y uno de los principales expertos comprometidos con el citado cambio de calendario-; Juan de la Cruz –reformador religioso y cofundador con Teresa de Jesús en el ámbito de las órdenes monásticas, estando ambos considerados los máximos exponentes de la *poesía mística-*; Martín de Azpilicueta –uno de los creadores de la economía moderna-; Francisco de

Vitoria –uno de los fundadores de la *Escuela de Salamanca* y miembro más destacado, especialmente en lo concerniente al derecho, según acabamos de comentar-; Domingo de Soto -que estableció conceptos novedosos sobre la aceleración constante que experimentan los cuerpos en caída libre, bastante antes que Galileo-; José de Acosta –científico, antropólogo y naturalista, que ya avanzó que los nativos americanos habrían accedido al continente desde el norte de Asia-; Jerónimo Muñoz; Francisco Suárez...

En este compromiso innovador colaboró también muy eficazmente la plenamente renacentista *Universidad de Alcalá de Henares o Complutense*, fundada por el cardenal Cisneros y que constituyó, por cierto, la primera *ciudad universitaria* planificada de la historia. Por estas dos universidades -Salamanca y Alcalá- pasaron buena parte de los escritores e intelectuales de este irrepetible *"Siglo de Oro"*. Uno de los estudiantes más "tempraneros" de la *Universidad Complutense* fue Ignacio de Loyola, fundador de la *Compañía de Jesús,* orden que se expandió con enorme rapidez, llegando a alcanzar gran influencia. A esta orden perteneció y en esta Universidad estudió, asimismo, el historiador y economista Juan de Mariana.

Otro caso singular y llamativo fue el de Beatriz Galindo, apodada *"la Latina"* por su dominio de este idioma. En una época en la que la enseñanza, especialmente la universitaria, estaba restringida a los varones, debido a su extraordinaria inteligencia -y más o menos subrepticiamente- consiguió estudiar, en este caso en la *Universidad de Salamanca*, llegando a ser profesora y consejera de la reina Isabel I. Por esta época Fernando de Rojas escribió *"La Celestina"* (ambientada en

Salamanca, naturalmente), que llegó a alcanzar enorme éxito y difusión.

El descubrimiento de América y su increíblemente rápida conquista fue el empujón decisivo en la expansión imparable protagonizada por la *Monarquía Hispánica*. Este empuje no fue casual, pues cayó en un terreno abonado, al estar muy fresca y reciente su concluida expansión por la Península Ibérica. Acababa de culminar, tras largos siglos de luchas y contiendas, la recuperación para el común cristiano europeo de los últimos territorios islámicos -en Granada-, la conocida como *Reconquista*. La expansión mundial española -durante bastantes décadas ligada a la de Portugal, como hemos visto-, su aportación a la globalización, durante los siglos XVI, XVII –y también XVIII- fue increíble.

En América del Norte, en torno a dos tercios de los actuales EEUU fueron españoles. Se descubrieron, asimismo, amplios territorios de las actuales Canadá y Alaska. En Asia, las Filipinas fueron así bautizadas por Ruy López de Villalobos –quien, al parecer, descubrió también varias islas del archipiélago de las Hawái-. Además pertenecieron durante varios años a España las célebres y codiciadas islas Molucas (Indonesia). A pesar de que las Molucas acabaron siendo transferidas a Portugal por Carlos I/V, se siguieron manteniendo estrechas y fructíferas relaciones, tanto con estas islas como con otras zonas de Indonesia, como dan fe las impresionantes fortificaciones españoles que aún se conservan en toda aquella enorme región. Contactos y relaciones político-comerciales hubo asimismo con la actual Camboya. Incluso la isla de Taiwan / Formosa ("la isla hermosa") también perteneció a la *Monarquía Hispánica* durante algunas décadas. La Antártida fue descubierta por Gabriel de Castilla en 1603.

El *"galeón de Manila"* estuvo conectando Cantón (China) con Acapulco (Nueva España, actualmente México) a través de Manila (Filipinas) dos veces al año. El viaje desde América hasta Filipinas era razonablemente "fácil", pero el viaje inverso, de Manila hasta Acapulco, denominado *"el tornaviaje"* fue prácticamente imposible, debido a los vientos en contra, hasta que Andrés de Urdaneta, en 1565, descubrió esta casi irrealizable ruta de retorno. Las mercancías recibidas en Acapulco se trasladaban al puerto de Veracruz, ya en el océano Atlántico, y de ahí a España y Europa.

De esta forma se estableció, durante prácticamente tres siglos, una impresionante y novedosa ruta comercial mundial, que incorporaba numerosos y variopintos productos y mercancías. La poderosa y enorme China disponía de todo -más o menos como ahora-. Entre otros apreciados productos estaba ¿¡cómo no!? la seda, de forma que se implantó una nueva *ruta de la seda*, alternativa a las ya existentes. Este comercio y la proximidad fomentaron las relaciones entre China –el gigante asiático por excelencia- y España, si bien de forma un tanto intermitente y no todo lo fructíferas que podrían haber sido. Curiosamente las relaciones e intercambios diplomáticos y culturales fueron mucho más estrechos con su vecino Japón.

En este contexto no es de extrañar, por otra parte, que las monedas de plata españolas, especialmente el denominado *real de a ocho,* se convirtieran durante tres siglos en las monedas de referencia prácticamente universal. Conocido también como *peso* (en español) y *dólar* (en inglés) influenció decisivamente a la moneda china –*yuan*– y a la japonesa –*yen*–, utilizándose incluso directamente la propia moneda de *real de a ocho resellada* (con marcas chinas incorporadas). Fue también la moneda utilizada por los nacientes EEUU, así como el origen de su propia moneda –*dollar*–, incluso en su imagen impresa, ya que el símbolo del *dollar* estadounidense deriva de las columnas de Hércules y del lazo (con la inscripción "*plus ultra*") del escudo español y correspondiente moneda.

En Oceanía, navegantes españoles descubrieron y tomaron posesión de las islas Palaos, Marianas –entre estas la isla de Guam– y Carolinas, en la Micronesia, así como de las islas Salomón en Melanesia, incluyendo la famosa isla de Guadalcanal. Buena parte de estas islas y archipiélagos pertenecieron a España hasta 1898, cuando unas pasaron a ser propiedad de EEUU y otras fueron vendidas a la Alemania de Bismarck. Marinos españoles y portugueses fueron también los primeros europeos que avistaron la isla de Nueva Guinea e incluso Australia (nombre puesto en honor de los Austrias). No es en absoluto de extrañar, pues, que durante siglos el océano Pacífico fuera mundialmente conocido como "*El lago español*".

Sería interminable la lista de exploradores, navegantes, descubridores, conquistadores y/o marinos españoles, cuyas gestas y hazañas han quedado para la historia, lo que suele ser poco recordado, pues las potencias hegemónicas que sucedieron a España ¡que son las que han escrito mayoritariamente esta historia! se han encargado concienzudamente de "taparlas", siendo lo más descorazonador que con frecuencia los propios españoles nos hayamos sumado -voluntaria o involuntariamente- a este despropósito. No viene, por tanto, de más recordar, no a todos por supuesto, ya que sería una lista abrumadora y fuera del contexto de este libro, pero sí a algunos de los (probablemente) más significativos:

Cristóbal Colón, descubridor del nuevo continente (al servicio de España, pero de origen incierto, aunque recientemente se defiende que era judío sefardí); Martín Alonso Pinzón, capitán de la carabela *Pinta*, que fue el primero en dar la noticia del descubrimiento en Europa a su regreso, al arribar a Bayona (Pontevedra) –ciudad que cuenta con un imponente castillo–fortaleza perfectamente conservado, por cierto-; Hernán Cortés, conquistador de México, que supo aunar de manera increíble audacia militar, capacidad negociadora y dotes de gobierno; Francisco Pizarro, conquistador del Perú; Pedro de Mendoza funda la ciudad de Buenos Aires; Diego de Almagro participó en la conquista del Perú, Ecuador y Chile; Francisco de Orellana, explorador de la Amazonia; Vasco Núñez de Balboa tomó posesión para España del océano Pacífico; Pedro de Valdivia, conquistador de Chile; Alvar Núñez Cabeza de Vaca, Ponce de León, Vázquez Coronado, Menéndez de Avilés, Hernando de Soto y Juan de Oñate, entre otros, descubrieron y, en su caso colonizaron, extensos territorios de los actuales EEUU, siendo también decisivas y muy dignas de mención la serie de misiones fundadas por Fray Junípero Serra.

Fernando de Magallanes (portugués al servicio de España) organizó y dirigió hasta su fallecimiento la expedición de cinco naves, que buscaba una ruta alternativa a las islas de las especias; Juan Sebastián Elcano sustituyó a Magallanes a su fallecimiento y fue el primer hombre en completar la vuelta al mundo; García Jofre de Loaysa descubrió el cabo de Hornos y las islas Marshall; Álvaro de Mendaña descubrió las islas Salomón, Santa Cruz y Marquesas; Juan Fernández descubrió el archipiélago que lleva su nombre y (probablemente) la isla de Nueva Zelanda; Miguel López de Legazpi colonizó las Filipinas, fundando su capital, Manila; Pedro Fernández de Quirós (portugués al servicio de España) y Luis Váez de Torres fueron los primeros europeos que navegaron por el área de Nueva Guinea y Australia. El estrecho que separa ambas islas se denomina *estrecho de Torres*, en recuerdo suyo; y Gabriel de Castilla fue, como ya comenté, el primer europeo en avistar la Antártida.

La abrumadora hegemonía política española se manifiesta también en otros muchos campos, como es lógico -y como, hasta cierto punto, sucedería con las potencias hegemónicas sucesivas: Francia, Gran Bretaña y EEUU, principalmente-. Fue así una época cumbre de sus letras en todas sus facetas y variantes: la poesía, la novela, el teatro…

Garcilaso de la Vega aunó el poeta renacentista con el militar de los famosos *Tercios* —formidable unidad militar de infantería, prácticamente imbatible durante cerca de dos siglos, que utilizando el *camino español*, enlazaban Italia con Flandes, atravesando toda Europa-. Aquí surgió, de la mano de Miguel de Cervantes -que puede ser considerado el autor del género novelesco-, entre otras importantes obras, *"Don Quijote de la Mancha"*, el libro profano más traducido y leído de todos los tiempos. Por no hablar del prolífico Lope de Vega; de Tirso de Molina; de Luis de Góngora; de Francisco de Quevedo, escritor, político y diplomático; de Calderón de la Barca —su obra dramática *"la vida es sueño"*, de profundas raíces filosóficas,

156

tuvo una fuerte repercusión internacional con numerosísimas representaciones-. El teatro clásico español es decisivo.

Si hablamos de pintura, -esencialmente en un desarrollo que parte del *manierismo* y se encumbra en el *Barroco*- siempre nos quedaremos cortos. El Greco (nacido en Creta, pero afincado en Toledo); Claudio Coello; Diego Velázquez –para muchos, el mejor pintor español de todos los tiempos y desde luego uno de los mejores de la élite mundial-; José de Ribera; Francisco de Zurbarán; Bartolomé Esteban Murillo; Alonso Cano; Valdés Leal;…Las colecciones de estos pintores se encuentran repartidas por los museos de toda España -y de todo el mundo-, pero especialmente el madrileño *Museo del Prado* alberga las mayores y mejores colecciones de estos pintores españoles del *Siglo de Oro*, junto a obras de otros pintores esenciales de este dilatado periodo, destacando (si es posible hacerlo) la impresionante representación de pintura flamenca, italiana y alemana que alberga este museo: obras de El Bosco, Van Eyck, Van der Weyden, Rafael, Memling, Durero, Tiziano, Rubens...

La pintura española del *Siglo de Oro* resultó, pues, influenciada tanto por las *fuentes renacentistas italianas* como por la pintura minuciosa, detallista y plena de simbolismo de la *Escuela flamenca* -una magnífica y muy personal derivada de la pintura gótica-. A esta simbiosis se incorporaron lógicamente los ingredientes propios, dando lugar a este periodo de esplendor. Recordemos al respecto, que tanto gran parte de Italia como el territorio de Flandes, entre otros, pertenecieron durante toda esta época a la común *Monarquía Hispánica* y que, asimismo, las relaciones con el mundo germánico fueron siempre muy estrechas.

Dos escultores de primer nivel, padre e hijo respectivamente, fueron Leone Leoni y Pompeyo Leoni, italianos, pero afincados en España gran parte de su vida, al servicio de la corte. La escultura más característica propiamente española es la imaginería, principalmente en madera: Alonso Berruguete, Juan de Juni, Gregorio Fernández, Martínez Montañés, Juan de Mesa, Alonso Cano (también pintor), Pedro de Mena…En la ciudad de Valladolid se ubica el *Museo Nacional de Escultura* (integrado por varios edificios históricos, que se remontan al siglo XVI), que reúne numerosas obras de estos escultores.

Militar perteneciente a los *Tercios* –en los que participó en numerosos acontecimientos y batallas, recibiendo por ello el homenaje de Lope de Vega en una de sus obras-; cosmógrafo; músico; y, sobre todo, inventor fue el navarro Jerónimo de Ayanz y Beaumont. Sus inventos abarcaron un amplio abanico de construcciones, máquinas e instrumentos, tales como hornos para la metalurgia, molinos de viento, una barcaza sumergible (que bien podríamos considerar precursora del submarino)…, y, de modo destacado, una pionera máquina de vapor (siglo y medio antes que el escocés James Watt, por cierto).

Además de los intelectuales (científicos, humanistas y/o economistas) citados más arriba, al hablar de las universidades de Salamanca y Alcalá, es imprescindible recordar a Antonio de Nebrija, humanista y lingüista del mayor prestigio, uno de los padres de la gramática y lengua españolas. Arias Montano, por su parte, fue uno de los intelectuales polifacéticos más relevantes de la época. Estrecho colaborador del rey Felipe II, fue el responsable principal de la *Biblia Políglota de Amberes* –derivada ampliada de la *Biblia Polí-*

glota Complutense (hebreo, arameo, griego, latín), patrocinada por Cisneros en Alcalá- y posteriormente director de la magnífica *Biblioteca* de *El Escorial*. A la universidad de Valencia perteneció Luis Vives, también humanista, además de filósofo e intelectual comprometido, que fue discípulo del holandés Erasmo de Rotterdam.

En el siglo XVII se impone el *arte Barroco*, como estamos comentando. La fachada de la catedral de Santiago de Compostela, antepuesta a la primitiva románica, en la espectacular plaza del Obradoiro de esta ciudad irrepetible, es un ejemplo claro del mismo, así como el panteón del Monasterio del Escorial o la portada del antiguo Hospicio de Madrid –actual *Museo de Historia de Madrid*-, por citar algunos casos en España. En Italia es de destacar la Plaza de San Pedro de Roma, donde se pueden apreciar dos características del *Barroco,* ya que junto a la *monumentalidad* propia de este estilo, se añade un curioso efecto denominado *trampantojo* ("trampa al ojo"), pues sin duda la plaza aparenta unas dimensiones todavía mayores de las reales.

El *Barroco francés* y su derivada, denominada *clasicismo*, en el siglo XVII –donde destacan en la literatura y el teatro Corneille, Racine y Molière-, acabará dando paso al *estilo rococó*, ya en el XVIII, cuando Francia –reina Luis XV- ya ha relevado a España como potencia hegemónica en Europa. El motivo ornamental principal son las formas rocosas, conchas y motivos clásicos ("rocaille", de donde deriva el apelativo "rococo"). Este estilo tuvo, asimismo, importante influencia en la Prusia de Federico II.

En los numerosos territorios de ultramar, por otra parte, el arte aportado por la metrópoli va evolucionando de manera paralela a la que se experimenta en la propia península, como es lógico, dándose variedad de estilos a lo largo del tiempo, aunque el *Barroco* es ciertamente predominante. Es el denominado *arte Hispanocolonial* -mal llamado, por cierto, pues a diferencia de lo que sucedería en otros imperios, estos territorios de ultramar nunca fueran considerados colonias, sino *Virreinatos* de la común *Monarquía Hispánica*-, que recoge también numerosas influencias autóctonas, según áreas y culturas propias –algunas muy potentes (mayas, aztecas, toltecas, incas,...)-. La manifestación artística más importante es la arquitectura (como suele ser habitual). Numerosos edificios, tanto civiles (hospitales, universidades, sedes administrativas, etc.) como religiosos (catedrales, iglesias,...), que se extendían, en el caso concreto de América, desde California hasta el estrecho de Magallanes.

Y vamos dando fin a este capítulo comentando que, como reacción al cartesianismo *racionalista* que se imponía en el continente europeo (Descartes, Spinoza, Leibniz...), surgieron en los siglos XVII-XVIII en las islas Británicas prestigiosos filósofos fuertemente *empiristas* -que primaban lo que captan nuestros sentidos y la experiencia para el conocimiento seguro-. John Locke, cuya vida transcurrió algo por delante de la de Newton, manifestó que *"Nuestra mente, sin las aportaciones de los sentidos, es como una página en blanco y que incluso dichas aportaciones tienen límites muy estrictos, procediendo todos nuestros conocimientos de la experiencia"*. En el capítulo siguiente hablaremos sobre Hume.

Pocos años antes que Locke vivió el también inglés Thomas Hobbes. Célebre es su frase *"el hombre es un lobo para el hombre"*, al menos hasta que entra en sociedad, siendo necesario por tanto un *pacto social* que articule los derechos de los miembros de tal sociedad, bajo la forma del Estado -por ejemplo-, quien deberá garantizar su seguridad. Añadió además que, si el Estado no proporcionase tal seguridad, no tendría poder sobre el individuo.

La *astronomía*, por su parte, empieza a "hermanarse" con la *física*, si bien muy lentamente. La visión del Cosmos por esta época experimenta cambios importantes. Se ha sustituido el modelo del Universo cercano, pasando de ser considerada la Tierra el centro del mismo a serlo el Sol, a cuyo alrededor giran también los demás planetas. En cuanto al Universo más lejano y debido al perfeccionamiento del telescopio, este empieza a ser vislumbrado en su enorme extensión, pero todavía dentro de unos límites muy contenidos en relación con lo que sabemos hoy. Se daba por sentado un Universo *fundamentalmente estático*, es decir, si lo consideramos a gran escala, prácticamente inmutable con el transcurso del tiempo.

CAPÍTULO XI. ¡YA HEMOS DESCUBIERTO TODO!

El *capitalismo* y *la banca*, "productos" muy europeos, tienen principalmente dos fuentes / orígenes. Por una parte se desarrollan en las ricas ciudades del norte de Italia (Génova, Florencia,...), podemos decir que como una derivada del Renacimiento. Por otra, la comercial, industriosa y emprendedora *Liga Hanseática*, con sede en Lübeck, que comprendía ciudades del norte de Alemania, de Holanda y Flandes y de algunas zonas limítrofes más. Este sistema económico, que impulsa la producción y la creación de riqueza, tanto por particulares como por las naciones, basándose en una confianza plena en un crecimiento sostenido y un futuro prometedor, se va imponiendo decisivamente durante los siglos XVII y XVIII.

Grandes banqueros prestan su dinero, apoyando empresas y proyectos locales y concretos, nacionales o incluso internacionales. Holanda e Inglaterra, principalmente, pronto se "suben a este carro" de manera implacable -hacia el 1600, por ejemplo, ambas naciones establecen respectivamente su *"Compañía* (privada) *de las Indias orientales"*-.

Hay que tener en cuenta, por otra parte, que hasta más o menos el año 1700, el peso económico de Europa en el mundo había venido siendo claramente inferior al de las grandes potencias e imperios asiáticos. El *reconocimiento de la ignorancia* y correspondiente *revolución científica*, a partir del siglo XVI, según comentábamos en el capítulo anterior, se produjo esencialmente en nuestro continente, pero curiosamente apenas en las potencias asiáticas –al menos de forma generalizada–, lo que empezó a marcar el rápido crecimiento de Europa, que comienza a distanciarse de sus competidores extra-continentales.

El siglo XVIII, sin embargo y un tanto paradójicamente, entró con mal pié en Europa –y aún peor en España–, ya que la sucesión al trono de la *Monarquía Hispánica* provocó, al poco de comenzar el siglo, un largo conflicto (de diez años largos) en Europa y especialmente en España –convertido aquí lamentablemente en guerra civil–. Finalmente la dinastía borbónica se impuso en España, sustituyendo a la casa de Austria (cuyo último monarca español había fallecido sin descendencia). La paz se alcanzó con el –desastroso para España– *tratado de Utrecht*.

En el siglo XVIII se inicia también, básicamente en Europa, una *revolución industrial*, como consecuencia de los progresos científico-tecnológicos y, por otra parte, directamente emparentada con el *sistema capitalista* en auge. Se empiezan a crear grandes talleres y fábricas incipientes, trascendiendo en mucho a los hasta entonces pequeños talleres artesanales y gremiales. Potentes máquinas empiezan a atisbarse para aumentar enormemente la producción. La estrella es la *máquina de vapor*, avanzada por Jerónimo de Ayanz (como comentaba en el capítulo anterior) y ya perfeccionada y patentada por el británico James Watt.

Los conceptos económicos comentados se entremezclan en lo político y social con el denominado *liberalismo*, pensamiento que fomenta y promueve las libertades civiles y económicas, cuestionando así el absolutismo generalizado vigente. Fue en Inglaterra donde se empezaron a producir, ya en el siglo XVII, cambios significativos frente a las monarquías absolutas imperantes en el continente europeo. Guerras civiles, un rey ejecutado, implantación de un régimen republicano-dictatorial y más cosas, acabaron debilitando la monarquía absoluta en la isla y culminando (en 1688) en un sistema monárquico (más o menos) parlamentario, en lo que los ingleses denominan *"Revolución gloriosa"*. Este fue el primer capítulo de este proceso.

El segundo, ya en el siglo XVIII, se produciría en Francia, potencia hegemónica europea por entonces, de la mano de un absolutismo monárquico férreo. El siglo XVIII –"el siglo de la *Ilustración"*- actuó a modo de potente catalizador, activando ideas y planteamientos de forma cualitativamente novedosa y a menudo atrevida, imponiendo en buena medida la *"diosa razón"* planteamientos y actitudes (incluidos bastantes "caprichos").

Se desata en Europa una admiración sin límites por *la naturaleza,* entremezclada con ansia de *liberalismo* en lo político, potenciado todo ello, entre otros, por los *enciclopedistas* franceses. La *Enciclopedia* fue una monumental obra, que intentó mostrar como el intelecto humano había ido progresando a lo largo de los siglos, siendo sus principales organizadores el filósofo Diderot y el matemático DÁlambert. La *naturaleza* les ofrece un funcionamiento perfecto y se convierte en el modelo a imitar en todos los ámbitos de la sociedad, incluidas organizaciones sociales e incluso políticas. Los franceses Montesquieu y Voltaire, así como el suizo Rousseau son figuras ilustradas icónicas.

Las fuentes de inspiración de Montesquieu fueron la República romana y la Inglaterra de su tiempo. Perteneciente a la nobleza de toga e ilustrado conservador, es el gran pensador de un cierto liberalismo. Entre sus escritos figura el famoso *"El espíritu de las leyes"*, en el que aboga por la separación de poderes. Rousseau fue un ilustrado tan controvertido como brillante en muy diferentes aspectos. La naturaleza para él era la *"Arcadia feliz"*, contraviniendo así drásticamente las ideas del filósofo polifacético inglés Hobbes, quien un siglo antes –como comentábamos en el capítulo anterior- había afirmado que *"el hombre era un lobo para el hombre hasta que entra en sociedad"*, lo que hacía imprescindible un *pacto social*.

Humanismo, ciencia y afán de progreso a toda costa, entremezclados en distintas proporciones según periodos y tendencias, marcan este denso siglo, que dio paso nada menos que al nacimiento de los Estados Unidos de América y culminó pocos años más tarde con la conocida como *Revolución francesa*. En esta época histórica se estableció un difícil equilibrio entre las tendencias que afloraban -liberalismo, humanismo, filantropía, etc.- y las monarquías férreamente absolutistas que persistían, como la dinastía borbónica (en Francia principalmente, pero también en España y en buena parte de Italia), estableciéndose una especie de compromiso entre las partes, lo que se denominó *despotismo ilustrado*, cuyo concepto suele resumirse en la frase *"Todo para el pueblo, pero sin el pueblo"*.

Francia e Inglaterra (junto a otra serie de países) tuvieron tremendos enfrentamientos armados en Europa y América del Norte, que dieron al traste con el incipiente imperio francés en América y dejaron a Francia totalmente arruinada, de modo que cuando intentó aplicar más impuestos, convocando los *"Estados generales"* (más o menos su Parlamento), propició rebeliones y revueltas, tanto de la burguesía como (un tanto a remolque de esta) de las clases populares, que fue lo que acabó derrocando la monarquía y promoviendo una situación revolucionaria, la citada *Revolución francesa*, que culminó en un régimen de terror, llevándose por delante desde el rey hasta multitud de ciudadanos.

El filósofo y economista escocés Adam Smith publica en esta época su libro *"La riqueza de las naciones"*, un icono de la economía liberal, en el que se defiende la idea de que, si los factores económicos actúan en libertad, progresarán tanto los Estados como también la sociedad –los individuos, en definitiva–. Trabajo, progreso y riqueza estarían íntimamente interrelacionados. Economista destacado, influenciado por Adam Smith, fue el inglés David Ricardo, defensor también del libre mercado, incluyendo interesantes consideraciones sobre el nivel adecuado de retribución salarial, que a su vez servirían de acicate a Karl Marx.

Coetáneo de Smith es el irlandés Edmund Burke, a quien se suele denominar el último ilustrado. Burke fue muy consciente de la importancia y trascendencia de la *Revolución francesa*, pero se manifestó contrario a ella, no admitiendo paralelismo entre la *"Revolución gloriosa" inglesa* (1688) y la *Revolución francesa* (1789) – ¡un siglo después de la primera, por cierto!- Comentaba que le parecía un disparate el intento de la *Revolución francesa* de abolir el pasado, de establecer un "punto cero". *"Respetando a vuestros antepasados, habríais aprendido a respetaros a vosotros mismos..."*, manifestaba.

El filósofo, historiador y economista escocés, David Hume, fuertemente *empirista*, fue quizás el que mayor influencia ejerció sobre los filósofo-científicos posteriores, muy directamente sobre Kant, quien llegó a afirmar que Hume *"le había despertado de su sueño dogmático"*. La objeción fundamental de Hume a la ciencia imperante era que, de la experiencia de casos particulares (aunque fueran muchos) no podía llegarse por inducción a leyes generales, para luego deducir una serie de consecuencias correlacionadas, normalmente mediante *relaciones causa – efecto*. Lo anterior ponía entonces en entredicho la validez de la *ley causal*, cuestionando con ello el fundamento de importantes leyes de la física (las de Newton, por ejemplo), manifestando también Hume que *"Jamás podremos afirmar con certeza la realidad del mundo exterior"* y que *"De lo único que uno puede estar seguro es de sus percepciones actuales"*.

Contemporáneo de Hume fue el clérigo anglicano, economista y pensador británico Thomas Malthus, quién relacionó la *economía* con la *demografía*, analizando la correlación entre el nivel de vida de las sociedades y los problemas inherentes al rápido crecimiento de sus poblaciones. La influencia de sus planteamientos, el denominado *maltusianismo*, fue muy importante, con derivadas que llegan hasta nuestros días.

En lo referente al arte se va imponiendo el *Neoclasicismo*, cuyo origen es básicamente francés. En el *siglo de la razón*, se abomina de estilos artísticos recargados, como se suponía que era el *arte barroco,* y no digamos el *rococó*, retornando al arte clásico en sus formas más puras, el denominado *estilo neoclásico* que, en el fondo, no deja de ser sino un retorno al *arte renacentista* en su versión más purista y, lógicamente, introduciendo cualquier mejora técnica que hubiera podido producirse en los dos siglos largos transcurridos desde entonces.

En el *Neoclasicismo* todo está reglamentado y por / para ello surgen o se potencian las *academias*. En pintura destaca David, cuyos cuadros son auténticos grupos escultóricos (*"La coronación de Napoleón I"*) y el también francés, Gerard, potenciándose como una derivada la *pintura histórica*. En el ámbito musical es imprescindible citar al gran maestro austríaco, Wolfgang Amadeus Mozart, director de orquesta, compositor y pianista.

Una pujante Prusia se unió pronto a la *Ilustración*, conocida allí como "*Aufklärung*". Destacamos a Immanuel Kant, uno de los últimos filósofos geniales con vocación científica (a imitación de los filósofo - científicos de la Grecia clásica) y uno de los máximos exponentes de ese afán por el conocimiento y la razón característico del siglo -el XVIII fue denominado "*el siglo de las luces*"-. Las aportaciones de Kant a la filosofía fueron muchas y novedosas.

Manifestó que, tanto la *ley causal* como el hecho de enmarcar cualquier cosa en el espacio y en el tiempo radicaban en nuestra mente, más bien que en la realidad exterior, así como que nunca podemos conocer las cosas del mundo tal como son, sino deformadas por nosotros mismos al estudiarlas, adaptándose también estas a nuestra mente, llevando así sus conceptos de subjetividad incluso a la propia experiencia del espacio y del tiempo y abriendo una *tercera vía* entre el *racionalismo* imperante en la Europa continental y el *empirismo* desbordante de los británicos. Las ideas de Kant llaman fuertemente la atención por su "modernidad".

Por otra parte, a caballo entre los siglos XVII y XVIII, aparece en Europa algo decisivo y, sin embargo, como corresponde a su carácter ocultista, poco conocido y menos divulgado. Me estoy refiriendo a las *sectas* o *asociaciones secretas* (o casi), como los *Rosacruz* primero, que surgen en la Alemania luterana, con la guerra de los treinta años de telón de fondo, y posteriormente una (más o menos) derivada, también con vocación universal, pero mucho más poderosa, que surge en Inglaterra en el primer tercio del siglo XVIII. Estoy hablando naturalmente de la *Masonería*, cuya influencia en su país de origen, luego en Francia y finalmente por toda Europa, hasta llegar a América –muy especialmente a EEUU- fue "in crescendo" rápidamente desde sus orígenes, llegando a hacerse decisiva.

Otra organización semi-secreta, la de los *Illuminati*, surgió en el último tercio del siglo XVIII también en Alemania -en este caso en Baviera-, muy influenciada por las ideas ilustradas. Duró poco, apenas una década (al ser prohibida por las autoridades), al menos en teoría, pues esta secta ha propiciado abundante literatura e incluso alguna película famosa, estando en el epicentro de diferentes teorías conspiratorias.

Las trece colonias británicas de América del Norte se declararon independientes en 1776, a lo que siguió una larga guerra que se prolongó hasta 1783. Francia y España -Bernardo de Gálvez fue el militar español más destacado- ayudaron muy activamente en su lucha a los incipientes EEUU.

España había quedado "muy tocada" por dos tratados de paz muy desfavorables, el de Westfalia (Portugal se separa de nuevo) y el (ya citado) de Utrecht, en los siglos XVII y principios del XVIII respectivamente, que la despojaron de partes significativas de su imperio, básicamente del europeo. Con todo, supo sumarse a los nuevos tiempos y recuperarse en buena medida, conservando una notable hegemonía (contra lo que muchas veces se supone). Personajes ilustrados y modernizadores como el Marqués de la Ensenada (todavía durante el reinado de Fernando VI); Benito Feijoo; el Conde de Aranda; Campomanes; Floridablanca; Pablo de Olavide; Melchor de Jovellanos..., dan fe de ello.

Conviene recordar, en este sentido, que con Carlos III (ya en la segunda mitad del siglo XVIII), es cuando precisamente el *Imperio español* alcanza su mayor extensión. Y había sido en 1741, sin ir más lejos, cuando el almirante Blas de Lezo, con muy ajustados recursos y efectivos, infligió en Cartagena de Indias una decisiva y humillante derrota a una impresionante armada británica invasora. Tan seguros de su victoria estaban los ingleses que esta ya había sido anunciada a su rey, habiendo incluso imprimido ya las monedas conmemorativas de la misma. No es de extrañar, pues, que este suceso haya prácticamente desaparecido de las crónicas británicas, pero lo más desconcertante es que Blas de Lezo haya venido siendo casi un perfecto desconocido en su propio país hasta hace apenas unas décadas.

Los edificios y monumentos *neoclásicos* son muy numerosos en España y especialmente en su capital, con frecuencia entremezclados con toques *barrocos* (como es habitual en todas las transiciones de estilos, por otra parte). Demos unas pinceladas: Ventura Rodríguez fue el máximo responsable de la *Basílica del Pilar* en Zaragoza. Juan de Villanueva es el arquitecto del *Museo del Prado* y del *Observatorio Astronómico*, ambos en Madrid. Sabatini, el gran arquitecto de

Madrid, fue quien diseñó la *Puerta de Alcalá* y la de *San Vicente* y uno de los responsables decisivos del impresionante *Palacio Real* -el mayor de Europa occidental-, así como de los jardines adyacentes. Las fuentes ornamentales de *Cibeles* y *Neptuno*, así como los *puentes sobre el río Manzanares* son también de esta época.

Más allá de la metrópoli, numerosas expediciones españolas recorrieron los territorios de ultramar, ampliando enormemente los conocimientos de la época sobre botánica, zoología, geología, astronomía, metalurgia -recordemos, por ejemplo, que Fausto Fermín de Elhuyar descubrió el *wolframio*, metal que posteriormente se confirmaría indispensable para reforzar el acero- y minería.

Muy positiva fue, a mediados del siglo XVIII, la expedición realizada por Jorge Juan y Antonio de Ulloa, ambos oficiales de marina, ingenieros, geo-astrónomos y humanistas. Los dos tuvieron una vida azarosa y fructífera, destacando por su interés específico, la *medición de la longitud del meridiano terrestre,* que acometieron en un proyecto conjunto con Francia, en la *América Española* y que demostró por primera vez que la Tierra estaba achatada por los polos, confirmando así una predicción teórica que se remontaba al propio Newton.

Ya culminando el siglo XVIII tuvo lugar la conocida como *expedición Malaspina*, protagonizada por dos corbetas comandadas por los marinos Alejandro Malaspina (italiano al servicio de España) y José de Bustamante. Recorrieron todo el mundo muy centrados, aunque no exclusivamente, en las inmensas posesiones españolas. Recorrieron prácticamente todo el continente americano, incluida Alaska, las

Malvinas, islas Marianas, islas Salomón, Filipinas, Australia, Nueva Guinea, Nueva Zelanda…Los levantamientos cartográficos y cartas hidrográficas, estudios etnográficos, de medicina, de botánica, de historia natural, de astronomía, etc., fueron impresionantes. Por otra parte la expedición sirvió para potenciar ampliamente las relaciones comerciales y diplomáticas.

Por esta época se desarrollaron, asimismo, *expediciones botánicas* a Perú, Nueva España y Nueva Granada que, a pesar de su denominación, no solo incluían aspectos botánicos, sino investigaciones sobre aves y otros animales. Estas expediciones científicas pusieron al descubierto numerosos conocimientos botánicos, ornitológicos, de terapéutica medicinal, y sobre el mundo natural en general. La expedición a Nueva España, en concreto, fue dirigida por el militar médico y botánico español Martín Sessé, ayudado – junto a otros muchos colaboradores y participantes-, por el hispano-mexicano José M. Mociño, aventajado alumno del Real Jardín Botánico de Nueva España. Los trabajos y conclusiones tuvieron un enorme impacto en la ciencia y cultura del Virreinato, favoreciendo decisivamente el auge de su ya pujante comunidad intelectual.

A principios del siglo XIX tuvo lugar uno de los acontecimientos más relevantes de la historia médica moderna, la *Real expedición filantrópica de la vacuna*, que dirigida por Francisco Javier Balmis, recorrió gran parte de la *América Española* y los territorios de *Filipinas*, vacunando desinteresadamente a la población contra la viruela. Era esta una devastadora enfermedad que hacía estragos, especialmente en el continente americano. En 1803 partió del puerto de la

Coruña la corbeta *María Pita*. A bordo iban un grupo de niños, que se fueron inoculando controladamente unos a otros durante toda la travesía. La enfermera principal y cuidadora fue Isabel Zendal. La expedición y sus resultados fueron todo un éxito, de resonancia internacional. Ha sido un bonito gesto de reconocimiento el que recientemente, durante la asoladora pandemia mundial del Covid 19, la *Comunidad de Madrid* inaugurara un hospital enfocado a los enfermos de este virus, denominándolo precisamente *"Isabel Zendal"*.

Es de justicia insistir sobre el hecho, bastante poco divulgado hasta ahora, de que el nivel de la medicina, la botánica y la correspondiente farmacopea en la América Española fue muy sobresaliente, siendo el número de hospitales -tanto para nativos como peninsulares- enormemente superior a los existentes en territorios pertenecientes a otras potencias imperiales, incluso posteriores. Del orden de un millar fueron construidos en Hispanoamérica y Filipinas entre los siglos XVI y XVIII.

Por no hablar de las numerosas universidades que se erigieron en ultramar en estos siglos (muy superior, de nuevo, al construido por otra potencias hegemónicas), algunas todavía en funcionamiento y en las que, como norma muy generalizada, se prestaba mucha consideración –además de a la común lengua española, lógicamente- a los diferentes idiomas nativos, elaborando estudios, recopilaciones y gramáticas al respecto, como es el caso, entre otros muchos, de las obras sobre náhuatl elaboradas por Fray Bernardino de Sahagún (formado en la Universidad de Salamanca, por cierto) en Nueva España.

Volviendo a Francia, ante el caos producido por la *Revolución*, se formó un *Directorio* con tres máximos mandatarios, entre los que estaba un general corso, Napoleón Bonaparte, quien finalmente se acabaría haciendo con el poder absoluto, coronándose incluso como emperador. Napoleón asolaría durante años Europa con continuas guerras (entre las cuales figuró la invasión de España); acabó con el casi milenario (y desde siglos atrás ineficiente como estructura política, ciertamente) *Sacro Imperio romano germánico*; e invadió el inmenso país de Rusia, campaña que terminó en un desastre, precipitando su caída.

Durante el breve periodo napoleónico se mantiene en toda Europa el *estilo neoclásico*, pero pronto, todavía en el primer cuarto del siglo XIX, se empieza a extender un movimiento alternativo –en buena medida como reacción a los excesos normativos y rigidez del *Neoclasicismo*-, que surgió principalmente en Alemania, denominado *Romanticismo*, y que afectó especialmente a la literatura, la pintura y la música. La Edad Media, el orientalismo, lo misterioso, la naturaleza salvaje, etc., se ponen de moda y lo impregnan todo.

Schiller y Goethe son dos alemanes imprescindibles de este periodo, el segundo autor (entre otras obras) del icónico *"Fausto"*. Walter Scott, creador de la novela histórica y Lord Byron, británicos destacados. Víctor Hugo (*"Los miserables"*) y Alejandro Dumas (*"Los tres mosqueteros"*, *"El conde de Montecristo"*), en Francia. Washington Irving y Edgar Allan Poe en EEUU. Larra, el Duque de Rivas, José Zorrilla (*"Don Juan Tenorio"*), Espronceda, Rosalía de Castro y el "un tanto rezagado", Gustavo Adolfo Bécquer, en nuestro país. En la pintura del *Romanticismo* destaca el francés Delacroix y en España Federico Madrazo, y su alumno Eduardo Rosales –más orientado ya a la *pintura histórica*-. Los citados y muchos otros se integran en el potente *movimiento román-tico europeo*.

Dos figuras mundiales imprescindibles con muchas simi-litudes, aunque sus ámbitos artísticos eran marcadamente diferentes, fueron el compositor alemán Ludwig van Bee-thoven y el pintor español Francisco de Goya. Ambos se ini-ciaron en el *Neoclasicismo*, evolucionando hacia el *Romanti-cismo* e incluso fueron precursores "visionarios" de diferentes *estilos postrománticos* que sobrevendrían. Ambos vivieron en la misma época, a caballo entre el siglo XVIII y primer tercio del XIX, ambos alcanzaron la cima en sus respectivas parce-las y hasta los dos padecieron la misma enfermedad – una pérdida progresiva de la audición-, que marcaría decisiva-mente las etapas finales de sus respectivas carreras artísticas.

Alemania, en la estela de Kant, continúa imponiéndose en filosofía. El *idealismo* de Hegel y su interpretación *dialéc-tica* y positiva de la historia humana (*"tesis – antítesis / sín-tesis"*) se expandieron por toda Europa, influyendo también decisivamente –en su versión materialista- en Marx. Arthur Schopenhauer, por el contrario, se mostró muy pesimista con el género humano y con la sociedad. Su pensamiento sirvió en gran medida de puente con las filosofías de corte oriental, como el budismo y el taoísmo. Schopenhauer tuvo bastante menos repercusión que su contemporáneo y com-patriota Hegel, siendo su filosofía menos entendida y valora-da en su momento, lo que sin embargo cambió con los años, gozando posteriormente de gran prestigio y reconocimiento.

Los "ismos" se suceden con rapidez asombrosa en la lite-ratura, el teatro, la pintura y en todas las artes. Tras el *roman-ticismo*, el *realismo* (centrado en la vida real, como indica su nombre) y el *naturalismo* (más duro y descarnado que el anterior) y, específicamente en la pintura, el *impresionismo* con sus derivadas, el *puntillismo* y el *postimpresionismo*, movimientos fundamentalmente franceses, muy preocupados por los efectos de la luz y la impresión, siempre fugaz, que producen en el observador, dado lo cambiante de la misma -era usual pintar la misma escena a diferentes horas del día, para ver como variaba, según la iluminación del momento-.

El francés Émile Zola bien puede ser considerado el "padre" del *naturalismo,* en la literatura; los escritores Benito Pérez Galdós, Vicente Blasco Ibáñez y Emilia Pardo Bazán (ya adentrándonos en el siglo XX) son una buena representación española del *realismo y naturalismo,* respectivamente. Los pintores franceses Manet, Monet, Cézanne, Toulouse Lautrec, Pissarro, Paul Gaugin, Degas, el holandés Van Gogh, y el español Joaquín Sorolla, son mundialmente conocidos. Músico romántico relevante fue el compositor y pianista polaco Frédéric Chopin. A la música española del XIX aportaron merecido prestigio los compositores Enrique Granados e Isaac Albéniz.

El *expresionismo* surge principalmente en Alemania, en buena medida como reacción a los estilos anteriores, concretamente al *impresionismo.* Las pinturas muestran la visión interior del artista y no la realidad propiamente dicha, lo que proporciona una pintura deformada, subjetiva, con colores generalmente vivos y a menudo poco agradables. El pintor ruso Vasili Kandinski es muy representativo de esta tendencia. Moviéndose entre el *realismo* y el *expresionismo* hay que situar a Ignacio Zuloaga. El continuo cambio y evolución se mantienen (si no se aceleran) durante el siglo XX.

Numerosas revoluciones impregnan este siglo XIX que, en buena medida, continuarán en el XX en toda Europa. El *socialismo* se difunde con rapidez, incluso en sus corrientes más duras como el *marxismo* y el *comunismo*. Raro es el país que se libra de revoluciones populares, que quitaban y ponían gobiernos y que, en algunos casos, acabaron en cambios de régimen, pero también y sobre todo *movimientos nacionalistas*, unas veces separatistas y otras más aglutinadores, como los que dieron lugar a la Italia unificada o a la nueva Alemania, estructurada en torno a una emergente y potente Prusia.

Francia resultó también muy afectada por diversos acontecimientos revolucionarios y cambios de régimen durante el XIX. En 1870 perdió la guerra con Prusia, originando la defunción del breve *segundo Imperio francés* y el inicio del (también breve) *segundo Imperio alemán,* ¿¡así que no sólo los elementos químicos se transmutan!? Cosas de la Historia.

Rusia, fortalecida por su victoria decisiva frente a Napoleón, deja de ser un actor secundario en Europa y empieza a reafirmarse como potencia relevante en muy diferentes órdenes, entre ellos el literario: Pushkin, Gogol, Turgenev, Dostoievsky, Tolstoi, Chejov...., dan fe de este resurgimiento. Desde el punto de vista político va constituyendo un imperio de extensión increíble.

Gran Bretaña, por su parte, tras superar el fracaso de la independencia de sus trece colonias norteamericanas, embrión de los EEUU actuales, se va consolidando rápidamente como la potencia dominante mundial, conformando un gran imperio de ámbito intercontinental (Australia, Nueva Zelanda, Canadá, India,...)

España es una de las naciones europeas más negativamente afectada por los acontecimientos de este siglo XIX. Precisamente cuando ya se había recuperado en buena medida, tras el nefasto tratado de Utrecht, como comentábamos más arriba, sufre la devastadora invasión napoleónica, que ante los titubeos y absoluta inoperancia de la monarquía reinante —y de sus asesores-, propició una valiente, improvisada y dura reacción popular contra el invasor, *"la guerra de la independencia"*. Durante esta guerra y de forma increíble, en 1812, con Cádiz —la Gadir fenicia, la ciudad más antigua de España y de Occidente, por cierto- sitiado por los franceses, se debate y redacta una *Constitución liberal,* que coloca a España a la vanguardia de los sistemas constitucionales. El retorno de la monarquía legítima es, sin embargo, bastante frustrante, tardando poco el "rey deseado" en ignorar dicha Constitución.

Se produce, por otra parte, la pérdida de la mayoría de sus territorios en América y acontecerán interminables conflictos por la sucesión al trono, las denominadas *"guerras carlistas".* Hay revoluciones populares y cambios de régimen (como de manera bastante generalizada en otras potencias europeas, según veíamos) y una desastrosa *Primera república.* Surgen ya algunos movimientos separatistas "apuntando maneras" y cerrando el siglo (en 1898) se pierden los últimos territorios ultramarinos en América, Asia y Oceanía, ante un enemigo que ya apuntaba su imponente fuerza, EEUU. Todos estos factores condujeron a una nación muy conmocionada y debilitada al cierre del XIX, como puede suponerse.

Dos figuras clave del siglo XIX son Karl Marx y Alexis de Tocqueville. Marx, alemán de origen judío y de clase acomodada, fue un hombre de muy amplia cultura, filósofo, economista, político, sociólogo y periodista. Tras un *socialismo,* más o menos utópico, auspiciado por el francés Saint Simon y coetáneo con el *socialismo* de tipo *anarquista* propagado por el ruso Bakunin, Marx, junto al también alemán Friedrich Engels, es mayoritariamente considerado el padre del *socialismo científico,* del *comunismo* moderno, del *marxismo* y del *materialismo histórico.*

El pensamiento de Tocqueville sirve en gran medida de contrapunto. Pertenecía a la aristocracia normanda y la pregunta clave que le bullía era *¿Cómo la sociedad puede conseguir igualdad y libertad al mismo tiempo?* Fue un entusiasta de la Constitución de los jóvenes EEUU, pues a su juicio, supieron combinar de manera muy acertada ambas cualidades, pensando en consecuencia que los europeos deberían aprender de ello. Casi exactamente coetáneo de Tocqueville fue el pensador, político e intelectual español, Juan Donoso Cortés quien, tras abrazar la Constitución liberal de 1812, fue evolucionando hacia posiciones mucho más conservadoras.

Retornando al mundo de las ideas científicas, hay que comentar que las ciencias de aplicación y experimentales se van desgajando rápidamente de la *"madre"* filosofía. Las *ciencias naturales* adquieren gran importancia, destacando al sueco Linneo y al aristócrata francés conde de Buffon. En el Capítulo VI ya hemos hablado del antropólogo y naturalista Félix de Azara, que en el siglo XVIII avanzó ideas básicas sobre la *evolución* de las especies, así como de Lamarck y de Mendel -que en el siglo XIX estableció las *leyes de la herencia*-, aunque fueron los naturalistas Darwin y Wallace quienes profundizaron en la *Teoría de la evolución.*

El estudio de la *termodinámica*, que se inició en el siglo XVIII y se desarrolló fundamentalmente a la largo del XIX, analizó desde un punto de vista novedoso la transferencia de energía entre sistemas físico-químicos. Se supo entrelazar coherentemente el tradicional concepto de *trabajo* con el más novedoso (y hasta entonces no bien entendido) de *calor*, de forma que se introdujo el concepto de *temperatura* y pudieron presentarse las *leyes de la termodinámica* que, por una parte, confirmaban la conservación de la energía y por otra, mostraban cómo la calidad de esta va progresivamente degradándose o, lo que viene a ser lo mismo, como siempre va aumentando el grado de desorden en el Universo. El francés Carnot, el alemán Clausius, el austríaco Boltzmann y los británicos Kelvin y Joule fueron los principales artífices de esta teoría.

Teoría que supuso un avance científico de primera magnitud y vino de la mano de inventos tan transcendentales para la sociedad como la máquina de vapor y el ferrocarril primero, y los motores de automóvil, las turbinas y los cohetes después. La *termodinámica* se presenta además como un caso típico, donde las teorías científicas fueron en buena medida a remolque de los avances tecnológicos. La citada máquina de vapor, por ejemplo, principal detonante de la *revolución industrial*, había sido ya desarrollada y patentada en el siglo XVIII.

El siguiente empujón, iniciado a finales del XVIII y potenciado durante todo el XIX, lo propiciaron los padres de una nueva y espectacular rama de la ciencia, la *electricidad*, quienes propulsaron otra importante revolución, que aportaría pasos de gigante al desarrollo científico y tecnológico.

También empezó a investigarse el *magnetismo*. Al principio se suponía que eran dos fuerzas totalmente diferenciadas, pero pronto se constató que no eran, sino las dos caras de la misma moneda. Se trataba del *electromagnetismo*, de la fuerza combinada electromagnética, como acertadamente sintetizó finalmente el británico Maxwell, quién había sido precedido por Culomb, Oersted, Faraday, Gauss, Ampère, Ohm y Franklin, entre otros.

Una frenética carrera se estaba iniciando, de la que dos buenos exponentes fueron el estadounidense Edison, defensor a ultranza de la *corriente continua* y el serbio–croata Tesla, adalid por el contrario de la *corriente alterna*. El mundo actual no sería, ni de lejos, tal como lo conocemos, sin el descubrimiento y posterior desarrollo del *electromagnetismo*. Ya la "humilde" *bombilla* supuso un avance radical para nuestra sociedad. Adelantadas y revolucionarias derivadas fueron el *telégrafo*, el *fonógrafo* y el *teléfono*. Podríamos agrupar la utilización tecnológica de la fuerza electromagnética en tres grandes bloques: la *electrotecnia*: generación de energía eléctrica, motores eléctricos, transformadores y buena parte de la industria en general; la *electrónica*: la cibernética, la robótica, los ordenadores, la inteligencia artificial, etc.; y las *telecomunicaciones*, de la mano de las ondas electromagnéticas.

Hay que destacar también la *química*, fuertemente empírica y heredera de la muy antigua *alquimia*, cuyo estudio se desarrolló desde la antigüedad muy remota y fue una de las no muy numerosas materias científicas que continuó progresando decididamente durante la *Edad Media* y luego durante la *Edad Moderna*, para acabar desentrañando la estructura y propiedades de moléculas y átomos ya en el siglo XX.

De modo que la *teoría de la gravitación universal* y las *leyes del movimiento*, el *electromagnetismo*, la *termodinámica*, y los nuevos conocimientos que la *química* arrojaba, darían respuesta a todos los interrogantes básicos de la ciencia –o así se suponía-. Todos estos avances, tanto científicos como correspondientemente tecnológicos, y bastantes cosas más, jalonaron pues este denso y fructífero periodo. Así que no es de extrañar en absoluto que los científicos, culminando el siglo XIX, se manifestaran pletóricos y totalmente auto-satisfechos de lo que habían conseguido, hasta el punto de que se consideraba con un optimismo encomiable, que *prácticamente todo estaba ya descubierto* y que, en el futuro, la ciencia sólo tendría que preocuparse de pulir, perfeccionar y matizar lo ya inventado / descubierto, sin tener que ir mucho más allá o, dicho de otro modo, que pocas sorpresas podrían ya esperarse, siendo esta una opinión muy generalizada.

En este siglo y contexto aparece en Francia el *positivismo*, de la mano de Auguste Comte, planteamiento filosófico que sostiene que *"Sólo lo que puede ser observado, medido o experimentado tiene sentido"* y que se debe huir por tanto de toda metafísica no sustentada en fundamentos tangibles. Además, la ciencia de entonces era claramente *determinista*, siendo uno de los máximos exponentes de esta postura el matemático, astrónomo y físico francés Marqués de Laplace. El *determinismo* -concepto con el que ya nos encontramos en el Capítulo V, al tratar de los *sistemas caóticos*- es un concepto filosófico, en base al cual la concatenación de sucesos y fenómenos obedece al *principio de causalidad* –relaciones causa / efecto-. El *determinismo científico* más concretamente quiere decir que, si se conoce con precisión el estado inicial de un sistema físico y se tienen los métodos de cálculo adecuados, se podrá predecir *exactamente*, en qué estado va a desembocar al cabo de cierto tiempo.

En las postrimerías del XIX, sin embargo, una serie de incoherencias y desencajes conceptuales, aunque aparentemente secundarios, empezaron a imponer, contra todo pronóstico, un brusco parón en este optimismo científico generalizado que había venido estando en continuo ascenso desde el *Renacimiento*, lo que de alguna forma empezó a gestar un "borrón y cuenta nueva" que acabaría desembocando en la ciencia y física actuales.

La primera cuestión que no encajaba adecuadamente estaba a caballo entre ciencia y filosofía y era, ni más ni menos, la *segunda ley de la termodinámica* o más bien las consecuencias que de ella se deducían. Esta ley ponía de manifiesto que la energía total del Universo se degrada progresiva e inexorablemente y el desorden en el mismo aumenta incesantemente. Según lo primero, la temperatura se iría uniformizando en todo el Universo, la energía dejaría poco a poco de ser utilizable -y con ello también cesaría la vida-, lo que irremediablemente conduciría a lo que se denominó *"muerte térmica del Universo"*.

Sombrío panorama de futuro para el mundo y para la propia humanidad, que llegó a afectar a cuestiones tan diversas como el destino de la misma, el afianzamiento del sentido de un Supremo Hacedor -porque, si al reloj cósmico se le acababa la cuerda, Alguien tenía que habérsela dado- o el cuestionamiento de la filosofía marxista / materialista (debido a lo anteriormente indicado), propiciando que terciaran en la controversia filósofos, jerarquías religiosas y políticos, entre ellos el citado Engels.

Por otra parte y como interrelacionada consecuencia, resultaba en extremo paradójico que, en el mismo siglo en que el inglés Darwin defendía con convencimiento que *"Las especies vivas evolucionan en competencia y por selección natural hacia seres más complejos y organizados"*, del segundo principio de la termodinámica se extrajera, por el contrario, la conclusión de que el Universo (con todo lo que contiene) evoluciona en sentido opuesto, hacia el desorden y en definitiva hacia el caos.

Tampoco se encontraba explicación al hecho de que la velocidad de la luz en el vacío (300.000 Km/s, aproximadamente) pareciera ser constante, con independencia del movimiento que tuvieran el observador y/o la fuente emisora del rayo de luz, lo que contravenía el principio de relatividad de Galileo.

Por esa época se estaba también perfeccionando la *espectroscopia* o técnica de descomposición de la radiación electromagnética en el espectro de sus frecuencias constituyentes y que, en el caso de la luz visible, a través del ojo, nuestro cerebro interpreta como el espectro de los distintos colores. Estos conocimientos, si bien provenían de antiguo, estaban tomando un auge insospechado gracias a los novedosos avances tecnológicos, haciendo auténtico furor entre los científicos. El análisis de los espectros iba a revolucionar la química, pues cada elemento químico tenía un espectro de emisión característico que lo diferenciaba de los otros, permitiendo estudiar sus características y composición.

Por otra parte, los espectros que nos llegan de las estrellas permiten conocer su constitución y características, contradiciendo así lo que había afirmado hacía poco el citado filósofo positivista francés, Comte, en el sentido de que el ser humano jamás podría conocer la naturaleza de las estrellas –debido a sus inalcanzables distancias-, precisamente como un ejemplo para razonar su posicionamiento filosófico. Hay que constatar, sin embargo, que los análisis de los diferentes espectros que se iban efectuando no terminaban de corresponder a las predicciones teóricas de la física de entonces, lo que desalentaba un tanto a los eufóricos científicos de finales del siglo.

Y pronto se cuestionaría también el determinismo clásico y un tanto ingenuo –laplaciano-, al irse implantando las nuevas teorías que revolucionarían el siglo XX. Esta cuestión ni siquiera está aún definitivamente cerrada por la ciencia actual, como pudimos intuir cuando comentamos brevemente los sistemas caóticos y comprenderemos aún mejor si nos atrevemos con el Apéndice 2 (Mecánica Cuántica). Quizás el "nudo gordiano" de tan compleja cuestión radique en comprender el alcance de la premisa de partida, que indicábamos un poco más arriba para definir el *determinismo:* *"Si se conoce con precisión el estado inicial de un sistema físico y se tienen los métodos de cálculo adecuados..."*, lo que en la práctica parece imposible de lograr ante el cúmulo de variables y parámetros normalmente en juego. Y algo parecido podríamos decir sobre el "exactamente" que acompaña a la predicción del estado en que va a desembocar el sistema.

Vamos despidiendo ya las características distintivas de este apasionante siglo, comentando que el XIX estuvo también marcado por la *ópera*. Este género musical de fábrica italiana, asociado nada menos que con poesía, danza, mímica y teatro tiene orígenes bastante antiguos, pero fue durante los siglos

XVIII y XIX, cuando estas composiciones renovadas y con diferentes derivadas, como la *opereta* o la *zarzuela*, hicieron autentico furor en toda Europa. Entre muchos acreditados compositores, hacemos mención a dos de los más grandes: el italiano Verdi y el alemán Wagner.

En otro orden de cosas, el tendido de *líneas férreas* se extendió rápidamente en el siglo XIX por todos los países del continente, propiciando el turismo (de élite todavía, ciertamente) y, por tanto, el intercambio de ideas y el conocimiento de otras culturas a lo que se sumó, a finales de siglo, la incipiente *industria automovilística*, cuyo increíble futuro no se podía entonces ni imaginar. Así mismo imparable fue la difusión internacional de la *telegrafía* y de la *telefonía*.

Esta movilidad junto a las incipientes telecomunicaciones contribuyeron así –lógicamente- a la correspondiente internacionalización cultural, sirviendo para fomentar la interconexión entre los distintos países, primero de Europa y luego del mundo, contrarrestando un tanto disputas "locales" y nacionalismos excluyentes, aunque lamentablemente no lo suficiente, pues las fuerzas centrífugas consiguieron superar a todas las centrípetas, lo que se prolongó –con efectos devastadores- en el siglo siguiente, como veremos.

Y, a propósito de lo "férreo", hacia finales del siglo se desarrolló en Europa la denominada *arquitectura del hierro*, cuyo mejor exponente sea probablemente la *torre Eiffel* de Paris. En Madrid tenemos en este estilo, aunque más modesto, un bonito edificio, el *palacio de Cristal,* ubicado en un pintoresco rincón del *parque del Retiro.* Pocas décadas después sería inaugurado, también en este parque, el *monumento a Alfonso XII,* en cierto modo su contrapunto ya que es considerado un paradigma de arquitectura monumental, debiéndose a Mariano Benlliure la escultura ecuestre del rey.

El siglo XIX fue testigo, asimismo, del invento revolucionario de la *fotografía* que, entre otras cosas, afectó decisivamente al desarrollo de la pintura, influyendo claramente en buena parte de los "ismos" que hemos comentado, pues el que hubiera aparecido otra forma y/o técnica de plasmar muy exactamente la realidad, competía en gran medida con los objetivos de la pintura clásica. La *fotografía* tendría además una curiosa derivada, ya a finales del siglo, la *cinematografía*, que tendría un recorrido en el siglo XX tan exultante como insospechado, sobre lo que incidiremos de nuevo.

Y comento finalmente, como cuestión curiosa, que especialmente culminando el siglo XIX –y durante buena parte del siguiente-, el electromagnetismo, el interés que despertaban los espectros e incluso la novedosa fotografía, así como los avances sobre el fenómeno de la hipnosis, alcanzaron de lleno al gran público, a veces de forma un tanto distorsionada, potenciando los *espectáculos de magia, los efectos especiales, el ocultismo y las sesiones de espiritismo,* que harían auténtico furor en la sociedad de la época.

CAPÍTULO XII. DOS GUERRAS MUNDIALES

Dos devastadoras guerras mundiales y una inacabable guerra fría marcaron profundamente el siglo XX, lo que condujo hacia dos imperios globales como veremos y también, desde el punto de vista científico, este siglo nos ofreció dos teorías revolucionarias, -la Teoría de la Relatividad (Apéndice 1) y la Mecánica Cuántica (Apéndice 2)-, que surgieron precisamente para intentar dar respuesta a los flecos científicos pendientes, que comentábamos finalizando el capítulo anterior, y que –casi sin quererlo- fueron mucho más allá, cuestionando fuertemente los cimientos científicos vigentes hasta el momento.

En 1905 un científico prácticamente desconocido, Albert Einstein, publicó el artículo *"Sobre la electrodinámica de los cuerpos en movimiento"*, lo que pronto fue conocido como *Teoría de la Relatividad* - por aquel entonces era la única- , una teoría novedosa y revolucionaria, aunque aún un tanto incompleta, entre otras cosas, porque se centraba en los cuerpos no acelerados (inerciales) y no incluía la gravedad de forma satisfactoria, a pesar de que las fuerzas gravitatorias son las responsables –con mucho- de las aceleraciones que se producen en los cuerpos y sistemas a escala cósmica, porque actúan a muy grandes distancias y son siempre atractivas (siempre se refuerzan).

En 1915, diez años después de su primera publicación y tras muchas y profundas reflexiones, presentó Einstein su

Teoría general de la Relatividad, válida para todos los sistemas de referencia, moviéndose con cualquier tipo de velocidad (constante o variable), o sea, para el caso general, incluyendo ya decididamente en sus postulados la actuación de la *gravedad*. Fue en ese momento cuando la antigua teoría incompleta, que había presentado en 1905, pasó a denominarse *Teoría especial de la Relatividad*. Junto a su autor principal, hubo interesantes contribuciones a esta teoría de otros científicos y matemáticos (bastante ignoradas, por lo general), como Lorentz, Poincaré, Minkowski, Grossmann y Hilbert.

La Teoría de la Relatividad estableció la equivalencia entre masa y energía, exponiendo que la masa no es, sino energía en forma condensada / concentrada, abriendo con ello la llave de la física nuclear. Esta Teoría sobrepasó las leyes de Newton para el movimiento de los cuerpos, así como su teoría de la Gravitación universal. Ha determinado, por otra parte, que no sólo el espacio sino también el tiempo son conceptos relativos, afirmando que para poder entender nuestro mundo, hay que considerarlo de cuatro dimensiones, añadiendo el tiempo como una dimensión más a las tres espaciales. Es decir, el espacio y el tiempo están entrelazados y en alguna forma son equivalentes, formando el espacio-tiempo.

El *espacio-tiempo* en presencia de masas se deforma curvándose, de modo que la *gravedad* no es una fuerza como las demás, sino más bien la consecuencia de esta curvatura. Se dejó claro también, que las *leyes de la f*ísica son universales y además son las mismas y con la misma forma, independientemente del marco de referencia desde el que sean consideradas, de modo que todos los sistemas de referencia son equivalentes.

La *Relatividad* abrió las puertas al Universo en expansión en primera instancia y a la propia idea del *Big bang* como deducción, habiéndose convertido en la piedra angular de la moderna *cosmología*, siendo además indispensable para los sistemas de localización y posicionamiento por satélite –GPS y otros-. Fundamental para el estudio y comprensión de los *agujeros negros*, así como de las *lentes gravitatorias*, sustanciales para detectar la *"materia oscura"* del Universo. La equivalencia masa-energía es la base de la *energía nuclear* y esencial en los modernos aceleradores de partículas -CERN y otros-

La otra gran *Teoría* establecida en el siglo XX fue la *Cuántica*, más conocida por *Mecánica Cuántica*, que hasta hace relativamente poco "sonaba" menos que la anterior, por ser aparentemente menos espectacular. Engañosa deducción, ya que es aún más compleja e incluso contiene aspectos que bien podrían ser denominados raros, cuando no fantásticos ¿¡incluso esotéricos?! Y desde luego no está teniendo menos trascendencia para nuestra sociedad actual.

La *Teoría Cuántica* fue ampliándose y completándose durante bastantes años por diferentes científicos. Esta teoría, que rige fundamentalmente sobre la naturaleza íntima de las partículas y ondas, de la materia y la energía, nos dice que la energía es discontinua y granulada y pone de manifiesto que las ondas también deben ser consideradas como haces de partículas e, inversamente, las partículas también pueden ser interpretadas como ondas, es decir, establece una *dualidad onda / partícula*.

La *Mecánica Cuántica* incorpora además el denominado *principio de incertidumbre*, del que dimanan criterios estadísticos o probabilísticos para mediciones, interpretaciones de los fenómenos y predicciones. Este *principio* tiene trascendentales implicaciones, incluso filosóficas, que cambian la visión clásica determinista de la ciencia. Nos acerca, en fin, a las extrañas leyes que rigen en el mundo de lo diminuto y en el microcosmos atómico, como: la *superposición cuántica* -posiciones y/u otras propiedades diferentes simultáneas, aunque sean incompatibles desde nuestro punto de vista-; o el *entrelazamiento cuántico* -propiedades interrelacionadas entre partículas, independientemente de su distancia-. Sus resultados están muy acreditados y ha sido esencial para el desarrollo del mundo de hoy: electrónica, laser, ordenadores,...Actualmente están en marcha desarrollos tan potentes como prometedores, como los ordenadores cuánticos, por ejemplo (Apéndice 3).

Estas dos grandes teorías potenciaron enormes progresos respecto al conocimiento de las fuerzas nucleares, así como el descubrimiento de una insospechada gran variedad de partículas elementales y subatómicas (Apéndice 4). Por otra parte, la ciencia, conforme progresaba el pasado siglo, se ha ido percatando, cada vez con más claridad, de que el mundo está plagado de procesos difícilmente controlables –los denominados *sistemas caóticos*-, según ya comentamos al tratar de nuestro Sistema Solar. La *Teoría del Caos* es considerada por muchos físicos el tercer elemento de la saga científica del siglo XX, junto a la Relatividad y la Mecánica Cuántica, cuestionando asimismo el determinismo a ultranza vigente en el siglo XIX.

En el mundo de las artes, hasta el desencadenamiento de la *gran guerra* -como se denominaba a la primera guerra mundial hasta que llegó la segunda-, continúan impara-

192

bles los "ismos": el *simbolismo*; el *modernismo* –conocido en Francia como *"art nouveau"*-; el *futurismo* (surgido en Italia); el *fovismo* y el *cubismo* -que implanta las formas geométricas- (en Francia),…Pintores icónicos, como el austríaco Gustav Klimt, los españoles Romero de Torres, Juan Gris y Pablo Picasso o el francés Matisse participaron de estos movimientos artísticos. El *rayonismo* apareció en Rusia.

A caballo entre los siglos XIX y XX se instaura, irradiando fundamentalmente desde Francia, la mundialmente conocida como *"belle époque"*, interrumpida de golpe con la *gran guerra*. Escritor destacado de esta época fue el francés Marcel Proust *("En busca del tiempo perdido")*. En arquitectura -y también en escultura y decoración- el citado *modernismo* hizo furor en estos años. Es un arte muy fundamentado en la naturaleza, con abundancia de formas vegetales, exuberante, libre y asimétrico, con utilización de materiales novedosos. Antonio Gaudí es el máximo representante español de este movimiento artístico con numerosas obras, entre las que, por destacar alguna, citamos el parque Güell y la impresionante y mundialmente conocida basílica de la Sagrada Familia, ambos en Barcelona.

En Madrid, por esa época, se construyen la Biblioteca Nacional, en un *neoclásico tardío*, y el Banco de España en estilo *neo-plateresco*, magníficos edificios los dos. Y un poco más tarde el Palacio de Cibeles, sede actual del Ayuntamiento de la capital, construcción innovadora y rompedora (tanto en su exterior como en su interior), a caballo entre el *modernismo* y el *neo-plateresco*, obra del arquitecto Antonio Palacios.

Precisamente en este periodo entre siglos (XIX / XX), la filosofía se "acompleja y difumina", abrumada ante la contundencia de los avances científicos -tanto en su versión "clásica", como luego con las nuevas teorías, cuando van tomando forma, la *relatividad*, la *mecánica cuántica*, la *energía nuclear* o la rotundidad de los *sistemas caóticos*-. El filósofo José Ortega y Gasset reflejó esta situación muy acertadamente cuando afirmó que "*El siglo XIX fue el gran siglo bizco, pues se tratara de lo que se tratara, siempre tenía un ojo puesto sobre la física y sus métodos*", situación que no hizo sino continuar –incluso acrecentándose- durante buena parte del siglo XX.

Los desastres políticos del XIX en España y especialmente la pérdida de sus últimos territorios de ultramar, concluyendo ya el siglo, propiciaron el análisis de las causas y la búsqueda de soluciones, lo que se plasmó en el denominado "*espíritu del 98*", que condujo, un tanto paradójicamente, a la correspondiente "*generación del 98*", conjunto impresionante –en calidad y cantidad- de intelectuales *regeneracionistas* de primer nivel: Pío Baroja, Ramiro de Maeztu, Azorín, José Ortega y Gasset, Gregorio Marañón, Pérez de Ayala, Joaquín Costa, Miguel de Unamuno, Valle-Inclán, Jacinto Benavente, los hermanos Machado, Blasco Ibáñez, Carlos Arniches, Eugenio d´Ors…, que impregnó todo el primer tercio largo del siglo XX (y bastante más). Una auténtica época dorada en poesía, novela, teatro, pintura, ciencia y filosofía.

Precursor de la *generación del 98* fue el escritor y diplomático Ángel Ganivet (falleció justo en ese año nefasto). Y figura ya postrera de esta *generación* suele ser considerado Ramón Menéndez Pidal (de quien guardo un magnífico recuerdo, por cierto, pues tuve el gusto de conocerle personalmente cuando era yo estudiante), filólogo e historiador, uno de los mejores conocedores del mundo medieval, muy específicamente dedicado al estudio sobre el héroe castellano, Rodrigo Díaz de Vivar –el Cid Campeador-. Durante muchos años fue también director de la Real Academia Española de la lengua.

Menéndez Pidal había sido discípulo de Marcelino Menéndez y Pelayo, intelectual de muy amplia cultura, historiador, literato, pensador eminente y político. Y coetáneos suyos fueron los historiadores Américo Castro y Claudio Sánchez Albornoz. Caso aparte es el de José Echegaray, uno de los intelectuales españoles más rotundos y polifacéticos. A semejanza de Leonardo da Vinci fue un eminente científico y matemático, a la vez que entregado al arte, en este caso al dramático –recibió el Premio Nobel de Literatura-.

Intelectual muy comprometido con España, su historia y el concepto de *Hispanidad* en definitiva, fue Julián Juderías, polifacético –y políglota-. Caso singular también fue el del poeta, periodista y diplomático nicaragüense Rubén Darío, considerado el máximo representante del denominado *modernismo literario en idioma español*, movimiento en el que se suele integrar, asimismo, a la Premio Nobel chilena Gabriela Mistral.

Miguel de Unamuno, fue escritor, filósofo, diputado, cervantista, rector de la Universidad de Salamanca y gran conocedor del "alma española". Ortega y Gasset, por su parte, siempre estuvo muy pendiente de la cuestión científica, siendo importante su faceta como *filósofo de la ciencia*, manteniendo en este sentido clara conciencia del sensible desconcierto de la ciencia heredada del XIX, ante las citadas revolucionarias teorías de principios del XX. Junto al físico

Blas Cabrera, fue uno de los principales anfitriones de Einstein durante su visita a España en 1923. Blas Cabrera fue todo un referente internacional en el campo del magnetismo y correspondiente desarrollo de la resonancia magnética, habiendo aportado numerosos trabajos y experimentos al respecto. Mantuvo una estrecha relación con Marie Curie y Schrödinger. Profundo conocedor tanto de la Teoría de la Relatividad, como de la Mecánica Cuántica.

En este contexto de las aportaciones españolas a la física y la tecnología durante esta época, imprescindible es citar al ingeniero y científico Leonardo Torres Quevedo, "el más prodigioso inventor de su tiempo". Quizás su obra más conocida sea el teleférico sobre las cataratas del Niágara, que sigue activo, transcurrido más de un siglo desde su inauguración. Fue pionero en el campo del control a distancia y uno de los precursores geniales de la cibernética y la inteligencia artificial (ahora tan de actualidad, por cierto). Utilizando las ondas hertzianas, construyó además el primer sistema de radio-dirección del mundo, el *Telekino*. Famosos fueron asimismo sus sistemas aéreos dirigibles, así como el primer juego autómata de ordenador, el *Ajedrecista*, presentado con gran éxito en la Expo de París de 1914.

Isaac Peral, científico y militar, desarrolló el primer submarino eléctrico de la historia, si bien ya había habido precedentes en cuanto a otros tipos menos avanzados de sumergibles, de la mano principalmente de otro español, Narciso Monturiol (y sin olvidar a Jerónimo de Ayanz). Juan de la Cierva, por su parte, inventó el autogiro, precursor del actual helicóptero. Y hace casi exactamente un siglo el comandante Franco y el capitán Ruiz de Alda, junto a otros dos compañeros, realizaron toda una gesta aeronáutica para la época, pilotando el hidroavión *"Plus Ultra"* entre Palos de la Frontera (Huelva) y Buenos Aires, la capital de Argentina – el primer vuelo de la historia entre España y el Atlántico sur con un solo aparato-.

Escuela filosófica paradigmática de tiempos de crisis fue el denominado *existencialismo*, que con multitud de facetas y variantes -entre ellas, la religiosa y/o la agnóstica-, pero siempre planteándose la importancia del ser humano individual en su *lucha existencial* frente a un mundo hostil y en buena medida absurdo, alcanzó gran difusión y relieve, dando fe de ello filósofos como el ya citado Schopenhauer, que puede ser considerado precursor de esta tendencia filosófica; Kierkegaard; Nietzsche, intelectual polifacético que cuestionó duramente la "herencia recibida" por la sociedad de su época; Unamuno; Heidegger; Sartre; etc. Esta *corriente existencial* afectó también decisivamente a renombrados escritores, como Dostoyevski; Albert Camus; Simone de Beauvoir; Franz Kafka -su obra *"La metamorfosis"* llegó a ser mundialmente famosa-; Thomas Mann; Ernesto Sábato...

La destrucción y las matanzas, especialmente entre soldados y militares, causadas por la *gran guerra* con su infame "lucha de trincheras", marcaron un antes y un después. A finales de julio de 1914 comenzó la contienda entre aplausos generalizados, cánticos patrióticos y un tanto "al tran tran" -*"¡estas Navidades en casa!"*, se decían los ingenuos soldados-.

Este devastador y, por primera vez mundial, aunque fundamentalmente se desarrolló en Europa, conflicto bélico se extendió durante cuatro años largos, dejando millones de muertos y grandes regiones arrasadas; fijó el recuerdo igno-minioso e imborrable de la utilización de gases venenosos en trincheras infernales; masacró culturas y pueblos ancestrales, como el caso del armenio; acabó con tres imperios -el ale-mán, el austro-húngaro y el otomano-; encumbró a EEUU (que entró en guerra en abril de 1917) ya al primer puesto mundial -o casi-; y promovió la *Sociedad de Naciones*, tras finalizar el conflicto (el día 11 del mes 11 a las 11h de 1918), como un intento (fallido, como sabemos) de que no pudiera producirse otro conflicto de similar naturaleza.

La desaparición de los tres imperios citados, originó el nacimiento —en casos resurgimiento- de una serie de nue-vos estados, como Checoslovaquia o Polonia, y numerosos desplazamientos de fronteras; reforzó, sin embargo, el con-trol sobre zonas mucho mayores de los imperios vencedores (Gran Bretaña y Francia, principalmente); encumbró deci-sivamente a EEUU, como acabamos de comentar, que no había sufrido tipo de devastación alguno en su territorio; humilló a Alemania, sembrando el germen para una nueva guerra mundial —la segunda-, de forma que como muchos reconocen, el segundo conflicto mundial no dejaría de ser, sino una continuación del primero, por haber sido este ce-rrado un tanto en falso (según se rubricó en el *tratado de Versalles*).

Otra consecuencia decisiva de esta guerra fue el derroca-miento del *zarismo* y la implantación del *comunismo* en Rusia (en 1917), potencia que se retiró anticipadamente de la guerra, con el correspondiente desplazamiento de fronteras y merma de sus territorios. La revolución comunista sumiría durante años al país (hasta 1923) en una sangrienta guerra civil.

Como puede suponerse la sociedad quedó muy traumatizada tras el devastador conflicto de la *gran guerra*, que todo lo trastocó, tanto en lo geo-político, según acabamos de ver, como en lo artístico o en lo filosófico o incluso sencillamente en los hábitos y costumbres de buena parte de la población, especialmente de la europea que había sido, con mucho, la más afectada. Pesimismo y "ganas de vivir" se entremezclan de forma tan interesante como curiosa.

El *"Art decó"* se impone internacionalmente en multitud de centros urbanos. En la zona de la Gran Vía, en Madrid, abundan los ejemplos (edificio Telefónica, plaza de Callao...) La *"Escuela Bauhaus"* surge en Weimar, la capital de la recién estrenada República alemana, de la mano del arquitecto y diseñador Walter Gropius. Tanto el *"Art decó"* como la *"Bauhaus"* marcan estilos fundamentalmente arquitectónicos, pero no exclusivamente, pues incluyen también diseño, decoración, interiorismo... El primero es más "espectacular" en sus dimensiones; el segundo está más centrado en el ambiente industrial y en la simbiosis entre lo artístico y lo artesano.

La pintura se va alejando cada vez más de los modelos tradicionales. Los *"locos años veinte"*, la moda y el diseño, especialmente francés, rompen barreras. El *jazz*, que había surgido en Estados Unidos a fines del XIX, pasando un tanto desapercibido, marca ahora tendencia también en Europa. El *existencialismo* filosófico, que comentábamos más arriba, ante las matanzas que (de una u otra forma) habían propiciado determinados gobiernos y actitudes, profundiza en su pesimismo, orientándose en determinados casos, en lo político, hacia un *socialismo* cada vez más radical -el *comu-*

nismo soviético ya, más o menos afianzado, empieza a ser un referente-.

Del derrotado y desmembrado *Imperio austro-húngaro* pervivió su núcleo, Austria, un pequeño país al que no se le auguraba precisamente un brillante futuro. Un tanto paradójicamente, sin embargo, su capital Viena fue en el periodo de entreguerras un hervidero cultural, filosófico y científico de primera magnitud. En torno al *positivismo y empirismo lógico* se estructuró en los años veinte - treinta el denominado *Círculo de Viena*, fundado por el filósofo alemán Moritz Schlick y punto de encuentro de numerosos filósofo – científicos.

El matemático austro-checo Kurt Gödel entre ellos, quien puso un tanto en cuestión la infalibilidad de las matemáticas con su *Teorema de completitud*, que (dicho en forma sencilla) pone de manifiesto, *"Que no siempre puede confirmarse a partir de los axiomas (verdades tan evidentes que ni precisan ni pueden demostrarse) la veracidad o falsedad de determinadas aseveraciones, de forma que un sistema matemático completo conlleva ineludiblemente paradojas"*. La obra de su compatriota, el físico y filósofo Ernst Mach, que ya había influido decisivamente en Einstein y su *Teoría de la Relatividad*, también contribuyó en buena medida a las ideas del Círculo.

En este contexto destacó el austríaco Karl Popper, aunque este se manifestó en determinados aspectos claramente disidente de las ideas mayoritarias en el *Círculo*, al que acusaba de tener una postura excesivamente dogmática a favor de las proposiciones científicas con rechazo total de las metafísicas (ya hemos comentado lo que opinaba también Ortega al respecto). Popper insistió –en la línea de Hume, ciertamente- en que, de la experiencia de casos particulares no podían establecerse leyes generales, con lo que eran prácticamente vanos los intentos para demostrar la validez de dichas leyes.

Desarrolló, por el contrario, una curiosa teoría alternativa probatoria de leyes científicas, denominada *"falsacionismo"*. Bastaría con que una vez se pudiera *"falsar"* fehacientemente una teoría o modelo para que hubieran de ser abandonados. Mientras no fueran *"falsados"* la teoría o modelo permanecían vigentes. Este método, sin embargo, dotaba a la ciencia de gran provisionalidad y además no quedaba claro el necesario rigor de los criterios *"falsadores"*.

Otro filósofo muy relacionado con el *Círculo* y con el *empirismo* -o *neo-empirismo*- fue el austríaco Wittgenstein, filósofo del lenguaje, ya que afirmaba que *"Lo importante es el lenguaje con el que expresamos las ideas que tenemos de las cosas"*. Mantuvo estrecha relación con el británico Russell. Su libro *"El Tractatus"* llegó a convertirse en todo un clásico.

Si hablamos de *economía*, a caballo entre los siglos XIX y XX, se fundó en Viena la *Escuela Austríaca de Economía*, principalmente de la mano de Carl Menger. Esta Escuela, defensora del liberalismo y libre mercado y crítica, por tanto, con las economías planificadas, ha tenido un largo recorrido, con derivadas que alcanzan hasta nuestros días.

Uno de sus principales defensores, el austriaco Friedrich Hayek, Premio Nobel de Economía en 1974, enlazaba las ideas de esta Escuela nada menos que con los conceptos económicos defendidos en la *Escuela de Salamanca*, afirmando que *"Los principios teóricos de la economía de mercado y los elementos básicos del liberalismo económico no fueron diseñados, como se creía, por calvinistas y protestantes escoceses, sino por los jesuitas y miembros de la Escuela de Salamanca durante el Siglo de Oro español".* Curiosamente, este tema fue el que le tocó desarrollar hace años a mi hijo en su Proyecto fin de carrera y, si lo recuerdo todo perfectamente, es porque ¿¡podéis adivinar quién fue el que le echó una mano con el trabajo!?

También en Viena desarrolló su actividad en esta época Sigmund Freud. Sus teorías y planteamientos sobre el *psicoanálisis*, tan revolucionarios como por entonces controvertidos, hicieron furor, especialmente en la clase social elevada, que frecuentaba las sesiones de este innovador médico psiquiatra. Sus rompedoras ideas, con el desarrollo de conceptos tan innovadores como *el ello, el super-yo* o la potencia del *inconsciente / subconsciente*, ejercieron asimismo un impacto insospechado sobre el arte, especialmente sobre la pintura, fomentando el denominado *surrealismo*, que se impuso en buena medida en Europa y América. Uno de los seguidores más notables de esta tendencia fue Salvador Dalí. Joan Miró participó también activamente de este y otros movimientos.

Un filósofo francés ha denominado a Marx, Nietzsche y Freud como *"filósofos de la sospecha",* precisamente porque sospechaban que el desarrollo y fundamentos de la sociedad, en sus respectivos campos de estudio: la economía; la moral y creencias; la mente y personalidad humanas; no se habían venido cimentando sobre bases sólidas ni ciñéndose a la verdad.

Por esta época destaca también el escritor irlandés James Joyce, representante del llamado *modernismo anglosajón,* cuya obra *"Ulises"* ha llegado a convertirse en un clásico. Y el intelectual vienés, Stefan Zweig, uno de los mejores escritores del siglo que, desmoralizado por el curso de los acontecimientos, tuvo un trágico final en 1942, al ver como se desmoronaba el mundo que había conocido, y que tan certera y atrayentemente retrató en sus novelas y ensayos. ¡En ese año el avance del nacional-socialismo, ciertamente, parecía imparable y él, como Freud, era de origen judío!

El *Imperio británico* fue, sin duda, el mayor y más importante durante el siglo XIX y comienzos del XX. A veces los historiadores se refieren a este como al *segundo Imperio británico,* reservando la denominación de *primero* al que fue desarrollándose durante el siglo XVIII, que resultó un tanto fallido tras la independencia de sus colonias americanas, los incipientes EEUU, a finales de ese siglo.

Dos intelectuales británicos, cuyos planteamientos ejercieron una gran influencia en relación con una filosofía esclarecedora del alcance de nuestro conocimiento y comprometida con la ciencia, fueron John Stuart Mill (siglo XIX) y Bertrand Russell (siglo XX). El primero fue un destacado economista y político, además de filósofo (en la línea liberal de Adam Smith y David Ricardo) y un decidido defensor del *positivismo* y del *empirismo.* En su *Teoría del conocimiento* indica bien a las claras que *"Todo el conocimiento científico no deja de ser probable, pero carece de certeza".*

En cuanto a Russell, precisamente ahijado del anterior, fue filósofo, matemático y Premio Nobel de Literatura, siendo considerado uno de los más reputados filósofos de la ciencia. Fue de los primeros en referirse a la *filosofía de la ciencia* como una rama específica e independiente dentro de la filosofía, algo así como *"un puente entre las ciencias y las humanidades",* ya que a pesar de que la filosofía había quedado muy difuminada y relegada por el *positivismo científico* del XIX, numerosos filósofos sí se habían venido percatando ya de las posibles limitaciones y potenciales avances en falso de nuestro conocimiento, en concreto del científico. Bertrand Russell realizó una muy positiva actividad a favor de una filosofía crítica y esclarecedora de la ciencia y no, en sus propias palabras, *"como un oscurecimiento del lenguaje, rayano en la mera retórica"*.

Por estos años destacó también J.M. Keynes, influyente economista, que se manifestó claramente a favor del *intervencionismo* del Estado en la economía, como contrapunto, por cierto, de lo que defendía el antes citado Hayek. La confrontación entre el inglés y el austríaco, en buena forma, continúa en la sociedad actual, aportando soporte y fundamento a socialistas y liberales respectivamente.

España, que había quedado muy convulsionada tras un siglo netamente negativo para ella, como fue el XIX (según ya hemos comentado), a pesar de no haber tomado parte en la *gran guerra*, se vio también muy afectada, como es lógico, por las convulsiones socio-políticas del resto de Europa. Cayó la *Monarquía*, se instauró la *República* -la segunda- y una serie de desgraciados acontecimientos la arrastraron a una triste y dolorosa *guerra civil* ¡la peor de las guerras!, de casi tres años de duración, entre 1936 y 1939. Según numerosos expertos, esta guerra fue tanto el ensayo como el preámbulo de la *segunda guerra mundial*.

Apuntando ya hacia esta *guerra civil* se desarrolla, con todo, otra generación de intelectuales, escritores y poetas relevante, denominada *"generación del 27"*. Rafael Alberti, Vicente Alexandre, Federico García Lorca, Pedro Salinas,

Emilio Prados, Giménez Caballero, Dámaso Alonso, Gerardo Diego, Jorge Guillén y Luis Cernuda son considerados sus principales integrantes.

Precursores de esta generación pueden ser considerados Ramón Gómez de la Serna, escritor y periodista, y José Bergamín. Y una "derivada" fue el pastor-poeta Miguel Hernández, toda una revelación. Un tanto "por libre" va el poeta Juan Ramón Jiménez –y su esposa, la escritora y lingüista Zenobia Camprubí-. Ya en plena guerra civil, Picasso expone el cuadro *"Guernica"* en la *Exposición Universal* de Paris (en 1937), junto al cual presentó sus cuadros, también con escenas de la guerra civil española, el magnífico retratista y costumbrista Jesús Molina. Manuel de Falla destaca como compositor.

En 1929 se produjo el *"crack" bursátil* en EEUU, con efectos en cadena impresionantes en todo el mundo. Muchas economías se derrumbaron, las deudas de numerosos países se convirtieron en impagables, el paro se disparó... Esta crisis económica -y social- afectó muy especialmente a la Alemania de Weimar, endeudada hasta niveles increíbles tras la firma del controvertido tratado de Versalles (donde le habían sido impuestas enormes indemnizaciones de guerra), lo que fue decisivo para aupar a un *partido nacional-socialista*, que hasta entonces aparecía un tanto difuminado.

En 1933 este partido alcanzó el poder en Alemania, de la mano de Hitler (en principio por medios democráticos, por cierto), desarticulando en poco tiempo la incipiente República de Weimar, ilegalizando al resto de partidos políticos y convirtiéndose en una férrea dictadura, en el *tercer "Reich / Imperio"* en su jerga, -tras un efímero *"Segundo imperio"*, que terminó con su derrota en la primera guerra mundial y el dilatado *"Imperio romano germánico"*, el primero-. Por su parte, Stalin, había accedido al poder tras la muerte de Lenin, en el extinto *Imperio ruso*, ahora URSS –*Unión de Repúblicas Socialistas Soviéticas*-, donde se estaba instalando un comunismo, asimismo, férreo y dictatorial, que Stalin terminó de cimentar.

Tras firmar un pacto de no agresión y de reparto de Polonia entre las dos dictaduras que acabamos de citar, comenzó inmediatamente el segundo conflicto mundial -en septiembre de 1939-, tras la invasión de Polonia por Alemania, y el correspondiente ultimátum por parte de Francia y Gran Bretaña. En mayo de 1940 Francia fue derrotada; la Italia *fascista*, de la mano de Mussolini, entró en guerra al lado de Alemania; Gran Bretaña logró sobrevivir a duras penas, a pesar de los intensos bombardeos que estaba sufriendo. En junio de 1941 Alemania invadió la URSS (su antiguo aliado). Por esas fechas, las naciones de Europa centro-oriental (en su mayoría regímenes autoritarios), de mejor o peor grado, acabaron aliándose con el *"eje nazi-fascista"* (Alemania - Italia). Albania y Grecia habían sido invadidas. Se combatía duramente en todo el norte y noreste de África.

Japón, que había pasado en poco tiempo de ser una nación geo-políticamente irrelevante a convertirse en la gran potencia asiática, especialmente tras haber derrotado sorprendentemente a la Rusia zarista en 1905; haber participado del lado de los vencedores en la primera guerra mundial, sacando su correspondiente "tajada" de ello; haber propiciado una enorme industrialización y correspondiente poder armamentístico; y haberse anexionado importantes territorios continentales vecinos (Corea, Manchuria, territorios de China,...); acabó adhiriéndose al "eje". En diciembre de 1941 bombardeó por sorpresa la base aero-naval estadounidense de Pearl Harbor, en Hawai. EEUU declaró la guerra a Japón y pocos días después, Alemania a Estados Unidos. ¡Ya están todos!

En mayo de 1945 termina la guerra en Europa. La soberbia enloquecida de los líderes nazis les impidió alcanzar un acuerdo de paz con los demás, cuando ya se vislumbraba que Alemania estaba perdida –Italia se había rendido ya y el fascismo había sido prácticamente derrotado-. A diferencia de lo que sucedió en la guerra anterior, Alemania quedo ampliamente devastada y ciudades como Berlín, su capital, arrasadas prácticamente en su totalidad.

Amplios sectores de la población civil fueron masacrados en esta guerra. En primer lugar, porque el desarrollo de la aviación permitió bombardeos masivos; en segundo, porque el racismo y concepto de superioridad del nacional-socialismo aniquiló metódica y sistemáticamente etnias y pueblos considerados inferiores; y en tercero, porque ante todo lo dicho, el odio y la sed de venganza estaban ya desatados y tampoco, en bastantes casos, los demás se quedaron muy atrás.

Paradigmático, en este sentido, fue el uso del *arma atómica*. En agosto de ese mismo año EEUU lanza dos bombas atómicas (sobre Hiroshima y Nagasaki), atemorizando de tal manera al –de facto- ya vencido Japón, que este firmó la rendición a los pocos días. Retomaremos este asunto en el capítulo siguiente, donde aprovecharé también la referencia a estas poderosas armas para comentar algunas ideas sobre la *energía nuclear*.

CAPÍTULO XIII. Y UNA INTERMINABLE GUERRA FRÍA

Recordemos, en primer lugar, que los átomos deben ser considerados como los *ladrillos de la materia*. Su tamaño es mínimo (con un diámetro del orden de 10 elevado a -10 m) y, de una forma sencilla, sin entrar en los matices y conjeturas que respecto a ellos afirma la *Mecánica Cuántica* (Apéndice 2) o los detalles que añade el *Modelo Estándar* (Apéndice 4), podemos afirmar que están constituidos por un mínimo *núcleo* (10 elevado a -14 m), formado a su vez por *protones* (10 elevado a -15 m, con carga eléctrica +1) y *neutrones* (de similar tamaño que los anteriores, sin carga eléctrica, como su denominación indica). En la corteza o envoltura, a gran distancia relativa del núcleo, están girando los diminutos *electrones* (menores que 10 elevado a -18 m, con carga eléctrica -1). El átomo, en su conjunto, es eléctricamente neutro, porque el número de protones del núcleo coincide exactamente con el de electrones de la corteza.

Puede uno imaginarse la gran distancia relativa que hay entre los electrones y el núcleo pensando que, si hacemos un gigantesco cambio de escala, el núcleo sería como un balón de fútbol, situado en el Km cero de la *Puerta del Sol* de Madrid y los electrones como pequeñas canicas girando a su alrededor por la M-30 (con un radio promedio de aproximadamente 10 Kms). El átomo, por tanto, es en gran medida ¡espacio vacío! Se considera, por otra parte, que los *electrones* son ya partículas indivisibles y lo mismo se consideraba, en la época de la segunda guerra mundial, respecto a los *protones* y *neutrones*. Posteriormente se descubrió que ambas partículas sí son divisibles, estando formadas por otras, lógicamente aún más diminutas, denominadas *quarks*.

Los núcleos de los átomos habían permanecido hasta principios del siglo pasado, inabordables, inviolables y herméticos. Los primeros pasos para el conocimiento de las sorpresas que celosamente guardaban estas "cajas negras" los dieron, ya a fines del XIX, primero el científico francés Beckerel y luego los esposos Curie (ella polaca, él francés), que empezaron a investigar con ciertos átomos como el uranio o el radio, detectando fenómenos nuevos, imprevistos y…¡peligrosos!, que agruparon bajo la denominación genérica de *radiactividad*. Aprovecho aquí para decir que María Sklodowska ha sido no sólo la única mujer, sino uno de los escasísimos científicos que ha recibido dos Premios Nobel (de Física y de Química, en su caso). A pesar de ello, el machismo imperante en la época impidió que accediera a la Academia Francesa de Ciencias.

Como consecuencia de estos estudios y de otros posteriores, que se fueron produciendo en este campo, se puso de manifiesto que determinados átomos inestables (el uranio, el radio, el polonio y algunos más) emitían de forma espontánea partículas y radiaciones. Puesto que estas emisiones se producían de forma espontánea o natural y los primeros experimentos se hicieron con el radio, se denominó al fenómeno *radiactividad natural*. Se estaba en la primera fase de la comprensión de los núcleos. Estos fenómenos procedían ¡por fin! directamente de ellos y, lo que es más importante, se observó que los átomos que emitían las partículas anteriores, al hacerlo *mutaban*, es decir, se transformaban en otros átomos distintos.

Todavía no se sabía, sin embargo, como manipular artificialmente los núcleos. Las trascendentales deducciones que se iban poniendo de manifiesto en relación con la *equivalencia entre masa y energía*, expuesta por Einstein, hicieron posible que el camino a partir de entonces se recorriera muy rápidamente. Científicos como el italo-estadounidense Fermi, el alemán Hahn y los estadounidenses Oppenheimer y Compton, entre otros, se pusieron manos a la obra y lograron manipular y alterar artificialmente núcleos atómicos, obteniendo de ello una enorme cantidad de energía, muchísimo mayor que la liberada en las reacciones químicas de combustión.

Fermi en 1938 logró en EEUU *la primera reacción nuclear controlada.* Se logró bombardear núcleos atómicos pesados con determinadas "microbalas" como neutrones o partículas α (núcleos de átomos de helio) y se observó que, en ciertos casos, podían provocarse los mismos efectos que en la *radiactividad natural* o bien conseguir que *los núcleos se escindiesen* en dos nuevos más pequeños, con lo cual el elemento primitivo desaparecía y se convertía en dos átomos diferentes. *La naturaleza tiende a la estabilidad,* de modo que los físicos comprendieron que, si "le echaban una mano", se abrían ante ellos dos posibilidades marcadamente diferenciadas de manipulación de los núcleos:

La primera consistió en romper los núcleos grandes, de forma que se escindieran en otros más pequeños -y más estables-. En este proceso se producía una pérdida de masa, liberándose según la equivalencia *masa–energía*, una importante cantidad de energía almacenada. Esta energía liberada se propagaba como potentísima *radiación electromagnética* y con emisión de partículas dotadas de muy elevada energía cinética. Finalmente indicar que dichas *partículas*, auténticas "microbalas", podían actuar sobre otros átomos, repitiendo el proceso mediante un efecto multiplicativo, iniciándose una *reacción en cadena*. A la manipulación de los núcleos que se acaba de describir se la denominó *fisión nuclear*.

Un elemento fácilmente fisionable o dividible en dos átomos más pequeños fue el *isótopo del uranio* denominado *235*, que constituye sólo un 0,7% de este mineral, tal como se encuentra en la Naturaleza. El resto está constituido por el *isótopo* mayoritario, el *uranio 238*, difícilmente fisionable, aunque radiactivo.

La segunda vía de manipulación de los núcleos atómicos vino por el camino opuesto, al conseguir también átomos diferentes mediante la *fusión* o integración de átomos pequeños o ligeros, por ejemplo a partir de *átomos de hidrógeno*, los más livianos de todos, o más bien de un isótopo suyo denominado *deuterio* (con un protón y un neutrón en el núcleo). Debido también a la pérdida de masa, que aquí es aún mayor, se libera en este caso todavía más energía que en el anterior –los átomos medianos son los más estables-. Este tipo de proceso es conocido como *fusión nuclear* y es el método por el que las estrellas producen la energía que las mantiene "vivas" y que, aplicado al Sol ¡nos mantiene vivos también a nosotros!

Pues bien, los estadounidenses llevaban ya algunos años investigando en secreto todo lo relacionado con la energía nuclear, en la búsqueda del arma letal, lo que se concretó en el conocido *Proyecto Manhattan*, cuyo director fue el citado científico Oppenheimer. La primera aplicación práctica de la fisión nuclear fueron las 2 bombas, que cayeron sobre Japón en agosto de 1945. En este contexto –y retomando las cuestiones políticas- hay importantes interrogantes que surgen de manera implacable:

El primero es, si realmente fue necesaria esta demostración brutal de fuerza para convencer a Japón de que tenía la guerra perdida. Se suele alegar que, de no haber sido así, la prolongación innecesaria del conflicto hubiera provocado todavía muchos miles de bajas estadounidenses, pero la cosa no está muy clara, la verdad. Así como tampoco está nada claro cómo influyo en la decisión estadounidense el hecho de que, por esas fechas, la URSS acababa de declarar la guerra a Japón y ya había empezado a ocupar territorios por el norte del archipiélago nipón. No olvidemos que esta demostración de fuerza otorgó a EEUU una superioridad militar y estratégica a nivel mundial sin precedentes.

Otro interrogante, quizás aún más complejo, es ¿cómo Alemania, que fue un país pionero en los estudios atómicos, pudo luego quedarse tan rezagado en este terreno? Cierto que los bombardeos masivos aliados sobre instalaciones estratégicas alemanas en la segunda mitad de la guerra fueron demoledores, así como la gran dificultad de conseguir ya materiales apropiados, pero es indiscutible que sí llegó a producir otras armas tan novedosas como impresionantes, como los primeros cohetes o pre-cohetes (V1 y V2) –decisivos, al ser tomadas las correspondientes instalaciones por los aliados al final de la guerra, para los desarrollos de cohetes y artefactos espaciales, por la URSS primero y por EEUU después, por cierto-, o el primer avión de combate a reacción, por poner significativos ejemplos.

Entre los mejores físicos de la época –incluido, por supuesto, el ámbito atómico- estaban Einstein y Born (alemanes) y Bohr (danés), que eran de origen judío, y los antepasados del "padre de la bomba atómica", Oppenheimer, eran asimismo judíos alemanes. ¿Qué habría sucedido, entonces, de no haber existido ese odio enfermizo y fanático de los nazis contra los judíos? Es interesante también constatar, que el físico designado director del proyecto para conseguir este arma para Alemania -*"El proyecto Manhattan germano"*- fue uno de los "padres fundadores" de la *Mecánica Cuántica,* Heisenberg, cuyo compromiso para llevar a buen término dicho proyecto nunca ha quedado totalmente esclarecido.

No es de extrañar que Oppenheimer manifestara públicamente durante su visita a Hiroshima en 1955: *"En un sentido profundo, nosotros los sabios hemos conocido el pecado".* Las aplicaciones más positivas de la *fisión nuclear,* aunque hoy por hoy todavía no exentas de riesgos, tardarían algo más en llegar. Me estoy refiriendo a las centrales atómicas para producción de energía eléctrica.

Dado que los sapiens parecen no tener enmienda, las primeras aplicaciones de la *fusión nuclear* fueron también bombas, las temibles *bombas de hidrógeno o termonucleares.* Por el contrario, los usos pacíficos de esta energía todavía no han llegado, porque no ha sido posible hasta la fecha reacciones controladas del proceso, lo cual es una lástima, porque sería esta una fuente de energía prácticamente inagotable y limpia (no dejaría tras su uso residuos radiactivos). Las cosas parecen, con todo, avanzar en la dirección correcta, pues hace ya algo más de una década, se instaló en Europa el mayor reactor experimental de fusión del mundo, el *ITER*, vocablo que no significa otra cosa que *"camino"* en latín, por ser el "camino" o paso intermedio obligado para la construcción de *futuras centrales de fusión* para generación de energía eléctrica.

Lo relativo a todas estas cuestiones, por cierto, continúa atizando la polémica incluso en el mundo actual, desgraciadamente más por motivos políticos que científicos. ¿Quién no ha oído hablar de la controversia respecto al *enriquecimiento del uranio*, que envenena una y otra vez las relaciones internacionales? Este proceso tiene por objeto aumentar la concentración del isótopo 235 – el fisionable –en el mineral, con lo que se mejora el rendimiento de las centrales atómicas y ¡es imprescindible para la fabricación de armas nucleares!

Es curioso constatar, según lo visto, como la ciencia ha hecho realidad el viejo sueño de los *alquimistas medievales,* a mitad de camino entre magos y químicos, consistente en lograr mediante la aplicación de la *"piedra filosofal",* lo que ellos denominaban la *"transmutación de los elementos"* y mediante ello, entre otras cosas, el conseguir oro a partir de metales vulgares. El oro es perfectamente obtenible hoy mediante reacciones nucleares, aunque tiene un pequeño inconveniente (al menos de momento), nos saldría mucho más barato si lo comprásemos en una joyería.

Hemos tratado del descubrimiento de la *radiactividad natural* y de cómo los núcleos pudieron ser reventados y manipulados por el ser humano a su antojo, algunos años después, mediante los *procesos de fisión y fusión,* siendo la fuente de todos estos procesos la energía nuclear, lo que traducido a fuerzas, puso de manifiesto que, además de la *fuerza gravitatoria* y la *fuerza electromagnética,* existen en la Naturaleza otras dos fuerzas básicas: la *fuerza nuclear fuerte* y la *fuerza (nuclear) débil.*

El control de las fuerzas nucleares, de la energía nuclear –o atómica, como era más conocida- en definitiva, fue un avance científico decisivo, pero los seres humanos siempre nos las ingeniamos para complicar las cosas. Hemos visto como el arranque "práctico" de esta energía fueron dos devastadoras bombas arrojadas sobre Japón, pero es que esto sólo fue el preludio de otra guerra mundial, de la tercera, aunque en este caso se trataría de una *"guerra fría",* no cruenta, si bien terrible al mantener atemorizada a la sociedad de ambos lados. Estar durante décadas viviendo al borde del abismo no es fácil de imaginar, hay que vivirlo. Casi simultáneamente a los denodados esfuerzos para estructurar una *"renovada Sociedad de Naciones",* que esta vez no fallara, la ahora denominada *ONU –Organización de las Naciones Unidas-,* empezó a producirse, apenas sin solución de continuidad, la escalada de esta *guerra fría.*

Las relaciones entre la comunista URSS y las potencias democráticas, ciertamente, nunca habían sido buenas (ni antes de la guerra, ni durante ella, ni después). Ya hemos visto, además, como la Unión Soviética se alineó con la Alemania nazi, repartiéndose Polonia entre ambas. Cuando, en junio de 1941, los alemanes deciden terminar bruscamente con esta "extraña luna de miel", invadiendo la URSS, las dramáticas circunstancias de la guerra alinearon a la URSS con las potencias democráticas que aún sobrevivían (Reino Unido y sus colonias, básicamente, pues Francia había capitulado ya y los EEUU aún no participaba en el conflicto armado).

Pues bien, sólo poco después de terminada la guerra, se produce por parte de la ahora poderosa URSS el bloqueo de Berlín (1948 / 1949), sitiando las zonas de la capital que correspondían a los otros tres aliados. Alemania había sido repartida entre los aliados en cuatro zonas y además Berlín (que quedaba en la zona soviética) también se dividió en las correspondientes cuatro zonas. EEUU, Gran Bretaña y Francia respondieron con el conocido *"puente aéreo"*.

En agosto de 1949 la Unión Soviética prueba con éxito su primera bomba atómica, situándose ya en un plano de igualdad con su gran rival, EEUU. En este caso y a diferencia de algunos interrogantes que nos planteábamos más arriba en relación con la investigación atómica y el arma correspondiente, aquí hubo poca incertidumbre, pues parece confirmada la existencia de una eficaz trama soviética de espionaje, que se hizo con los secretos atómicos de su rival. ¡Dos superpotencias ya! La guerra fría está consolidada. En ese mismo año, por otra parte, tras una larga y cruenta guerra civil, solamente amortiguada durante la guerra mundial, cuando ambos bandos –nacionalistas y comunistas- se vieron obligados a aunar fuerzas frente a Japón, se impone el régimen comunista también en la superpoblada China.

La confrontación se acelera. En 1949 los aliados occidentales reunifican sus respectivas zonas, creando la *República Federal de Alemania –RFA-* y la URSS responde con lo propio, reconociendo la *República Democrática de Alemania*

–*RDA*–. En ese mismo año nace la Organización del Trata-do del Atlántico Norte –*OTAN*–, que sería respondida en 1955 por las potencias comunistas con el *Pacto de Varsovia*. El mundo queda definitivamente dividido en dos zonas irre-conciliables: la democrático-capitalista, liderada por EEUU y la comunista, por la URSS. ¡Un *"telón de acero"*-en expre-sión de Winston Churchill- se extiende, separando drástica-mente dos mundos enfrentados!

Entre 1950 y 1953, en la *península de Corea,* la guerra fría se había transformado ya en "caliente", con las corres-pondientes devastaciones y matanzas –en algún momento de la contienda parece que se llegó incluso a barajar la po-sibilidad de usar el arma atómica-. La península de Corea queda finalmente dividida en dos, situación que persiste en la actualidad.

En 1956 (Stalin ya había fallecido, por cierto) Egipto nacionaliza el *canal de Suez,* esencial vía internacional de comunicación y comercio marítimos, lo que aumentó de nuevo la tensión entre los dos bloques antagónicos. En ese mismo año se produce un *levantamiento popular* en Hun-gría, violentamente reprimido por las fuerzas soviéticas. En 1961 la RDA acomete la construcción de *un muro en Berlín.* Tradicionalmente los muros han sido levantados para no ser invadidos por extraños, pero en este caso ¡es para que no se les escape su propia gente!, separando drásticamente la zona comunista del resto ¡nueva escalada de esta guerra fría!

Pero lo peor llegaría al año siguiente, en 1962, con la de-nominada *"crisis de los misiles"* en Cuba. En 1959 Fidel Cas-tro se había convertido en máximo mandatario de Cuba, al haber expulsado al dictador Batista, tras un largo periodo de guerra civil y acabó instaurando otra dictadura, en este caso comunista. El dirigente máximo de la Unión Soviética en 1962 era Kruschev y el presidente de EEUU, Kennedy. La URSS empezó a instalar misiles balísticos en la isla (que dista pocos kilómetros de Florida, EEUU), con el consiguiente rechazo y correspondiente bloqueo marítimo –una forma de ultimátum, realmente- de EEUU para que cesara su instalación y fueran desmantelados los ya existentes. El aumento de tensión fue brutal y el mundo contuvo el aliento (el que esto escribe, adolescente entonces, tiene un recuerdo imborrable de aquellos días). Probablemente nunca se estuvo tan cerca de la tercera guerra mundial, del holocausto atómico en definitiva.

Aunque la situación mundial se estabilizó un tanto, continuaron los sobresaltos, si bien más localizados. En 1968 se produjo el levantamiento de Checoslovaquia, la denominada *"primavera de Praga"*, de nuevo violentamente abortada por la URSS y otros países del Pacto de Varsovia. Por otro lado, a partir del fin de la segunda guerra mundial, en 1945, los países sometidos de todo el mundo, muy especialmente en África y en Asia, entraron en un rápido proceso, más o menos pacífico, de descolonización. La India (el Raj británico, su *"joya de la corona"*) se independiza, entre otros, dando lugar a dos estados soberanos India y Pakistán.

Otro conflicto que se inició nada más concluir el mandato de Gran Bretaña en 1948, fue el de Palestina, con la creación del incipiente Estado de Israel, lo que si bien daba respuesta a un anhelo milenario del pueblo judío, lo dejaba enfrentado a los palestinos de la zona, apoyados por los países árabes circundantes. Este conflicto, marcado por sucesivas guerras y enfrentamientos territoriales, ha venido actuando de forma cíclica y como un telón de fondo con el que no se ve manera de acabar. Una de sus derivadas fue la interminable guerra civil del Líbano, que destrozó un país hasta entonces próspero y en muy razonable convivencia. Bien recientemente, en 2023, el conflicto ha vuelto a reactivarse, de forma especialmente brutal y vengativa. ¿Se encontrará algún día una solución definitiva?

La región asiática de Indochina no fue una excepción a estas turbulencias, mereciendo por su trascendencia geo-política comentario aparte el caso de Vietnam. Este país sólo logró independizarse de Francia, para reiniciar un interminable conflicto –ya como país dividido en dos partes, el norte comunista y el sur capitalista- a partir de 1955. EEUU comenzó a apoyar al país del sur, al principio tímidamente, lo que poco a poco fue "in crescendo". Como era de esperar la reacción de la otra gran potencia enfrentada, la URSS, en este caso reforzada por su aliada, la emergente China comunista –inmersa esta última en un recrudecido proceso revolucionario, tan brutal como demoledor, conocido como *"revolución cultural"*-, apoyando al Vietnam del Norte, no se hizo esperar mucho. Esta interminable guerra concluyó en 1975 y sus consecuencias fueron enormes:

En primer lugar, Vietnam quedo reunificado en un solo país comunista. En segundo, la contestación a esta guerra en EEUU y en todo el mundo, reprobando la devastación del pequeño país, que una gran potencia como EEUU estaba produciendo, un tanto ya a la desesperada, fue incalculable. La pérdida de prestigio de EEUU fue enorme por esta contestación generalizada y, además, fue la primera vez que perdía una guerra (con una nación muy inferior, para más humillación). Por el contrario, y como resulta lógico, las potencias comunistas salieron muy reforzadas. El comunismo mismo, como sistema político que había permitido a David vencer de nuevo a Goliat, resultó potenciado a nivel mundial. Fueron, ciertamente, horas bajas para las democracias occidentales. Esta guerra tuvo además una traumática derivada local: la implantación en la vecina Camboya de un régimen comunista radical e implacable –el de los *jémeres rojos*-, que consumaron en pocos años una auténtica masacre de buena parte de su población.

Pero el devenir de la historia de la humanidad, en este rincón mínimo del Universo, es bastante impredecible y las cosas cambian con rapidez. En 1979 la Unión Soviética comenzó a involucrarse en los asuntos internos de Afganistán, apoyando a un gobierno afín, frente a insurgentes radicales islámicos –los muyahidines (los talibanes vendrían después)-. Es fácil imaginar la reacción de las potencias occidentales ante esta situación: apoyo total a los insurgentes. Este conflicto bélico duró hasta 1989. El paralelismo con el caso de Vietnam es evidente. Aquí, sin embargo, las consecuencias para la URSS fueron aún peores, pues propiciaría (junto a otros factores, naturalmente) nada menos que ¡su disolución!

Tras Hungría y Checoslovaquia fue Polonia la que se enfrentó a la situación, de la mano del decisivo sindicato *"Solidaridad"*, fundado en 1980 por Lech Walesa. En 1989 los ciudadanos de la *República Democrática Alemana* organizaron duras protestas, que condujeron nada menos que a iniciar la demolición del tristemente célebre *muro de Berlín.*

La agitación política se propagó por todos los países comunistas, alcanzando la propia URSS, donde un reformador, Mijail Gorbachov (primero secretario general del partido comunista y luego presidente de la Unión Soviética), propiciaba en 1990 una reforma que democratizase el sistema político, que finalmente acabó con la independencia de numerosos territorios, antes parte de la URSS, e incluso con la extinción de la URSS misma en 1991. Dos consecuencias esenciales de lo que estaba sucediendo fueron, en el mismo 1991, la disolución definitiva del *Pacto de Varsovia* y la reunificación de Alemania (la RFA "absorbió" a la RDA). *¡Terminó la guerra fría!*

La tensa situación mundial, prácticamente sin solución de continuidad tras la finalización de la devastadora segunda guerra mundial, se había traducido en el arte en un *expresionismo* subjetivo e individualista, expresado en forma abstracta y fruto del desánimo moral y de la crisis existencial que se estaba viviendo. Es el denominado expresionismo *abstracto americano,* muy influenciado por el *surrealismo,* que se impone en EEUU -en Europa más conocido como *informalismo-.* Nueva York se convierte en el epicentro artístico mundial –lógica consecuencia del papel hegemónico del país norteamericano-, sustituyendo en buena medida a París. La *Escuela de Nueva York* marca así el ritmo artístico mundial. Jackson Pollock fue un pintor muy representativo de este *arte abstracto.*

Más tarde, conforme la tensión política global va atenuándose un tanto, haría furor el *"POP art"* en Gran Bretaña y principalmente en EEUU, que pronto se exportó a medio mundo. Era un arte inspirado en lo popular, en lo cotidiano, y muy interrelacionado con el consumismo y la publicidad. En música se impone el *"blues"* afroamericano, más o menos derivado del *jazz*, que tuvo su influencia sobre el icónico *"rock and roll"*, que durante años batió todos los records a nivel mundial.

Por aquella época hacía furor la filosofía política del alemán Herbert Marcuse, a quién muchos consideraron el *"padre de la nueva izquierda"* y que, en cierto modo, marcó la dirección del pensamiento de la época. Fue discípulo del filósofo Heidegger, desviándose hacia posiciones marxistas y formando parte de la denominada *Escuela de Frankfurt*. Se trasladó a EEUU y en 1955 publicó la obra *"Eros y civilización"*, precursora de la revolución sexual de los 60, donde hace una síntesis de Freud y Marx, poniendo de manifiesto que la finalidad de esta revolución es conducir a un *"hombre nuevo"*, a una modificación de la naturaleza humana. Influyó decisivamente en el movimiento *hippie* y en las revueltas estudiantiles, que proliferaron en esa época. Otros dos alemanes significativos por esos años fueron el escritor Thomas Mann y el poeta y dramaturgo Bertolt Brecht.

Escritor y periodista estadounidense de aquella época fue Ernest Hemingway, muy conocido en España por su actuación comprometida durante nuestra guerra civil y por su afición a la *tauromaquia* (muy especialmente a los *sanfermines*). Importante dramaturgo fue su compatriota Arthur Miller y mundialmente conocido es el novelista y dramaturgo Truman Capote.

Otra discípula aventajada de Heiddeger fue la alemana Hannah Arendt, que huyendo del nazismo, como tantos otros judíos, se fue a vivir a Nueva York. Piensa que la quiebra de la tradición y la idea magnificada del progreso, basada en el cientifismo moderno, donde todo fluye y las cosas se diluyen, el cinismo moral, la idea de la omnipotencia humana, la creencia de que todo está permitido y que todo es posible, son la gran amenaza para el género humano y es lo que ha nutrido las trágicas experiencias totalitarias del siglo XX. Afirma, por ejemplo: *"Cuando la ley ya no se identifica con lo que es justo, sino con lo que es útil, resulta perfectamente concebible... que un buen día la humanidad muy organizada y mecanizada llegue a la conclusión totalmente democrática – es decir, por una decisión mayoritaria- de que para la humanidad en conjunto sería mejor proceder a la liquidación de alguna de sus partes..."*

Asistió como corresponsal de la revista *The New Yorker* al proceso seguido en Israel contra el criminal de guerra nazi Adolf Eichmann. Entre sus crónicas y escritos al respecto, se hacía referencia a la *"banalidad del mal"*, frase que llegó a hacerse célebre. En 2012 se produjo la película *"Hannah Arendt"*, dirigida por Margarethe von Trotta, que acercó todo esto al gran público.

En los años 60 / 70, por otra parte, se impuso el denominado *arte conceptual,* técnica abstracta que se desarrolló en torno al lema de que *"la idea es la obra en sí misma y que el arte debe dirigirse a la mente del espectador, más que a su mirada"*, utilizando una gran variedad de soportes. El arte *conceptual* tuvo muchas derivadas y, en una u otra forma, se ha venido prolongando en el tiempo.

Una derivada interesante fue el *arte minimalista,* en los años 70 principalmente, donde abundan los materiales sencillos y las formas geométricas; otra sería el *arte de la tierra,* ligado a la naturaleza y al paisaje, en la que se puede incluir por ejemplo, ya en los años 80, el *bosque de Oma,* del artista Ibarrola; también el *"body art"* o *arte corporal,* muy extendido por África y Europa. En Italia surgió el *"arte povera",* que utilizaba materiales pobres y no industriales. El *arte fotográfico,* por otra parte, en las más diversas acepciones y variantes, ha venido teniendo –desde la invención de la fotografía, a mediados del siglo XIX- una enorme difusión.

Mención especial merece el desarrollo de la *cinematografía,* que se convirtió en el espectáculo de masas por excelencia. Como comentábamos en un capítulo anterior, fue una derivada insospechada de la técnica fotográfica y tuvo sus inicios culminando el siglo XIX. Empezó como cine mudo, en blanco y negro, para irse transformando gradualmente en cine sonoro, en color, de gran pantalla...En cierta forma fue el heredero del teatro que, como sabemos, se remontaba a la antigüedad clásica y, como el teatro, pero "corregido y aumentado", abarcó todos los géneros y los más diversos temas. El cénit de la producción cinematográfica se centró en Hollywood, cuyas películas se han hecho famosas en todo el mundo.

En España, tras una larga dictadura iniciada tras la guerra civil, se restauró la *Monarquía,* iniciándose a partir de 1976 una transición razonablemente consensuada entre todas las fuerzas políticas hacia un sistema democrático, redactándose la correspondiente *Constitución* en 1978.

En el Capítulo VI, por otra parte, ya esbozamos las aportaciones de Severo Ochoa al estudio del ADN. Ochoa había cursado medicina en la Universidad Complutense de Madrid y su descubrimiento –ya en EEUU- de una enzima que unía los nucleótidos y la correspondiente síntesis del ARN, le condujo a él al Nobel en 1959 y a la ciencia al código genético, cuyo desciframiento llegaría poco después. Discípula aventajada de Severo Ochoa fue Margarita Salas, también asturiana y alumna de la Complutense, que fue una de las mayores expertas mundiales en biología molecular.

En el ámbito ferroviario merece la pena comentar, que Alejandro Goicoechea, ingeniero e inventor, apoyado por el arquitecto y financiero José Luis Oriol, fundaron la empresa TALGO, donde se desarrollaron los novedosos y revolucionarios trenes del mismo nombre, que circularon primero por toda la geografía española y luego por numerosos países. Respecto a los modernos ferrocarriles hay que mencionar, que en los años 60 se iniciaron itinerarios en Japón con trenes que empezaron a denominarse de *alta velocidad*. En los 80 en Francia y Alemania y en los 90 en España. Suele aceptarse que un ferrocarril cumple los estándares de *"alta velocidad"*, cuando tanto el material móvil como todas las instalaciones correspondientes (trazado, vías, catenaria, sistemas de seguridad y comunicación, etc.) están diseñados para circular a velocidades a partir de 250 Km/h.

CAPÍTULO XIV. SITUACIÓN ACTUAL

Nos encontramos ante un mundo estrechamente interrelacionado. La informática; la omnipresente televisión y la radio; la telefonía; los medios de comunicación en general; las redes sociales; el *ciberespacio* e *Internet* (ya culminando el siglo XX) -impresionante red mundial de ordenadores, servidores e infraestructuras telefónicas-; el turismo de masas –la aviación revolucionó el transporte en el siglo XX, repitiendo lo sucedido con el ferrocarril en el XIX, si bien corregido y aumentado, por no hablar de los automóviles-. Todo ello interconecta de un extremo a otro nuestro mundo de diversos modos y maneras.

Por otra parte, a pesar de la guerra fría -y a veces debido a ella-, a partir de la finalización de la segunda guerra mundial fueron surgiendo numerosas asociaciones de países que, con sus contradicciones y retrocesos como todo lo humano, han venido significando sin duda avances en este camino hacia la globalización que venimos constatando. El COMECON, *Asociación de Cooperación Económica*, que agrupaba a numerosos países en torno a la URSS; la EFTA, *Asociación Europea de Libre Comercio* (ya desaparecida, pues sus miembros acabaron integrándose en la UE); la OEA, *Asociación de Estados Americanos*; la APEC, *Foro de Cooperación Económica Asia-Pacífico;* la ASEAN, *Asociación de Naciones de Asia Sudoriental;* la *Unión Económica Euro-Asiática;* la *Organización del Tratado de Seguridad Colectiva,* liderado por Rusia (ya tras la caída de la URSS), son significativos ejemplos.

Por su especial interés para nosotros, mención destacada merece la *Unión Europea,* actualmente un conjunto de 27 países, que refundada en 1993, tuvo su ya lejano origen en la CECA *–Comunidad Europea del Carbón y del Acero–,* fundada en 1951 por la República Federal de Alemania, Bélgica, Francia, Italia, Luxemburgo y Países Bajos, que dejando por fin atrás sus eternas disputas se dispusieron a progresar conjuntamente en una Europa, por entonces, aún ampliamente devastada. Esta asociación derivó en 1957, por el *Tratado de Roma,* en la CEE *-Comunidad Económica Europea-* y EURATOM *-Comunidad Europea de la Energía Atómica-,* marcando ya el camino definitivo hacia la actual UE *–Unión Europea-.*

Los ordenadores hicieron su aparición en los años cuarenta del siglo pasado. Un proto-ordenador diseñado por el británico Alan Turing, ya durante la segunda guerra mundial, permitió a Gran Bretaña descifrar los códigos de encriptación que utilizaban los alemanes –mediante la máquina *"enigma"*- y fue un elemento decisivo para que los aliados consiguieran ganar esta descomunal contienda. La interesante película de 2014 *"The imitation game"*, del director Morten Tyldum, rememora estos acontecimientos. Ordenadores que en los años 40 – 60 del pasado siglo eran lentos y ocupaban una sala inmensa, hoy son enormemente más rápidos, caben en un cajón y, en cierto modo, hasta los llevamos en el bolsillo como teléfonos móviles ¡es increíble!

El final de la guerra fría hacia 1990 supuso un alivio enorme a nivel mundial, aunque desgraciadamente no el final de guerras y conflictos armados -*¡homo sapiens es más homo que sapiens!*-, si bien estos son generalmente bastante localizados, lo que sin embargo no excluye frecuentes coaliciones estratégicas multinacionales (más o menos solapadas, pero no por ello menos peligrosas), apoyando a uno u otro de los contendientes. Pensemos, por ejemplo, en las dos guerras contra Irak.

Por otra parte puede constatarse que, si la formación y expansión de los imperios conlleva en muchos casos conflicto y violencia, también cuando estos se descomponen aparecen, casi invariablemente, caos, guerras y revueltas, más o menos intestinas, a veces durante largos periodos de tiempo. El concepto de imperio es bastante cuestionado por la sociedad actual, pero con todos sus defectos, excesos y problemas, que los tiene, no cabe duda de que generalmente han facilitado los contactos humanos, la difusión de ideas y planteamientos y la interrelación en una humanidad constituida en el pasado mayoritariamente por núcleos aislados y cerrados (tanto más cuanto más atrás miramos, como es lógico).

La caída del *Imperio romano* le supuso a Europa una *Edad Media* de un milenio, donde se produjo durante bastantes siglos un significativo retroceso, tanto en lo cultural como en lo económico, acarreando correspondientemente buenas dosis de atraso, ignorancia y pobreza. Un periodo plagado de guerras y luchas entre las antiguas partes del imperio con tentáculos que incluso, a veces, han alcanzado nuestros días, como hemos podido constatar en capítulos anteriores.

El derrumbamiento del *Imperio español*, por poner otro ejemplo más cercano que, por cierto, tuvo bastantes características comunes con el *romano*, originó numerosas guerras fratricidas en *Hispanoamérica* o que más de la mitad del virreinato de Nueva España, correspondiente al México inicial, acabara a los pocos años de su independencia en manos de su vecino del norte o que más tarde, tras la desmembración final del Imperio en 1898, Filipinas sufriera una durísima represión por parte de EEUU, ante la resistencia numantina del pueblo filipino, que se sintió con justicia engañado y traicionado por la nueva potencia "libertadora", tras verse obligada España a abandonar este territorio.

Los movimientos revolucionarios y/o golpistas en *Hispanoamérica*, jalonados de dictaduras y gobiernos populistas, han venido siendo lamentablemente una constante. Le viene costando a la democracia asentarse en estos jóvenes países ¡¡la inevitable fase de caos tras el derrumbamiento de un gran imperio!? ¿¡No está esto durando demasiado!? La propia metrópoli, lo queramos ver o no, está siendo aún afectada negativamente, quizás por una ruptura demasiado brusca con su pasado, que ha dado pié, sin ir más lejos, a absurdos movimientos centrífugos disgregadores que la cuestionan como nación.

Otro caso sería la situación caótica en que quedó el Raj británico (la milenaria India), cuando Gran Bretaña accedió por fin a concederle la justamente exigida independencia. Revueltas populares, luchas civiles, la proclamación de dos estados soberanos eternamente enfrentados: India y Pakistán (hinduismo frente al islam), con dolorosas e interminables migraciones…Recordemos también los problemas en el sudeste asiático, parcialmente comentados en el capítulo anterior –que en buena parte eran consecuencia de la (des)colonización-.Y qué decir de la situación en África donde, tras una

–por lo general– muy dura colonización, guerras intestinas y civiles se vinieron sucediendo sin tregua durante decenios.

En otro orden de cosas, tampoco podemos olvidar que brutales atentados terroristas han venido jalonando los años de transición del segundo al tercer milenio. La salvaje destrucción de las torres gemelas de Nueva York en 2001, con miles de muertos, o los atentados en los trenes de cercanías de Madrid en 2004, asimismo con cientos de víctimas inocentes, por poner dos ejemplos terribles, dan fe de ello.

En 2010 se produjeron enormes convulsiones en diversos países árabes, la denominada *"primavera árabe"*. Aún hoy no están muy claras ni las causas ni los objetivos ni las consecuencias de estas violentas revueltas y, si bien es cierto que algunos dictadores cayeron, podemos preguntarnos ¿avanzaron realmente en su conjunto los derechos democráticos en los países afectados, que cubren una amplia zona del próximo / medio oriente?

El desarrollo de la historia del género humano parece, por lo general, aleatorio y azaroso en gran medida, si bien combinado con determinadas pautas y patrones, según comentamos en el Capítulo V al hablar de los *sistemas caóticos*. Numerosas pistas son detectables, en este sentido, al estudiar el desarrollo de las sociedades humanas, al contemplar el auge y decadencia de imperios, civilizaciones y culturas, que brevemente hemos venido constatando y que, como cualquier sociólogo y/o historiador puede confirmar, muestran una curiosa combinación de azar y previsibilidad.

La *geopolítica* o relación entre la geografía y el poder en cualquiera de sus formas: Estado, asociaciones supranacionales, grupos de presión –tan discretos como ubicuos y potentes-, y también organizaciones terroristas (que desgraciadamente en algunas zonas vienen campando a sus anchas) es decisiva. El mayor nivel tecnológico y de (inter)comunicación, la prácticamente inmediata difusión de ideas y sucesos, como comentábamos más arriba, unido a ¿una mayor madurez de la sociedad actual?, parecen potenciar afortunadamente la interrelación entre personas, culturas y países por medios cada vez más pacíficos, saludables y democráticos ¡confiemos en que esto no sea un espejismo!

Retomando el terreno científico es de reseñar que los descubrimientos de nuevas partículas elementales y subatómicas, debido fundamentalmente a las posibilidades de detección que ofrecen los potentes *laboratorios de aceleración de partículas,* han sido en las últimas décadas espectaculares. Hasta hoy se han descubierto ya varias decenas de ellas y nadie afirma que se haya tocado techo, con lo que ya se habla del "zoo de las partículas elementales". Matemáticos, físicos, químicos y astrónomos trabajan en la actualidad conjuntamente, coordinando ecuaciones, modelos científicos y observaciones experimentales.

Los científicos se encuentran actualmente con una serie de teorías parciales, que se pueden encuadrar en las dos grandes "superteorías" expuestas en el siglo pasado: *Relatividad* y *Cuántica.* Como núcleo de estas teorías están las cuatro fuerzas básicas de la naturaleza conocidas, *la gravitatoria, la electromagnética, la nuclear fuerte y la (nuclear) débil.* Por ser la fuerza gravitatoria la dominante a gran escala en el Universo, también a esta escala triunfa la *Teoría de la Relatividad.* En el otro extremo, por ser las fuerzas nucleares y electromagnéticas dominantes en el microcosmos atómico, a esta mínima escala triunfa la cuantización y la incertidumbre. La fuerza electromagnética, a gran escala, al ser unas veces atractiva y otras repulsiva, se cancela en buena medida.

La *Relatividad especia*l ha sido armonizada con la *Teoría Cuántica* coherentemente, habiendo sido la constatación de que *E=mc²* esencial para profundizar y avanzar, no sólo en el mundo de lo muy grande, sino también en el de lo muy pequeño. En cuanto a las relaciones entre la *Relatividad general* y la *Cuántica*, ambas conviven en general sin grandes complicaciones, al ser normalmente distintos sus ámbitos de aplicación y las fuerzas a las que responden. Los científicos van echando mano de una u otra, según los casos, para solucionar los problemas que se les plantean y seguir progresando. Persisten, con todo, significativas dificultades interrelacionadas:

La *Relatividad general,* en cuanto *Teoría de la gravedad,* no da respuestas satisfactorias cuando las fuerzas gravitatorias son extremadamente intensas. Así, en determinadas situaciones límite, como en el *Gran estallido* por ejemplo, deja de ser válida, porque en estos casos la influencia de la fuerza gravitatoria en el nivel íntimo de la materia sí sería considerable y al no incorporar esta teoría en su formulación el *principio de incertidumbre* con sus correspondientes criterios cuántico - probabilísticos, acaba llevando a valores infinitos y donde aparecen estos no son ya aplicables las leyes de la física. La *Relatividad general* presupone además una naturaleza continua y (en general) un espacio-tiempo curvo lo que es difícilmente compatible con esa "grumosidad" de base y el espacio-tiempo básicamente plano, en que se desenvuelve la *Teoría Cuántica.*

Falta una "herramienta de trabajo" para estos casos extremos, una *Teoría Unificada de la Física,* en definitiva. Tanto el propio Einstein como otros físicos, en época tan temprana como el primer tercio del siglo XX, intentaron –sin lograrlo– conseguir esta unificación. Aunque estos intentos no tuvieron mucho recorrido, entreabrieron sin embargo la puerta para recurrir a *dimensiones extra.* Así se ha llegado, por ejemplo, a la moderna *Teoría de Cuerdas,* que plantea que nuestro Universo pueda tener varias dimensiones adicionales a las cuatro que nosotros percibimos. Estas dimensiones extra estarían como "enrolladas" o "atrofiadas", de tal forma que por eso nos pasarían totalmente inadvertidas.

Esta teoría presenta las partículas elementales no como puntos (sin dimensión, por tanto), sino como *"microcuerdas"* (es decir, con 1 dimensión), de forma que los diferentes modos de vibración de cada cuerdecita irían arrojando lo que ante nosotros aparecen como electrones, quarks, fotones…Al tratar conjuntamente las *partículas elementales de materia* y las *partículas portadoras de fuerza* (Apéndice 4), muy en su línea unificadora, el modelo "asciende de categoría", pasando a denominarse *Teoría de Supercuerdas.*

Las dimensiones de las cuerdas serían mínimas y, por eso, aunque las dimensiones adicionales pasarían totalmente inadvertidas para seres como nosotros, sus escalas serían comparables con la dimensión de las cuerdas, que podrían moverse con holgura en ellas. En esta búsqueda de la *Teoría del Todo,* los científicos continuaron explorando posibilidades y por extrapolación ascendieron a la *Teoría,* aún más compleja, *de (Mem)branas,* que dota de mayor número de dimensiones a las partículas. Estas teorías, de una gran complejidad matemática, no terminan sin embargo de "cuajar".

Estrechamente relacionado con lo anterior está la búsqueda de la *fuerza unificada o campo unificado,* una fuerza única, respecto a la cual las cuatro actuales no fueran, sino diferentes manifestaciones. Parece ser que, como vimos, estas fuerzas estuvieron unificadas en un tronco común en los primeros instantes tras el *Gran estallido,* dadas las extremas y excepcionales condiciones que allí reinaban. Apoyándose en esta premisa han venido trabajando los científicos y, al igual que Maxwell unificó con éxito en el siglo XIX la fuerza eléctrica y la magnética, se considera ya la unificación de la fuerza electromagnética con la débil, en lo que se denomina *fuerza electrodébil.* A temperaturas todavía más elevadas debería además producirse la simetría conjunta de la fuerza electrodébil y la nuclear fuerte.

El hombre ha conseguido un control sobre la *fuerza electromagnética,* tras apenas dos siglos desde su descubrimiento moderno, realmente sorprendente. Hoy en día no podríamos ya imaginarnos una casa sin luz eléctrica y sin electrodomésticos, una fábrica sin motores alimentados por esta energía, una oficina sin ordenadores, un aeropuerto sin radares o un país desarrollado sin una potente red de telecomunicaciones -¡qué decir de los teléfonos móviles!-, por no hablar de la electromedicina…

Las *fuerzas nucleares,* más recientemente descubiertas, han sido sólo parcialmente dominadas. La *fusión nuclear controlada* no se ha logrado aún y, aunque se va avanzando decisivamente en la seguridad de las *centrales nucleares de fisión* para la producción de energía eléctrica, el problema de los residuos radiactivos carece todavía de una solución definitiva. Sus aplicaciones médicas, por otra parte, ya han salvado muchas vidas.

La fuerza gravitatoria, la primera cronológicamente descubierta, por Newton en su versión moderna o la antigua "pesadez" de los griegos, sigue permaneciendo altivamente solitaria y reacia a cualquier asimilación o paralelismo con las otras. ¿Será sencillamente porque, como manifestó Einstein, *la gravedad no es una fuerza como las demás,* sino la "consecuencia" de la curvatura del espacio–tiempo y cualquier intento de asimilación es una quimera? Apenas ha podido ser utilizada tecnológicamente hasta la fecha, salvo en contados casos concretos, como en las tradicionales centrales hidráulicas o en el menos conocido *"impulso gravitatorio",* mediante el cual las naves espaciales pueden ser impulsadas por el campo gravitatorio de los planetas en movimiento.

No sólo la fuerza gravitatoria presenta problemas, sino también la propiedad sobre la que actúa, la aparentemente inocente *masa,* que trae sin embargo de cabeza a los científicos. La masa no parece concordar con el criterio de una naturaleza "digitalizada" en su nivel íntimo: La *carga eléctrica* elemental responde a un único valor, que por ello se toma como 1 (+ ó -). La *carga de color* (Apéndice 4), por su parte, sólo responde a 3 posibilidades. Y la *energía radiante* está cuantizada. ¿Qué pasa sin embargo con la *masa*? Sabemos que esta puede asimilarse a una forma "congelada" de energía. Ahora bien ¿por qué esta energía condensa en tantos valores elementales diferentes? No hay dos partículas básicas con la misma masa en reposo, ni tampoco responden a múltiplos exactos.

Estas y otras cuestiones inexplicadas han dado pie a que los científicos hayan estado buscando casi obsesivamente una partícula adicional, denominada *bosón de Higgs* (en reconocimiento al científico escocés Peter Higgs), que sería la responsable de dotar de masa a las demás al interactuar con ellas, contribuyendo así a que las cosas terminaran de encajar. Esta partícula fue detectada finalmente en el CERN en 2012, tras años de experimentos y análisis de resultados. *La masa de una partícula elemental sería entonces la denominación que damos a la intensidad de su interacción con el campo de bosones de Higgs,* más bien que una propiedad "per se" de las partículas, como había venido considerando la física.

Es importante reflexionar también, que sin masa el Universo se hubiera expandido como una nube de energía y radiación o, por el contrario, hubiera recolapsado rápidamente, pero en ningún caso se hubieran formado átomos ni materia (tal como la conocemos, al menos). Nuestro mundo no existiría y nosotros, desde luego, no estaríamos aquí.

Pero…ya que estamos, continuemos con otros aspectos de este mundo que nos estamos construyendo los *sapiens*. La evolución asombrosa de las tecnologías audiovisuales, de *Internet* y las redes sociales, de los ordenadores y teléfonos móviles (de hecho ya algo así como ordenadores condensados, según comentaba) han venido propiciando un retroceso en el interés por la *lectura tradicional* y en consecuencia un retraimiento de la *literatura*. La *filosofía*, por su parte, ha ido aprendiendo a convivir con la *ciencia*, habiendo aceptado a trancas y barrancas su papel subsidiario. La *arquitectura*, apoyándose lógicamente en los impresionantes avances tecnológicos, parece que no tiene actualmente límite alguno.

Y el resto de las *artes* evoluciona de muy diversas maneras, libres de los tradicionales corsés a los que, de una u otra forma, se había venido ciñendo.

Ante la abrumadora cantidad de obras recientes y realizaciones emblemáticas por todo el mundo, veamos exclusivamente algunas pinceladas sobre nuestro país: El arquitecto Sáenz de Oiza diseñó el novedoso edificio Torres Blancas de Madrid; Santiago Calatrava la impresionante Ciudad de las Artes y las Ciencias de Valencia y el Auditorio de Santa Cruz de Tenerife; en 1997 se inauguró en Bilbao el espectacular Museo de arte contemporáneo Guggenheim; Rafael Moneo remodeló el Claustro del Monasterio de los Jerónimos, en Madrid, como ampliación del Museo del Prado; se inauguró el Centro cultural Niemeyer en la ciudad de Avilés; el arquitecto británico Norman Foster realiza una nueva ampliación del Museo del Prado, mediante la rehabilitación del Salón de Reinos del Buen Retiro.

Culminando ya el siglo pasado se inauguró la Catedral de la Almudena, tras más de una centuria de obras y reconsideración de estilos y diseños, lo que dio lugar a la curiosa situación de que (resumiendo) la cripta sea *neorománica*, la planta principal *neogótica* y el exterior *neoclásico*. En cualquier caso, su integración ambiental con el Palacio Real, Plaza de la Armería y la recientemente inaugurada Galería de las Colecciones Reales, ofrece una panorámica de la zona impresionante y espectacular.

En relación con el Museo del Prado merece la pena reseñar que este icónico museo, junto al Museo Reina Sofía -centrado en el arte contemporáneo, que entre otros muchos cuadros alberga el famoso *"Guernica"* de Picasso- y el Museo Thyssen – Bornemisza -que ofrece una de las mejores recopilaciones "didácticas" de la pintura por épocas y estilos-, forman en Madrid el denominado *Triángulo del Arte*, que junto al Jardín Botánico, iglesia de los Jerónimos, edificio de la Real Academia de la lengua española, paseo del Prado y parque del Retiro, integran el denominado *Paisaje de la Luz* –*Paisaje cultural de las artes y las ciencias*-, declarado recientemente Patrimonio de la Humanidad por la UNESCO.

Intelectuales y eruditos españoles / hispanos contemporáneos, entre otros, han sido: los historiadores Tuñón de Lara, Javier Tusell, Fernando García de Cortázar y es Carmen Iglesias. Los escritores; Francisco Ayala; el dramaturgo y humorista Jardiel Poncela; Dionisio Ridruejo; Francisco Umbral; el Premio Nobel chileno Pablo Neruda; Gabriel Celaya; Javier Marías; Antonio Gala, que abordó con éxito diversos géneros literarios; Camilo José Cela –Premio Nobel de Literatura- (*"La colmena"* es uno de los mejores relatos del Madrid de la postguerra).

Gabriel García Márquez, colombiano y también Premio Nobel, uno de los más entusiastas defensores de nuestra emblemática *"ñ"* (cuando esta estuvo a punto de desaparecer a finales del siglo pasado); Buero Vallejo, uno de los mejores dramaturgos españoles del XX; Miguel Delibes, otro escritor imprescindible del siglo; Almudena Grandes; escritor muy polifacético con un elevado nivel filosófico fue el argentino Jorge Luis Borges. Antoni Tàpies personalizó un arte sumamente abstracto y el maestro Rodrigo destacó como compositor musical. Filósofos significativos fueron María Zambrano, Xavier Zubiri; Julián Marías; José L. López-Aranguren; Pedro Laín Entralgo, médico, además de filósofo e historiador; Gustavo Bueno, que analizó el proceso mediante el cual las diferentes ciencias van tomando "vida propia", diferenciándose unas de otras;…entre otros.

Y seguimos contando en la actualidad con escritores como Ramón Tamames –además de prestigioso economista y bastantes cosas más–; el Premio Nobel de Literatura Mario Vargas Llosa (peruano de origen); Luis María Ansón, intelectual polifacético, escritor y periodista; Santiago Muñoz, actual director de la RAE; Arturo Pérez Reverte; Elvira Roca Barea; Antonio Muñoz Molina; Soledad Puértolas; Fernando Aramburu; el filósofo Fernando Savater; Dalmacio Negro, filósofo de la historia; el pintor hiperrealista Antonio López...

Y cierro este capítulo comentando que, según lo ya avanzado en el anterior, a principios de los años 90 del siglo pasado, España se incorporó al club de países que disponían de *líneas férreas de alta velocidad*. Concretamente en 1992, conmemorando el quinto centenario del descubrimiento de América, se inauguró la primera línea de *alta velocidad* española, entre Madrid y Sevilla, de forma que se interconectó la capital de la nación con la *Exposición Universal*, que se celebraba en la capital andaluza –ciudad única, Sevilla, de increíble atractivo y personalidad, que alberga un espléndido patrimonio artístico y arquitectónico–.

En 2003 se inauguró la segunda línea de *alta velocidad*, entre Madrid y Lérida, que en 2008 se prolongó hasta Barcelona. A partir de ahí el crecimiento ha sido implacable, de forma que en la actualidad la red de alta velocidad española, con más de 4.000 Km, es la mayor de Europa y la segunda del mundo (después de China). Todo esto es motivo de personal satisfacción para mí, ya que tuve la suerte y el privilegio de participar muy activamente en el desarrollo y ejecución de buena parte de estas obras.

CAPÍTULO XV. ¿HAY ALGUIEN AHÍ AFUERA?

Si el siglo XIX fue, entre otras muchas cosas, el siglo del electromagnetismo, los espectros y las sesiones de espiritismo, el XX fue también entre muchas otras cosas, el de la ciencia-ficción y los alienígenas, hasta el punto de que se hablaba de "los marcianos" con curiosa familiaridad, como si el día menos pensado fuéramos a encontrárnoslos en la cafetería de la esquina. Al no haberse detectado vida inteligente extraterrestre hasta la fecha —no parece haberse detectado ni siquiera vida, como tal-, y ello a pesar de los muchos intentos que se vienen realizando al respecto desde tiempo atrás, se ha transformado actualmente ese entusiasmo, quizás un tanto ingenuo, en una búsqueda más sistemática y metódica.

No deja de ser curioso, por otra parte, que la abundantísima literatura de ciencia-ficción que nos dejó el siglo XX –y buena parte del XIX- jamás vaticinó algo próximo a *Internet* (y redes sociales derivadas), la superestructura que ha revolucionado absolutamente nuestra sociedad actual ¡ni siquiera el polifacético y agudo Julio (Jules) Verne!

¿Somos los únicos seres inteligentes en el Universo? ¿No hay más planetas que el nuestro con condiciones suficientes para haber permitido que se desarrollen seres, por muy extraños y diferentes a nosotros que sean, capaces de hacerse preguntas como las que nos estamos haciendo aquí? ¿Qué aspecto tendrán estas criaturas, caso de que existan? ¿Habrán desarrolla-

do una tecnología para poder viajar por el espacio a mayores distancias que nosotros? Apasionantes cuestiones todavía sin respuesta, ciertamente, aunque sí pueden establecerse una serie de planteamientos razonables al respecto.

En paralelo con la exploración del *Sistema Solar* desde hace décadas existen programas, sustentados por varios gobiernos, de *"caza" de planetas fuera de nuestro Sistema*, de los denominados *exoplanetas*. La detección de un planeta, que no tiene brillo propio como las estrellas y que (en general) es mucho menor que estas, es tan laboriosa como buscar una aguja en un pajar.

El primer método empleado para su localización se basaba sencillamente en la ley de acción y reacción. La misma fuerza de atracción gravitatoria que hace una estrella sobre un hipotético planeta (acción), la hará en sentido contrario el planeta sobre la estrella (reacción). Debido a que la masa del planeta será en general mucho menor que la de la estrella, el efecto de la fuerza de reacción sobre esta última será muy leve, pero al estar el planeta girando a su alrededor, la estrella experimentará un casi inapreciable "zarandeo" o "bamboleo", que si lograba ser detectado, ponía sobre aviso a los astrónomos de la presunción de un planeta (o de varios) en ese sistema estelar.

Actualmente se utiliza sobre todo el *método del tránsito*, consistente en medir la disminución del brillo / luminosidad de la estrella, cuando el planeta pasa por delante de ella. Por el método del tránsito puede conocerse más sobre los planetas y además permite detectar no solamente los de gran tamaño, como sucedía con el método anterior, aunque sigue siendo muy complicado constatar los pequeños, como nuestra Tierra. Decisivos para ello han sido los observadores espaciales *Corot* de la ESA -Agencia Espacial Europea- (lanzado en 2006) y *Kepler* de la NASA (lanzado en 2009), el denominado *"cazador de planetas"*.

Más de 3.000 planetas se han confirmado ya en sistemas exteriores. Especialmente buscados son los *exoplanetas* que se encuentren en la denominada *"zona de habitabilidad"*, es decir, a la distancia apropiada de su estrella -en función del tamaño y temperatura de la misma- para poder albergar vida. Esta zona suele delimitarse interiormente, donde la estrella evaporase ya el agua del planeta (supuesto, en principio, de tipo rocoso) y exteriormente, donde el agua sólo existiera ya permanentemente en forma de hielo.

Partiendo de que el Cosmos está básicamente constituido por los mismos elementos químicos que constituyen la Tierra (o al menos así era hasta no hace mucho, pues actualmente la convicción sobre la existencia de materia oscura o exótica podría abrir nuevos e insospechados horizontes), los bioquímicos estiman en general que solamente en un planeta de características similares al nuestro podría producirse vida -especialmente si nos referimos a vida inteligente-, concretando además muchos de ellos que sólo la *química del carbono* ofrecería fundamentos válidos para la vida.

La existencia de *agua líquida* se considera indispensable (o casi, pues actualmente se especula también, por ejemplo, con las posibilidades del metano líquido). Todo lo dicho marcaría de entrada ya fuertes restricciones. Sabemos también que nuestro Universo no se extiende indefinidamente hacia atrás en el tiempo, sino que tuvo un principio hace unos 14.000 millones de años, y que habría que excluir como productoras de vida a las estrellas de primera generación (por no existir todavía suficientes elementos pesados), con lo cual el periodo "útil" se reduce.

Además, en el caso de la Tierra (nuestra única referencia por el momento), con una antigüedad de unos 4.500 millones de años, parece ser que sólo durante un periodo de tiempo relativamente corto, en el entorno de hace unos 3.800 millones de años, como decíamos en el Capítulo VI, se dieron las condiciones necesarias para que se generara la *vida elemental,* transcurriendo luego mucho tiempo hasta que aparecieron los organismos pluricelulares. La vida continuó evolucionando, retardada y trastocada a causa de cataclismos producidos por impactos de grandes meteoritos / asteroides, erupciones volcánicas y cambios climáticos en general, en ese intento, más o menos azaroso, de adaptarse al medio ambiente, llegando entre otros a seres como nosotros. Probablemente algo parecido habría sucedido en cualquier hipotético planeta aspirante a tener vida inteligente.

Es importante comentar en este contexto que, frente a la radiación solar que nos alcanza, la Tierra dispone de un escudo protector, cual es el *campo magnético* que la rodea -campo producido por la rotación de los metales líquidos que alberga en su núcleo-. El disponer de un campo magnético adecuado ha sido esencial para el desarrollo y mantenimiento de la *vida.* Decisivo, por tanto, para los planetas aspirantes a albergar vida –especialmente, si hablamos de *vida* pluricelular y/o compleja- sería el disponer de algún tipo de *campo (magnético) protector,* frente a la radiación que les llegue desde su estrella.

Los argumentos anteriores (suponiendo que sean correctos, naturalmente) imponen pues severas restricciones a las expectativas de vida extraterrestre, especialmente a formas inteligentes. A favor está el hecho incontrovertible de la inmensidad de nuestro Universo conocido, con billones de estrellas constatadas. Desde hace más de medio siglo, el *Proyecto SETI ("Search for Extra Terrestrial Intelligence" / Búsqueda de Inteligencia Extraterrestre)* se ocupa específicamente de esta tarea, analizando el Cosmos mediante ondas electromagnéticas. Hasta la fecha no parece haber tenido éxito, si bien la parte sondeada del Cosmos ha sido mínima en relación a la inmensa extensión del *Universo observable.*

Astrónomos, astrofísicos y cosmólogos han efectuado cálculos basados en probabilidades sobre el porcentaje previsible de estrellas que hayan formado sistemas planetarios y, de ellos, los que pudieran contener planetas que hayan tenido un desarrollo similar al nuestro o de parecidas condiciones, situados en la *zona de habitabilidad* de su respectiva estrella. En este sentido llegó a hacerse famosa la ecuación formulada por el radio-astrónomo estadounidense Drake (uno de los impulsores del citado Proyecto *SETI,* por cierto), en los años sesenta del siglo pasado, que arrojaba un gran número de probables civilizaciones alienígenas inteligentes accesibles -número que posteriormente se juzgó claramente exagerado-.

Las cifras que se barajan son ciertamente muy dispares, según se utilicen unos u otros criterios. La creencia en formas de *vida extraterrestre elemental* está con todo muy generalizada. Más discrepancias se dan respecto a la existencia de *civilizaciones exteriores,* según lo expuesto. En cualquier caso son muchos los que consideran un delirio de grandeza el suponernos los únicos seres inteligentes en este Universo tan enorme. Como decía el astrofísico, cosmólogo y divulgador estadounidense Carl Sagan, *"¡Si sólo estamos nosotros, cuánto espacio desaprovechado!"*

Suponiendo que efectivamente haya más civilizaciones inteligentes dispersas por el Universo ¿cuál sería la probabilidad de tomar *contacto físico* con alguna de ellas? Excluido el Sistema Solar y en base a las leyes de la ciencia que ahora conocemos y con la tecnología de que disponemos -la posibilidad sobre posibles formas de desplazarse utilizando *agujeros / conductos de gusano* son actualmente tan sólo meras especulaciones teóricas-, estos hipotéticos contactos "físicos", dadas las inmensas distancias siderales, sólo podrían provenir de "ellos", de una civilización mucho más avanzada e incluso esto no parece demasiado probable. En relación con la búsqueda de civilizaciones extraterrestres mediante *conductos o agujeros de gusano,* por cierto, es interesante la película de ciencia-ficción *"Contact"*, de 1997, dirigida por Robert Zemeckis y adaptación cinematográfica de una novela del arriba citado Carl Sagan.

Posibles contactos radioeléctricos parecen más asequibles, pero tampoco dejan de ser problemáticos en base a nuestros conocimientos actuales. Las ondas electromagnéticas viajando por el espacio, a sus imperturbables 300.000 Km/s, tardarían probablemente muchos años en alcanzar su hipotético objetivo y otros tantos en retornar con la respuesta *¡lo que haría bastante problemática la charla!* A pesar de ello, el hombre no sería tal, si no lo estuviese intentando. Ignoramos la actitud de los hipotéticos *"otros"*.

En relación con este tipo de contactos, se produjo hace ya algunas décadas una situación curiosa, consistente en que un equipo de astrónomos interpretó alborozado que había establecido comunicación con una civilización extraterrestre. La realidad devino, sin embargo, en algo bastante más prosaico. Las "señales" provenían de una *estrella de neutrones* dotada de un rapidísimo movimiento de rotación. La frecuencia rítmica de las ondas de radio, que emitía en su rotación, condujo erróneamente a interpretarlas como enviadas por seres inteligentes ¡falsa alarma!

Posteriormente se identificaron más estrellas de este tipo denominadas *"Púlsares"*. Son muy masivos y con un diámetro mínimo. La rapidísima velocidad de rotación de estas pequeñas estrellas (residuales) de neutrones se debe a la sencilla ley física de conservación del momento angular -o cinético- y la emisión rítmica de pulsos de radiofrecuencia es originada por los campos magnéticos en tan rápida rotación. Sólo en la Vía Láctea van descubiertos ya miles de *púlsares*.

Además de los módulos, sondas o artefactos citados en el Capítulo V para la exploración de nuestro *Sistema Solar* y además de los numerosos observatorios y telescopios terrestres (en las distintas gamas de radiación), comento a continuación unos cuantos dispositivos significativos, que han sido lanzados al espacio hasta el momento, de forma que podremos comprobar una vez más el interés en la exploración del Cosmos y detección de vida extraterrestre:

- Recordemos que la Unión Soviética fue pionera en la conquista del espacio. Los cuatro satélites *Sputnik* dan fe de ello. El *Sputnik 1,* lanzado en 1957, fue el primer artefacto espacial lanzado por los humanos y el *Sputnik 2,* lanzado poco después, el primero que llevaba un ser vivo a bordo, la célebre perra Laika.

- La cápsula *Vostok 1* transportó al primer cosmonauta, Gagarin, en 1961, que completo una órbita sobre la Tierra. Y en 1963 a bordo de la Vostok 6, viajo la primera cosmonauta de la historia, Valentina Tereshkova. ¡Los rusos denominaban a los suyos *cosmonautas* y los estadounidenses *astronautas.* Cosas de la *guerra fría*!

- Los EEUU tomaron el testigo con la serie *Apolo*, como ya comentamos en el Capítulo V. El *Apolo 11* llevó en 1969 los primeros humanos a la Luna. Los astronautas Armstrong y Aldrin fueron los primeros en caminar sobre nuestro satélite.

- En 1990 se lanzó el telescopio espacial *Hubble*, que ha sido decisivo para avanzar en el conocimiento del Cosmos.

- En 1989 se lanzó el satélite *COBE* (NASA); en 2001 se lanzó la sondas *WMAP* (NASA); y en 2009 la *Planck* (ESA) para el estudio del *Fondo Cósmico de Microondas,* cuyos análisis y conclusiones han sido decisivos para el conocimiento del Universo, tanto del primitivo como del actual.

- En 1998 se puso en órbita la *Estación Espacial Internacional,* un gran proyecto de cooperación de las diferentes agencias espaciales, con múltiples cometidos astronómicos, astrofísicos, cosmológicos…

- El telescopio espacial de infrarrojos *Spitzer*, fue lanzado por la NASA en 2003.

- Los antes comentados observadores espaciales *Corot* y *Kepler*, están siendo decisivos para la detección de exoplanetas.
- El observatorio espacial *Herschel*, es un telescopio de infrarrojos, lanzado por la ESA en 2009.
- En 2013 la Agencia Espacial Europea –ESA- lanzó la sonda *Gaia*, un telescopio espacial que elaborará un mapeado tridimensional de las estrellas de nuestra galaxia.
- A finales de 2021 se lanzó el telescopio espacial *James Webb*, construido y operado conjuntamente por la NASA, la ESA y la Agencia Espacial Canadiense, que sustituirá al "anciano" *Hubble*.
- En 2023 se ha lanzado por la ESA el observatorio espacial *Euclid* -en honor del griego "padre de la geometría"- para profundizar en el conocimiento, nada menos que de la *materia y energía oscuras*, estudiando a tal fin la expansión acelerada del Universo. Recordemos también, a este respecto, el *Proyecto DESI*, sistema instalado en el *Observatorio de Kitt Peak* (EEUU).

Uno de los descubrimientos cosmológicos más recientes e importantes ha sido la detección de *ondas gravitatorias* (en español mejor que "gravitacionales", por cierto). Einstein predijo que, de forma similar al caso de las *ondas electromagnéticas*, producidas por *cargas eléctricas* con movimientos acelerados, las *masas* con movimientos acelerados debían producir variaciones periódicas del espacio y del tiempo. Estamos hablando de contracciones y expansiones de las distancias en el caso del espacio y ralentizaciones o aumento de rapidez en el transcurrir del tiempo, de forma que se propagaría -también a la velocidad *c*- una perturbación ondulatoria del propio *tejido espacio-temporal*, las *ondas gravitatorias*-.

Pues bien, *estas ondas* han sido detectadas por primera vez de forma directa en 2015, aunque ya había habido con anterioridad alguna evidencia de ellas, si bien de forma indirecta. Las *ondas gravitatorias* pueden hacerse sentir en fenómenos violentos del Universo, como grandes explosiones de supernovas, choques de estrellas de neutrones o en las fusiones de agujeros negros. Las ondas detectadas en septiembre de 2015 se produjeron por la fusión de dos *agujeros negros*.

En el proceso de fusión de estos monstruos cósmicos, especialmente en sus últimos instantes, el ritmo de deformación del espacio-tiempo fue enorme, de forma que -en un tiempo muy breve- una parte significativa de la masa de los agujeros originales se convirtió en energía ($E=mc^2$), que se propagó mediante *ondas gravitatorias*. En febrero de 2016, el *laboratorio para detección de ondas gravitatorias por laser* – LIGO- (consistente en 2 institutos tecnológicos de EEUU, con aportación de investigadores de varios países, el nuestro entre ellos) confirmó que habían detectado estas ondas, originadas hace nada menos que 1.300 millones de años.

Las sorpresas en este campo no han hecho sino empezar. Una serie de detecciones menores de ondas gravitatorias se produjeron en los meses siguientes al primer hallazgo y en 2017 volvieron a detectarse, pero en este caso provenientes no de la colisión / fusión de agujeros negros, sino de la *colisión de dos estrellas de neutrones* (sistema binario), situado a 130 millones de años-luz. Estas estrellas residuales, según vimos, están extremadamente compactadas (su densidad de masa es enorme). En este caso la detección se ha conseguido, además de con las instalaciones de LIGO, ya con la plena integración "al equipo" del laboratorio VIRGO (Pisa, Italia). La Universidad de las Islas Baleares colaboró también muy activamente, verificando los datos provenientes de EEUU.

Este último hallazgo no es una detección directa más, sino que tiene una peculiaridad interesante. Las ondas gravitatorias detectadas en 2015 y posteriores eran "ciegas", en el sentido de que, al provenir de agujeros negros, no llevaban aneja ningún tipo de onda electromagnética ("visible"). Estas, sin embargo, al provenir de estrellas de neutrones (astros visibles), han llegado acompañadas de ondas electromagnéticas (para ser exactos, de ondas de radio "visibles en sentido amplio", si bien no directamente por el ojo humano). Esta *"doble detección"* facilita el estudio de lo recibido y ayuda a la comprensión de estos fenómenos.

De esta forma se acaba de abrir a astrofísicos, astrónomos y cosmólogos otra "ventana al conocimiento", que nos ofrece uno distinto al percibido por la radiación electromagnética que nos inunda procedente del Cosmos, que ya controlamos tan bien y que además venía siendo prácticamente la única fuente de información que teníamos sobre el Universo lejano. Es por tanto, como si estuviéramos dando entrada en nuestro conocimiento a un nuevo sentido para la captación del Universo -podríamos decir, por redondear la idea, que al sentido del oído, pues (aunque las ondas gravitatorias no son, desde luego, ondas sonoras), las detectamos en la gama de las frecuencias audibles-. Y esto es, sin duda, lo más extraordinario y novedoso de estos acontecimientos. ¿Podrán estos descubrimientos en el futuro colaborar decisivamente en la detección de vida extraterrestre, especialmente de la inteligente? Seguro que sí.

CAPÍTULO XVI. ENCARANDO EL FUTURO

El buen juicio por el que solemos guiarnos en nuestras actitudes y apoyarnos para emitir nuestras opiniones, eso que de forma un tanto vaga, pero sumamente intuitiva, denominamos "*sentido común*", no siempre es aplicable – lamentablemente - al mundo de la ciencia, al menos de forma inmediata. Para las civilizaciones muy antiguas, por citar un ejemplo, era sin duda de *sentido común* que nos encontrábamos sobre una Tierra plana, pues si esta fuera redonda, los que estuvieran "cabeza abajo" desde luego se caerían. Debemos ser por tanto cautos en relación con lo que este *sentido* parece dictarnos en ciertos casos. La ciencia, especialmente a partir del siglo pasado, lo desafía descaradamente en más de una ocasión.

Hace más o menos un siglo se consideraba el Universo estático y limitado a la Vía Láctea y el átomo era considerado una microbolita maciza. Hoy sabemos, desde este planeta remoto, de una estrella vulgar, de una galaxia entre tantas, que nuestro Universo tiene miles de millones de galaxias; que es extremadamente dinámico; que las estrellas, al igual que los seres vivos -al igual que nosotros-, nacen viven y mueren; que tuvo un principio hace unos 14.000 millones de años; que este imponente Universo responde muy bien a una teoría que conocemos como Relatividad; que actualmente está en expansión ¡acelerada!; que está repleto de unos "monstruos cósmicos" que, de forma un tanto pintoresca, son conocidos como "agujeros negros", quienes sin duda tendrán un papel protagonista en su final, sea cual sea este, como parece ser que lo han tenido en la formación de las galaxias.

Sabemos por otra parte que el átomo, a pesar de ser muy dinámico, es un microcosmos esencialmente vacío, que responde a los extraños comportamientos y normas que propugna una no menos extraña Teoría, denominada Cuántica; que tiene la casi totalidad de su masa concentrada en un diminuto pero complejísimo núcleo, cuyos minúsculos integrantes dialogan ya de tú a tú con el mismísimo vacío -"algo", ciertamente, muy por encima de la "nada"-. Los modernos laboratorios de física de partículas han sido decisivos para todos estos avances y, al poder recrear en cierta forma situaciones análogas a las del *Big bang*, nos han enseñado también cómo *¡lo muy grande enlaza con lo muy pequeño!*

Es admirable lo que las mentes de estas insignificantes criaturas a escala cósmica, que somos los seres humanos, hemos llegado a escudriñar sobre el mundo que nos rodea y sobre la naturaleza de la que formamos parte. En unos cuantos decenios se han revolucionado todas nuestras ideas sobre el cosmos, el espacio, el tiempo, la materia y la energía, penetrando en sus bien guardados secretos mediante el imparable avance científico y ello sin entrar en el extraordinario progreso tecnológico. El humanista, médico y erudito Gregorio Marañón afirmaba que *"Toda la historia del progreso humano se puede reducir a la lucha de la ciencia contra la superstición"* ¡no parece que vayamos por mal camino en este sentido!

Con todo, debemos ser humildemente conscientes de que, cuanto más se sabe, más cuestiones surgen derivadas de los nuevos hallazgos de la ciencia. Habrá que irse acostumbrando a que este binomio, *"a nuevos descubrimientos nuevas preguntas"*, parece siempre ir indisolublemente unido y, por otra parte, irnos acostumbrando a nuestra ignorancia generalizada acerca de los *"porqués"* –como constataremos una vez más en los párrafos que siguen–. Un paradigma bien diferente al optimismo generalizado de la ciencia al culminar el siglo XIX. Sin olvidar, por otra parte, lo frustrante de que esta sólo conozca actualmente con razonable certeza ¡el 5% de la densidad de la materia / energía que constituye el Cosmos!

Nos preguntamos: ¿por qué el Universo se ha desarrollado de manera razonablemente suave y uniforme, reuniendo así las características apropiadas para evolucionar sin recolapsar y, además, propiciando al expandirse la formación de estrellas, planetas y galaxias, incluyendo una zona lo suficientemente ordenada y tranquila que ha permitido, mediante una lenta evolución de millones de años, crear seres que ahora mismo nos estamos preguntando por qué? Interrogantes que están estrechamente relacionados con la pregunta: ¿por qué las llamadas *constantes fundamentales de la naturaleza*, tales como la constante de gravitación universal "G", la velocidad de la luz "c", la constante de Planck "h" o la masa y carga del electrón, tienen los valores que tienen y no otros? Pues se da la circunstancia de que sólo pequeños márgenes de variación de sus valores parecen permitir la vida, especialmente la nuestra.

Ante la carencia de respuestas contundentes se plantea frecuentemente el denominado *principio antrópico*. Este principio, de fuerte matiz filosófico y un tanto sibilino, admite varias interpretaciones, desde las conocidas como versiones *débiles* hasta las más *fuertes*. Una versión débil del mismo nos indicaría que el Universo tiene, al menos, una zona razonablemente estable y ordenada – donde nosotros vivimos –, porque de otra forma nosotros no estaríamos aquí. Una versión extremadamente fuerte manifestaría, sin embargo, que no sólo nuestra zona sino todo el Universo es como es y no de otra manera, de nuevo, porque si hubiera evolucionado de otra forma, nosotros no estaríamos aquí.

Para fundamentar la "enorme dureza" de las versiones fuertes, algunos van más allá, manifestando que precisamente la naturaleza ha evolucionado mediante una finalidad, que puede ser intrínseca a ella o por la intervención de un *Agente Externo*, para posibilitar la aparición de seres humanos en un rincón de ella, abriendo paso al denominado *diseño inteligente*. Los científicos se sienten por lo general más cómodos con las versiones débiles del *principio antrópico* que con las fuertes, mientras que otros ni siquiera terminan de tomar en consideración este controvertido principio.

También va tomando forma, en este sentido, la idea de que *"nuestro Universo"* -de por sí inmenso e insondable-, quizás no sea el único y se habla ya, con toda naturalidad, de otros universos anteriores o actuales, que pueden coexistir con el nuestro, nacidos en el mismo *Big bang* o en otros grandes estallidos, siendo por tanto "el nuestro" solamente uno de ellos. Se barajan así, según las circunstancias, diversos y curiosos nombres: *"universo burbuja"*, *"universo brana"*, *"universo paralelo"*... y para el conjunto de todos ellos denominaciones como: *"universo madre"*, *"multiverso"*, *"universo múltiple"*...

¿Habrá, por ejemplo, mundos formados exclusivamente por *antimateria*, donde las leyes de la física serían diferentes de las que conocemos? ¿Podrán conectar los *conductos de gusano*, originados en los agujeros negros, diferentes universos? *"En la escala de lo cósmico, sólo lo fantástico tiene probabilidades de ser verdadero"*, decía el filósofo, científico y jesuita francés Teilhard de Chardin. La existencia de un *Multiverso* –denominémoslo así- abre caminos allá dónde la ciencia actual se encuentra sin respuestas. Su existencia explicaría, en buena medida, la excepcionalidad de nuestro Universo. Hagamos un ejercicio comparativo:

Es perfectamente aceptable que la Tierra, por el hecho de ser uno entre muchos planetas (solares y/o exoplanetas), haya sido el (o uno de los) afortunado(s) en la *"lotería cósmica"* y albergue vida, que ha llegado incluso a convertirse en inteligente. Ahora bien, si solamente existiera nuestro planeta en el Universo, el razonamiento correspondiente sería desde luego muchísimo más forzado, cuando no claramente inverosímil. De forma similar, si bien a otra escala, una multiplicidad de universos ayudaría decisivamente a justificar que (entre ellos) haya sido el nuestro el que ha reunido las características apropiadas para evolucionar sin recolapsar y permitiendo además la formación de estrellas y galaxias e incluso vida, gracias a unas características y constantes fundamentales favorables y adecuadas. ¡Qué haya sido el (o uno de los) *"número(s) premiado(s)"*, en definitiva!

El concepto de *Multiverso*, por citar un segundo argumento, se ha visto también potenciado desde que los científicos tomaron conciencia de la improbabilidad de modelos cíclicos más o menos "clásicos" -del tipo *"gran expansión – gran contracción"-* (lo que en buena medida ya era una variante de *Multiverso* extendido en el tiempo, por cierto), dada la expansión acelerada del Universo (aunque habría que no perder de vista el actual *Proyecto DESI,* según lo comentado en el Capítulo II).

Pues bien, si se renuncia a esta secuencia más o menos eterna de expansión / contracción, el destino de nuestro Universo se torna enormemente incierto, pero es su origen el que específicamente se complica. El modelo del *Big bang,* en su acepción estricta, presupone que el *espacio* y el *tiempo* comenzaron en el instante del *Gran estallido,* como vimos. Es decir, aunque suene duro, estamos afirmando que ambas propiedades surgieron respectivamente del *no-espacio y del no-tiempo.*

Entonces por mucho que pudiéramos remitirnos a, por ejemplo, *fluctuaciones cuánticas* del vacío como origen del *Gran estallido,* si todavía no existían ni el espacio ni el tiemppo ¿dónde, cómo y cuándo radicaban esas fluctuaciones? ¿Si no había espacio, en qué consistía ese vacío cuántico, en el que se producirían las fluctuaciones, una o varias de las cuales habría(n) -de alguna forma- dado origen al *Gran estallido?* También el *Multiverso* proporcionaría aquí una coartada ante las flagrantes contradicciones en que se incurre con demasiada frecuencia.

Aunque también es obligado preguntarse, si somos realmente conscientes desde nuestro mínimo y recóndito hogar en el Cosmos, de lo que significa —más allá de las palabras- "solamente" la extensión de nuestro *Universo (indirectamente) observable* ¡una esfera de 46.500 millones de años luz de radio, albergando trillones de estrellas! *"¡Más estrellas que la suma de granos de arena de todas las playas de nuestro planeta!"*, como señaló nuestro "antiguo conocido" Carl Sagan! Y que todo apunta a que nuestro *Universo total*, surgido del *Gran estallido* -y el único del que podemos tener razonablemente constancia, aunque no lo conozcamos- sea enormemente mayor. ¿Habremos perdido los seres humanos el sentido de escala o de la proporción? ¿Estará la cosmología actual practicando una "huida hacia adelante"?

Tengamos, por otra parte, siempre en cuenta que las teorías y modelos científicos son, al fin y al cabo, productos humanos con los que intentamos explicar el mundo que nos rodea. Cualquier modelo por tanto, antes o después, acabará siendo sustituido por otro que concuerde más exactamente con la realidad, es decir, por otro modelo mejor y más exacto. Esto no quiere decir que la verdad científica no exista, sino que nosotros nunca podremos tener la certeza de haberla alcanzado.

Todo esto reabre entonces un debate que viene de antiguo y con el que nos hemos topado ya en alguna ocasión. Me estoy refiriendo al alcance de nuestra capacidad de comprensión, a nuestros límites para captar correctamente el mundo exterior y, en definitiva, a nuestras dudas sobre hasta qué punto podemos identificar *"nuestra realidad"*, es decir, la *"realidad"* que captamos mediante nuestros sentidos y elaboramos en nuestra mente, estableciendo *modelos* que proyectamos, con la realidad objetiva del mundo, con lo que efectivamente es y representa el Universo material.

Hay numerosos artículos, libros, incluso programas televisivos de entretenimiento, que tratan precisamente de cómo nuestro cerebro puede engañarnos ¡y lo hace con más frecuencia de lo que suponemos! Y todo esto refiriéndonos a los cerebros considerados normales, no digamos si nos refiriéramos a cerebros con problemas de esquizofrenia, por ejemplo. Recomiendo al lector, en este contexto, la muy interesante película de 2001 *"Una mente maravillosa"*, del director Ron Howard.

Los seres humanos, y por tanto nuestro cerebro, somos fruto de la *evolución* de muchos cientos de millones de años. Evolución por la que los seres vivos se han ido adaptando al medio ambiente de la mejor manera posible, por mutaciones básicamente aleatorias o azarosas, prosperando –en competencia- en su supervivencia por selección natural, según ya hemos comentado. Lo que nos interesa recalcar aquí y ahora es, precisamente, que la evolución parece estar enfocada hacia el progreso existencial y la supervivencia de las especies, incluida la nuestra, pero (mientras no se demuestre lo contrario) no parece que lo esté para hacernos más sabios o conocedores fidedignos del mundo exterior objetivo, ese entorno sideral que nos envuelve, del que *"pretendemos ser juez, siendo parte"*.

Efectivamente somos *"juez y parte"*, una mínima porción del Universo básicamente formada a partir de *"polvo de estrellas"*, que ha llegado a ser inteligente y a tener la increíble cualidad de poder preguntarse sobre este mismo Universo al que pertenece. ¿Cómo este hecho, de ser una parte misma de lo que estamos estudiando, afecta a nuestros juicios y razonamientos sobre el todo? ¿Dónde están los límites entre la naturaleza y nuestro mundo interior?

Nuestros *sentidos* -y los instrumentos de detección, que no son sino su prolongación- son limitados. Son como ventanas que se abren a la realidad, pero como cualquier ventana sólo nos informan de retazos de esta. Es sabido, por ejemplo, que un perro oye sonidos o capta olores que nosotros no podemos percibir, por no hablar del impresionante sentido del olfato que tienen "sus primos" los lobos, siendo su visión por el contrario inferior a la de los humanos, mientras que otros animales, algunas aves por ejemplo, ven colores que nuestro ojo es incapaz de detectar y tienen mayor poder de resolución visual. Es decir, la percepción de todo lo que les rodea es radicalmente distinta a la nuestra. Los *sentidos* son nuestra fuente de información sobre la realidad, pero ineludiblemente nos dan una información sesgada y parcial de la misma. Son, por tanto, como un filtro que irremediablemente la deforma.

Nuestro *cerebro*, por otra parte, al interpretar lo que le transmiten nuestros sentidos, introduce un segundo filtro. Los expertos en neurología tienen aquí la última palabra, pero al fin y al cabo podemos asimilar en cierta forma nuestro cerebro a un ordenador muy evolucionado, con todos los matices que queramos, según tratamos en el Capítulo VI, que reacciona en base a los programas, por muy sofisticados y complejos que sean, con que la naturaleza, a través de la evolución biológica de cientos de millones de años, nos ha ido dotando.

Ciencia y consciencia están más interrelacionadas de lo que a simple vista pudiera parecer. Esta interrelación es especialmente constatable desde el advenimiento de las modernas teorías, tanto físicas como neurológicas. La *Teoría de la Relatividad* pone de manifiesto que la percepción y medición de tiempos y distancias depende de la velocidad que lleve el observador ¿¡dónde queda la objetividad del mundo!? El resultado de una medición concreta sobre el mundo microscópico, por otra parte, depende también del observador, mediante los procesos de *decoherencia* que se producen, según la *Mecánica Cuántica*. Los avances más recientes en la investigación del cerebro, además, se apoyan en buena medida en la física de partículas, engarzando de nuevo con los planteamientos cuánticos. Y también los progresos en el estudio de la *inteligencia artificial* se interconectan con este ámbito.

Todos estaríamos de acuerdo, por ejemplo, en que elegimos libre, reflexiva y conscientemente la camisa que nos gusta o el restaurante y el menú que nos apetecen para comer, pues…más de un experto neurólogo actual nos replicaría que, en el fondo, es nuestro cerebro quien lo decide de manera más bien automática. ¿Dónde y cómo quedaría entonces nuestro *libre albedrío*? Cuestión esta muy compleja y polémica, con diferentes enfoques e importantes derivadas, en la que, desde luego, no vamos a entrar. Si hablamos de los colores, estos —como seguramente ya sabemos- solamente "existen" en nuestra mente. Los colores no son, sino básicamente ondas electromagnéticas de una determinada frecuencia, que tras producir una reacción química en nuestra retina, llegan mediante el nervio óptico a nuestro cerebro, quién procesa las señales recibidas. ¿¡Es el cielo realmente azul!?

¿Por qué nos es tan difícil asimilar e interpretar las dos grandes teorías, que acabamos de citar, *Relatividad* y *Cuántica*? Pues con toda probabilidad, porque ambas caen fuera del entorno y de la escala que nos son habituales, en los que se desenvuelve nuestra vida, hacemos nuestros progresos y acumulamos nuestras experiencias. La *Relatividad*, porque se "hace notar" a altísimas velocidades (para nosotros) y en la escala de lo muy grande, a nivel cósmico, mientras que la *Cuántica* rige fundamentalmente en el otro extremo, en el microcosmos subatómico, que también nos es intangible.

Otras dos importantes cuestiones muy interrelacionadas son *¿cuál es el papel de las matemáticas en la física y en relación con el Universo?* Lo que es objeto de fuerte debate entre científicos, matemáticos y filósofos actuales. Cuestión que, básicamente, se centra en la siguiente disyuntiva ¿son las matemáticas un exclusivo producto de nuestra mente o, más bien, radican en el mundo exterior, como afirmaban ya Platón y sus seguidores?

En otras palabras ¿inventamos los teoremas y las fórmulas matemáticas o simplemente "están ahí" y nuestro trabajo consiste en descubrirlos? La polémica está servida, pues los defensores de una u otra postura se hallan muy repartidos y, aunque parece que la primera opción va ganando terreno, la segunda sigue siendo defendida por un buen número de físico-matemáticos, habiendo hecho más de uno relevante declaración explícita de platonismo científico. La forma en que se descubrió el planeta *Neptuno*, según comentamos en el Capítulo V, por poner un sencillo ejemplo, da que pensar.

La segunda cuestión se refiere a las *leyes fundamentales*, asunto claramente relacionado con el de las *constantes fundamentales* que comentábamos antes, que "de verdad" mueven el mundo, más allá de los modelos y teorías de que nos hemos ido dotando los sapiens para intentar interpretar y explicar la actuación de la naturaleza y el desarrollo del Universo, pues no cabe duda, con todos los matices y elucubraciones que queramos, de que las cosas, los sistemas, el mundo en su conjunto, muestran regularidades contundentes, patrones marcados y reiteraciones manifiestas.

Esenciales y básicas parecen, ciertamente, las *cuatro interacciones fundamentales de la naturaleza*, a las que más bien debiéramos referirnos como 1 + 3. La "estrella y primordial": *la gravedad;* y las otras: *electromagnética, débil y fuerte* (unificadas estas tres en mayor o menor grado). También fundamentales y básicas aparecen las *leyes de la termodinámica.* ¿Incluimos aquí la comentada tendencia hacia la *auto-organización* y la tan citada *evolución*? ¿Y no olvidamos la propensión de la naturaleza hacia la *estabilidad*, que conlleva la proclividad hacia *sistemas de menor energía*? ¿Qué otras, quizá aún más básicas, generales y/o profundas? ¿Rigen las mismas leyes en la inmensidad del *Universo total* o solamente en nuestro *Universo observable*? ¿Y qué decir respecto a otros posibles universos, constituyentes de un hipotético *Multiverso*? ¿Quién las puso ahí o cómo se autogeneraron? La verdad es que, hoy por hoy, nadie tiene las respuestas.

En este contexto es curioso constatar también cómo los *sapiens* somos más afectados de lo que creemos por las *leyes físicas*. Pensemos, por ejemplo, en la ya citada *ley de acción y reacción*, tercera ley de la dinámica de Newton. ¿No es archisabido que políticas extremas de cualquier signo aplicadas en una sociedad –*acción*-, acaban inexorablemente llevando –más pronto que tarde- a esa misma sociedad al otro extremo –*reacción*-? ¿No son *los átomos intermedios los más estables* frente a los muy pequeños o muy grandes (Capítulo XIII)? Quizás intuyendo todo esto, ya los sabios filósofos griegos nos advirtieron de que *"Ante una disyuntiva, como norma, hay que elegir el camino del medio, la solución moderada, no las extremas"*, afirmación que muchos dirigentes políticos actuales deben desconocer.

O el hecho de que numerosos psicoanalistas -en la línea de lo ya avanzado por Freud- sostienen que / como pulsiones y tendencias incompatibles (desde nuestro punto de vista consciente) se entremezclan simultáneamente en nuestro *inconsciente / subconsciente.* Lo que, quizás sea una coincidencia, pero ¿no nos recuerda esto la *superposición cuántica,* según la cual se dan simultáneamente situaciones contradictorias e incompatibles —en principio- de las partículas en el microcosmos atómico?

De algunas consideraciones expresadas más arriba podrían deducirse, en una apreciación precipitada, conclusiones negativas, como lo frustrante del conocimiento humano o lo errático del progreso científico. Nada más lejos de ser cierto, ya que el ser humano, a pesar de las limitaciones que le ha impuesto la naturaleza, avanza de una forma decidida y clara, desentrañando poco a poco los secretos del Universo, acercándose cada vez más al conocimiento profundo del mundo que nos rodea y como consecuencia de nosotros mismos. Como decía Albert Einstein: *"Lo más incomprensible del mundo es que este sea comprensible".*

Los *ordenadores* y la *criptografía cuánticos* (Apéndice 3) ya "están ahí" y revolucionarán sin duda la informática, la seguridad de nuestros datos y cuentas y no sé cuántas cosas más. La integración entre el ser humano y la máquina / ordenador se viene practicando activamente ya desde el siglo pasado: los marcapasos cardíacos o los implantes cocleares son buenos ejemplos, pero se busca una integración más completa, los *seres biónicos* en definitiva, que ya estamos empezamos a ser en buena medida y que, sin duda, irá a más.

La *robótica* y la *inteligencia artificial*, que son temas cuyo desarrollo y aplicaciones impresionan y cuyas consecuencias intranquilizan seriamente a la sociedad actual, están avanzando a pasos de gigante. ¿Qué pasará con nuestros puestos de trabajo? ¿Llegarán algún día -quizá no muy lejano- las máquinas a ser tan / más inteligentes como / que nosotros, lo que hasta no hace mucho parecía sólo ciencia-ficción? ¿Podrán, a partir de ese hipotético momento, generar las máquinas, por su cuenta y riesgo, otros ordenadores / máquinas / robots cada vez más potentes y desarrollados? Películas como *2001: Una odisea del espacio*, de 1968, dirigida por Stanley Kubrick, con guión del escritor y científico Arthur C. Clark; *Matrix*, de 1999, escrita y dirigida por las hermanas Wachowski; o *Her*, de 2013, escrita y dirigida por Spike Jonze, entre otras muchas naturalmente, muestran diferentes facetas y posibles predicciones futuras sobre estas importantes cuestiones.

Recuerdo que en el último curso de carrera ¡hace ya mucho!, teníamos que realizar una aplicación práctica informática en una de las asignaturas. No se me olvida que "el quid de la cuestión" para elaborar el programa que elegí, estaba en confeccionar el correspondiente *algoritmo* –conjunto metódico de pasos e instrucciones para solucionar un problema-. Pues bien, hay científicos actuales que apenas ven diferencias entre las *máquinas robóticas* –en la senda de la *inteligencia artificial*- controladas por *algoritmos mecánicos* y los seres vivos –como nosotros-, que estarían / estaríamos regulados (¿¡y controlados!?) por *algoritmos biológicos*. E incluso no faltan quienes opinan que ambos tipos de algoritmos –*mecánicos* y *biológicos*- irán convergiendo de forma cada vez más rápida.

Vimos como el científico y matemático Alan Turing desarrolló el primer proto-ordenador en plena segunda guerra mundial. Pues bien, a caballo entre anécdota y "aviso a navegantes", comento que Turing desarrolló también un método para intentar discernir si se estaba frente a un ser humano o ante un ordenador / una máquina. Este método de discernimiento conocido como *"test de Turing"*, se ha venido practicando en numerosas ocasiones y en alguna, más o menos reciente, al parecer, hay resultados que apuntan hacia un significativo porcentaje de "jueces inquisidores", que no fueron capaces de descubrir quién estaba siendo analizado ¿¡era sapiens o máquina!?

Otro ejemplo llamativo, que entronca con la *inteligencia artificial*, son los desarrollos informáticos conocidos como *AlphaGo* y derivadas –"*Go*" es un juego de fichas / mesa ancestral chino-, en la estela del *Ajedrecista* de nuestro Torres Quevedo, que han rebasado todos los niveles de éxito conocidos, al parecer con mínimo soporte / aporte humano. ¿Qué decir de los modernos *asistentes virtuales*, entre otros "nuestra antigua conocida" *Alexa*, que "mangonean" en muchos de nuestros hogares, o de los recientes programas al respecto? ¡Todo esto impresiona y "apunta ya maneras"!

Se ha introducido también en nuestra cultura la palabra *Metaverso* (no confundir con *Multiverso*). Su etimología –*"más allá del Universo"*- nos da una buena idea de su significado (aunque no hay unanimidad respecto a su definición exacta), introduciéndonos en universos virtuales, en mundos más allá del nuestro "físico y real". En este contexto, donde las fronteras entre el mundo físico y el digital son cada vez más difusas, se maneja también la curiosa palabra *avatar*, que de significar en la religión hinduista seres divinos encarnados, ha pasado a reflejar identidades –la nuestra, por ejemplo- digitales en un mundo virtual.

La lucha contra el envejecimiento y enfermedades graves, como el cáncer, está lógicamente también en el primer plano de la actualidad. Hay varios proyectos internacionales en marcha en este sentido, alguno aspirando incluso ¿¡casi a la inmortalidad!? La bioquímica María Blasco *"¡envejecer será historia!"* es un referente mundial en este campo. Su trabajo se centra en el estudio de los telómeros y la telomerasa. El telómero se va reduciendo en cada división celular (Capítulo VI). Con las sucesivas divisiones las células van envejeciendo y nosotros con ellas. En el cáncer, al parecer, hay una especie de proceso inverso al envejecimiento, ya que la división celular está desbordada. María Blasco es directora del CNIO -*Centro Nacional de Investigaciones Oncológicas-*.

Admiración ante este progreso imparable de la humanidad entremezclada, pues, con pesimismo debido al mal uso que podamos hacer -que ya estamos haciendo en buena medida- de este progreso. Aquí sí que hay que poner el dedo en la llaga y reflexionar al respecto. Kant en el siglo XVIII, con el optimismo propio del "siglo de las luces", resumía su muy relevante aportación a la filosofía, la cultura y la ciencia con el lema: *"Sobre uno, el cielo estrellado y en uno, la moral"*. Apenas siglo y medio después Einstein se vio ya obligado a advertir, en un tono mucho más pesimista, que: *"El progreso de la ciencia y la técnica no ha sido lamentablemente acompasado por un progreso paralelo del humanismo".*

Hay que insistir con contundencia en los riesgos y graves problemas a que el planeta está siendo sometido por nuestra civilización. El *cambio climático* que estamos experimentando, sin ir más lejos, preocupa seriamente. Cuestión esta muy compleja -absurda y lamentablemente muy politizada- sobre la que no voy a ser yo, desde luego, quien "añada leña al fuego", aunque sí me gustaría comentar algunas ideas, a caballo entre hechos constatados y el sentido común:

Cambios geológicos, medioambientales y climáticos ha habido repetida y continuamente, como es lógico, en la dilatada historia de la Tierra, pues ello es inherente a nuestro Universo dinámico y en continuo cambio (como hemos podido comprobar en capítulos precedentes). Hablando sólo de "ayer", sabemos que después de una impresionante era glaciar el tiempo se suavizó, dando paso al *Neolítico* hace unos 10.000 años, que con la correspondiente sedentarización y eclosión de la agricultura, en gran medida marcó el inicio de nuestra civilización. Y todavía en el primer milenio a.C., en Anatolia, por ejemplo y sin ir más lejos, había diversas poblaciones constatadas con acceso directo al mar, que actualmente –y debido exclusivamente a fenómenos naturales- se encuentran marcadamente tierra adentro.

Cambios climáticos, que originaron malas cosechas y hambrunas, parece ser que influyeron decisivamente en la decadencia y finalmente desaparición del *Imperio romano*. Hambrunas asimismo y devastaciones por estas causas afectaron, al parecer, a Eurasia en el siglo XIV, lo que unido a la *peste negra,* marcaron un funesto periodo, que a punto estuvo de retrotraernos de nuevo a la alta Edad Media. Las extinciones de especies de plantas y animales a lo largo de la historia de la Tierra, por otra parte, han sido masivas. Las especies que existen actualmente son sólo las derivadas premiadas en esa *lotería cósmica* (de nuevo este sencillo símil "lotero"), que viene marcada por *la evolución*.

Frente a la *radiación solar* nuestro planeta dispone de un *escudo protector,* que es el *campo magnético* que rodea la Tierra, lo que ha sido fundamental en el desarrollo de la *vida,* según comentábamos en el capítulo anterior. Este campo protector marca también en gran medida las *condiciones climáticas* del planeta, como puede suponerse. Pues parece ser que este campo está actualmente debilitándose lentamente, lo que en sí -científicamente hablando- no sería una anomalía, ya que periódicamente hay inversiones del mismo (los polos norte-sur magnéticos cambian –se invierten-, al parecer, cada cientos de miles años). Pero cuando estas inversiones se producen, este manto protector desgraciadamente se reduce, con las correspondientes consecuencias.

Lo que actualmente establece una diferencia esencial es que somos, nada menos que 8.000 millones largos de sapiens poblando el planeta, dotados de una impresionante tecnología y que además, durante bastantes –demasiados- decenios, hemos venido siendo inducidos a un consumismo abusivo y poco (o nada) controlado, con la consiguiente degradación del medioambiente y de nuestro hábitat. A lo dicho hay que añadir los efectos devastadores sobre el clima de las guerras modernas (que no cesan), de las enormes ciudades y aglomeraciones urbanas, de los desplazamientos masivos, y de más cosas, lo que está contribuyendo, involuntaria pero contundentemente, a *acelerar* una degradación de las condiciones medioambientales y climáticas de la Tierra.

Frente a los retos a que nos enfrentamos hay que actuar con sabiduría, eficiencia y raciocinio, procurando un crecimiento *sostenible* y, desde luego, coordinadamente a nivel mundial ¿o para esto no rige la globalización?, utilizando las potentes herramientas científicas y tecnológicas de que nos hemos dotado, así como los recursos de que disponemos. Un ilusorio retroceso a los tiempos de la *"Arcadia feliz"* (término icónico de la "buenista" *Ilustración*) sería tan vano como fútil. Al igual que son sólo "fuegos de artificio" los remedios al problema basados en las "ocurrencias" del momento de algunos políticos y responsables de turno.

Esta reacción eficiente y a nivel internacional ya ha dado algunos frutos y signos positivos, como está siendo el caso de las medidas tomadas para frenar y recuperar en lo posible la *capa de ozono* que envuelve al planeta –otra protección frente a la radiación solar, complementaria del ya citado campo magnético-. En otros casos, la evolución de los acontecimientos es más agridulce, como en lo referente a la situación de los bosques y el arbolado –esenciales para absorber CO_2- ya que, si bien en Europa y muy especialmente en España, uno de los países europeos con más superficie forestal por cierto, la *reforestación* ha progresado en los últimos decenios, no es el caso a nivel mundial, donde ha retrocedido.

En un mundo absolutamente intercomunicado y "expandido" como el actual, donde además la reciente pandemia del *Covid -19* ha potenciado enormemente la digitalización, otra amenaza seria es la cantidad de información falsa –desinformación- que se difunde continuamente. *Bulos y menti-*

ras muy bien disfrazados y manipulados –los internacionalmente celebres *"fakes"*– circulan por todo tipo de medios y redes de comunicación.

La desinformación y manipulación a gran escala han existido siempre a lo largo de la historia –"algo" las hemos sufrido los españoles, como ya comenté–, pero en la situación actual la cantidad de redes, medios y canales de noticias a disposición en todo el mundo, unido a la rapidez de difusión de la información –y a la emergente inteligencia artificial que "colabora eficazmente" al despropósito, falsificando imágenes, vídeos y documentos– hacen especialmente alarmante esta manipulación en / de nuestra sociedad.

¿Quién podía imaginarse, por otra parte, que tras pasar esta pavorosa pandemia vírica mundial causada, por cierto, por motivos que ¡¡aún no se conocen fidedignamente!?, pero donde la mano del hombre no parece haber estado demasiado lejos, entraríamos en una absurda e inacabable guerra en un país de la vieja y cultivada Europa, contra el que un autócrata de turno ha iniciado un conflicto que se le ha escapado de las manos, pues tampoco las potencias mundiales han tardado mucho en posicionarse activamente –a favor o en contra–, en lugar de conseguir concluir entre todos rápidamente una confrontación de riesgos incalculables y cuyas consecuencias son, a día de hoy, impredecibles.

¿Y qué decir del, una vez más, reactivado conflicto palestino (con sus habituales derivadas) – israelí, esta vez incluso en forma más devastadora, larga y sangrienta que en el pasado? ¿Dónde se esconden los organismos internacionales que deben preservar la paz o, al menos ya, restaurarla lo antes posible? ¿Tendrá todo esto algo que ver con lo que

Freud denominaba "pulsión de muerte", con esa tendencia destructiva que parece pervivir en nuestra mente -consciente o inconsciente-? No vendría de más recordar, a este respecto, que nuestro ADN sólo se diferencia del de nuestros "primos" chimpancés en menos de un 2% (según ya mencionamos), así que "ojo al parche". ¿Estamos gestando otra *guerra fría* o algo aún peor? ¡Esperemos / consigamos que no!

Con frecuencia da la impresión –por otra parte y para-dójicamente- de que cuanto más impresionante es nuestra tecnología (y por tanto también nuestra capacidad de des-trucción), menos conocimientos y cultura parece tener la gente, al menos en nuestra sociedad occidental. A pesar de la extensión de la enseñanza obligatoria (y más o menos gra-tuita) y de estar las universidades cada vez más llenas, se baja continuamente el "listón intelectual"; cada vez se exige menos al alumno / estudiante, como si el igualarnos a todos "por abajo" ¿¡fuera síntoma de madurez democrática!?

El estudio de la filosofía se tambalea en colegios e institu-tos y tres cuartos de lo mismo pasa con la literatura o con la historia –no digamos con la de España, en el caso de nuestro país, sustituida en gran medida por la historia localista de determinadas regiones, por no hablar del arrinconamien-to ¿¡y menosprecio!? a los que estamos sometiendo nuestro idioma común, uno de los más importantes del mundo-.

¿Degradación del humanismo, como ya puso de manifies-to Albert Einstein? ¿¡Será que cuanto mayor sea la ignoran-cia mejor se maneja a las masas, distraídas con las bobadas de turno!? Demagogia y populismo a partes iguales parecen estar sustituyendo en demasiados casos a la auténtica demo-cracia – como ya fue advertido por Aristóteles hace nada

273

menos que casi 2.500 años-. Y también fueron los griegos "clásicos" los que sostenían, que *"Una persona sabia no podía ser conscientemente malvada"*, afirmación que no deberíamos echar en saco roto.

En este contexto, el debate político y social degenera, haciéndose cada vez más chabacano, radical y excluyente, lo que acaba demasiadas veces derivando hacia la inoperancia e incompetencia. Hoy se impone, ante todo, lo *"políticamente correcto"*, que nos marca los cauces que nunca deben ser transgredidos, los senderos exclusivos por donde debemos transitar. Y, continuando en esta línea, empieza a llamar la atención la denominada cultura / ideología *"woke"* (transfiero al lector el cometido de traducir tan controvertido concepto), tan reivindicativa como victimista, a cuyo fin reescribe situaciones y relatos, alcanzando incluso a veces a la propia historia. ¡Y aquí lo dejo!

¡Espero, amigo lector, que este libro te haya resultado interesante y clarificador!

APÉNDICE 1. TEORÍA DE LA RELATIVIDAD

Einstein publicó en 1905 su artículo *"Sobre la electrodinámica de los cuerpos en movimiento"*, lo que pronto fue conocido como *Teoría de la Relatividad* - por aquel entonces era la única -, que nos decía lo que pasaba en sistemas de referencia que se mueven con velocidad constante (sin aceleración), es decir, esta teoría era válida exclusivamente para los sistemas denominados *inerciales*, siguiendo así el ejemplo dado por Newton 200 años antes, y consiguió armonizar perfectamente lo que parecía misión imposible, a saber: el *principio de relatividad*, ya enunciado por Galileo unos 300 años antes, y las *leyes del electromagnetismo*, compendiadas por Maxwell en el siglo XIX .

El *principio de relatividad* afirmaba que las leyes de la física son las mismas y con la misma forma en todos los *sistemas inerciales* (podemos jugar al tenis de mesa en un tren AVE, que avanza en línea recta a la velocidad constante de 300 Km/h, exactamente igual que en nuestra casa). Este principio se estructuraba desde los tiempos de Galileo mediante transformaciones entre sistemas de referencia basadas en la *"adición de velocidades"*. Todo esto era lo que aparecía como obvio en los procesos mecánicos y para las pequeñas velocidades consideradas por aquella época.

Las ecuaciones del *electromagnetismo*, por su parte, arrojaban directamente un valor concreto y bien definido para la velocidad de la luz en el vacío (el inverso de la raíz cuadrada de la permitividad eléctrica por la permeabilidad magnética), valor denominado abreviadamente *"c"*, inicial del vocablo latino *"celeritas"* (aproximadamente 300.000 Km/s), que parecía poner de manifiesto que la velocidad de la luz debía ser constante y la misma para cualquier observador, lo que sin embargo se interpretaba por entonces de manera un tanto forzada como "constante respecto al éter", lo que tenía su lógica, porque no había en principio motivos para dudar del criterio de *"adición de velocidades"* también para la luz.

Interpretación que no hacía sino reforzar los planteamientos de Newton respecto a la existencia de un éter fijo y de paso el seguir apostando por un *"supersistema de referencia"* asociado a este fluido intangible que anegaría todo el Cosmos, un *espacio absoluto* constituido en base al sistema de referencia de las denominadas estrellas (lejanas) fijas, respecto al cual el Universo en su conjunto estaría en reposo. Estas ideas, imperantes desde los tiempos de Newton no dejaban de ser, con todo, un planteamiento un tanto forzado, pues nada en el *principio de relatividad* exigía la existencia de tal espacio absoluto.

La idea del éter no era original de Newton, sino que con diversos matices se remontaba hasta los antiguos griegos, pasando por Descartes, quien antes de que apareciera la *ley de la gravitación universal* apuntó una curiosa teoría, explicando el movimiento de los planetas en torno al Sol mediante *"torbellinos en el éter"*, que originarían que estos planetas fueran arrastrados en círculos alrededor de la estrella. Relacionados con la "constancia especial" de la velocidad de la luz, había otros problemas colaterales entre las *leyes del electromagnetismo* y el *principio de relatividad* de Galileo. Experimentos avanzados, por otra parte, llevados a cabo a finales del siglo XIX, parecían confirmar que efectivamente la velocidad de la luz no variaba ni con la velocidad que tuviera la fuente ni con la del observador, lo que confirmaba que la luz no respondía al *principio de relatividad* galileano en su interpretación tradicional.

Einstein logró compatibilizar las dos teorías: el *principio de relatividad* –planteándolo como el *primer postulado* de su nueva teoría- y las *leyes del electromagnetismo*, despojando sin embargo al primero del atributo que tradicionalmente lo había venido acompañando, a saber, modificando el criterio de *"adición de velocidades"* y, por otra parte, eliminó cualquier relación o coexistencia con un espacio absoluto / éter fijo. Respecto a las *leyes del electromagnetismo* no sólo confirmó, sino que resaltó la *constancia de la velocidad de la luz en el vacío* – convirtiéndolo en el *segundo postulado* de su nueva teoría-. Podemos decir, en resumen, que Einstein compatibilizó los dos conceptos en su acepción más pura y profunda.

¿Y dónde estaba el "milagro"? Pues en considerar que *el tiempo no es absoluto, que depende de la velocidad del observador*, lo que obliga a que también dependan de la velocidad del observador las longitudes / distancias en la dirección del movimiento. Si bien el holandés Lorentz ya había deducido unas fórmulas para transformaciones de sistemas de referencia, alternativas a las de Galileo, que relacionaban distancias, velocidades y ¡por primera vez! tiempos asociados a cada observador, apuntando ya en la dirección correcta, y si bien el físico francés Poincaré también se movía en el camino adecuado, fue Einstein quién terminó de "cuadrar el círculo", interrelacionando perfectamente las tres magnitudes centrales de este puzzle, a saber: *distancias o longitudes, tiempos y masas*, utilizando eso sí, las fórmulas de transformación que Lorentz había planteado.

La situación era realmente tan curiosa como complicada, pues por una parte, si la luz hubiera tenido velocidad infinita (lo que, aunque hoy pueda parecernos descabellado, tuvo defensores muy tardíos, como el gran Descartes, por ejemplo), el criterio de *"adición de velocidades"* para transformaciones entre sistemas de referencia hubiera sido correcto y la nueva teoría que estaba aflorando nunca hubiera tenido sentido. Por otra parte, la velocidad de la luz, ciertamente no es infinita, pero sí tan enormemente elevada para nuestra escala humana, que los nuevos fenómenos que se iban poniendo de manifiesto, no son apreciables a nuestros sentidos en el mundo habitual y ordinario, pareciéndonos por ello extravagantes.

Si *"c"* hubiera sido comparable a las velocidades que nos son habituales, los fenómenos de dilatación del tiempo y contracción de longitudes nos hubieran resultado totalmente familiares y no hubiéramos tenido que esperar tanto tiempo hasta que Einstein nos convenciera de ello. Nadie sabe por qué la luz lleva en el vacío la velocidad concreta de 300.000 Km /s (aproximadamente), pero sí quiero hacer una consideración al respecto, que suele pasar inadvertida. Si bien, según acabamos de comentar, la velocidad *"c"* es enorme a nuestra escala humana, no deja de ser una velocidad moderada (incluso me atrevería a decir que lenta) a escala cósmica. Piénsese, por ejemplo, que para recorrer la distancia entre el Sol y la Tierra (150 millones de kilómetros), distancia insignificante a escala sideral, la luz tarde nada menos que 8 minutos.

Para comprender mejor el alcance de lo que se acaba de exponer, pensemos en lo que le sucedería a un astronauta en su viaje por el espacio: *el tiempo transcurrirá más lentamente para él, tanto más, cuanto mayor sea su velocidad. "Los segundos de su reloj se dilatan y todo se ralentiza",* aunque curiosamente él no será consciente de ello, porque todos sus procesos vitales y mentales también se habrán ralentizado. Un intervalo temporal de 1 año para el controlador de la misión en la Tierra puede representar un intervalo de 1 mes, por ejemplo, para el astronauta (si este viaja a velocidades próximas a *"c"*), pero a todos los efectos –y esto es importante entenderlo- a bordo de la nave habrá pasado 1 mes y el astronauta habrá vivido y experimentado 1 mes.

Además, y como la otra cara de la moneda, *las longitudes –el propio espacio- se contraen o acortan en la dirección del movimiento del astronauta,* fenómeno que afecta a su nave espacial con todo lo que contiene y por tanto al propio astronauta. En base a lo hasta aquí expuesto tenemos, ya de entrada, tres conclusiones concatenadas del mayor interés:

La primera, que la existencia del "éter" quedó abolida y con ello el concepto de *"espacio absoluto".* De las propias leyes de Maxwell ya hubiera podido deducirse que la presencia del éter como soporte no era necesaria para la propagación de las ondas electromagnéticas y que estas podían propagarse perfectamente por el vacío. Al ponerse ahora de manifiesto que la velocidad de la luz era invariable para cualquier observador, independientemente de la velocidad con que se estuviera moviendo, la existencia del éter misterioso tampoco era necesaria como elemento de referencia. Siempre nos referiremos ya por tanto a la velocidad de la luz en el vacío, c = 300.000 Km/s (casi) ó 300.000.000 m/s en el sistema de unidades internacional; en el aire es ligeramente menor y en otros medios disminuye según los casos.

La segunda, que "por el mismo precio" desaparece también el concepto de un tiempo absoluto. La constatación de que el tiempo también es un concepto relativo rebasó y amplió los horizontes del *principio de relatividad,* enunciado por Galileo casi tres siglos antes, desembocando ahora en la nueva *Teoría de la Relatividad.*

Y la tercera, que el hecho de la invariancia de la velocidad de la luz, relacionada / debido con / a la relatividad del tiempo y la contracción del espacio (en la dirección del movimiento), implicaba que las *leyes del electromagnetismo* en su conjunto también eran independientes del sistema de referencia elegido, con lo que ahora ya sí puede ¡por fin! afirmarse que *todas las leyes de la f*ísica son las mismas observadas desde cualquier sistema de referencia, independient*emente de la velocidad con que este se mueva*, pero manteniendo aún la "coletilla": *"siempre que esta velocidad sea constante" -o lo que es lo mismo, para sistemas inerciales-.*

A la comunidad científica le costó mucho aceptar una teoría tan revolucionaria, tan contraria al "sentido común", que planteaba aparentes paradojas de difícil interpretación, como por ejemplo y volviendo al caso de nuestro intrépido astronauta, que si su nave espacial está viajando a velocidades significativamente elevadas respecto a la velocidad de la luz, cuando regrese a la Tierra encontrará a sus hijos mucho más envejecidos que él, quizá ya ancianos, mientras que para él sólo habrán transcurrido unos cuantos meses. Piénsese también que este hipotético viaje sería para el astronauta una forma de viajar al futuro.

Otra complicación sería el hecho de poder viajar al pasado, guión de muchas novelas de ciencia-ficción, que plantean la posibilidad de que las personas que hicieran tal viaje en el tiempo, pudieran alterar la historia y el presente tal como lo conocemos. La *Teoría de la Relatividad* no admite, de entrada, la posibilidad de viajar al pasado. Esta teoría, transcurrido ya más de un siglo desde que se enunciara, ha pasado con éxito todas las pruebas, que han sido muchas, ha sido confirmada y goza de la aceptación general.

Abordemos ahora otra conclusión, que el autor publicó pocos meses después de su artículo *"Sobre la electrodinámica de los cuerpos en movimiento"*, como un *Apéndice* al mismo. Cuando a un cuerpo o a una partícula se les incrementa su velocidad, es decir, cuando se los acelera ¡su masa aumenta! Se expuso que el incremento de masa coincide con la *energía cinética* que ha adquirido el cuerpo a esa velocidad, dividido por la velocidad de la luz al cuadrado (c^2), afirmando que, de forma correspondiente, la masa en reposo también tenía su equivalente en energía, denominada *energía propia de la masa*. Todo lo cual condujo a la ecuación más famosa de todos los tiempos: $E = m.c^2$

Por una parte, vemos entonces que la masa de un cuerpo y/o partícula en movimiento es mayor que si está en reposo y, por otra, que dicha masa tiene su equivalente en energía (y viceversa). Esto era algo nuevo y revolucionario que ponía en "contacto reversible" dos parcelas de la naturaleza, que hasta entonces siempre se habían considerado separadas e independientes, la masa (propiedad de la materia) y la energía (estrechamente relacionada con las fuerzas).

Masa y energía serán ya como las dos caras de una misma moneda, mostrándose una u otra según los casos. De forma coloquial podremos decir que *la masa* no es, sino una forma de *"energía condensada o empaquetada".* La desintegración de masa en energía se pone de manifiesto en los procesos de fisión y fusión nucleares, así como en los centros de aceleración de partículas, donde también se constata asiduamente el fenómeno contrario, la materialización a partir de la energía.

A partir de lo expuesto, pudo comprenderse claramente que *ningún cuerpo con masa puede llegar a alcanzar la velocidad de la luz,* pues, si la alcanzara, su masa se haría infinita y se precisaría, por tanto, una energía también infinita para acelerarlo a tal velocidad, lo que lógicamente es imposible. Por otra parte, un cuerpo sin masa, como la propia luz visible, cualquier tipo de onda electromagnética y (prácticamente) algunas partículas subatómicas, viajarán necesaria y obligatoriamente a la velocidad c. La velocidad de la luz no sólo es una invariancia en el vacío, sino que es por tanto la velocidad máxima que puede darse en la naturaleza.

La *Teoría (especial) de la Relatividad,* que supera y rebasa (más bien que invalidar) al modelo de Newton del movimiento de los cuerpos, no es perceptible habitualmente en la vida cotidiana, como ya hemos comentado, pues solamente se pone de manifiesto para velocidades muy elevadas (para nuestra escala humana). Sin embargo es imprescindible su utilización en más situaciones de las que suele pensarse, como por ejemplo en los cálculos para los satélites de comunicaciones, de localización GPS y de todo tipo, en los estudios a escalas interplanetarias o interestelares, así como, en el otro extremo de la escala, cuando tratamos con partículas elementales, que se aceleran a grandes velocidades al experimentar con ellas en los correspondientes laboratorios.

No se puede pasar por alto la revolucionaria modificación que esta teoría impuso en la forma tradicional de concebir el *espacio* y el *tiempo*. El tiempo deja de ser considerado como un "espectador" que, en su devenir, "observa" inmutable y pasivo los sucesos que se van desarrollando en el espacio, para entrelazarse con él, de forma que dos sucesos simultáneos para un observador (dos hechos que para un observador acaecen al mismo tiempo), ya no tienen por qué ser simultáneos para otro que lleve distinta velocidad.

El espacio y el tiempo -propiedades del Universo- se imbrican / entrelazan íntima e inextricablemente en una estructura denominada espacio–tiempo. Considerado el espacio de tres dimensiones (largo, alto y ancho), a partir de Einstein, hay que hablar del conjunto inseparable de cuatro dimensiones espacio–tiempo, de forma que valores únicos del espacio-tiempo se traducen, para diferentes observadores, en diferentes valores para el espacio y el tiempo.

Es decir, las diferentes medidas de distancias y tiempos realizadas por observadores que se mueven con distintas velocidades, se explican así como las diferentes proyecciones tridimensionales (sobre el espacio) o unidimensionales (sobre el eje del tiempo), correspondientes a valores únicos en la *superior estructura del espacio–tiempo*, un *"mundo de 4 dimensiones"*. La *"métrica"* habitualmente nos indica la distancia entre dos puntos. En el caso del *espacio-tiempo tetra-dimensional*, sin embargo, la métrica nos proporciona, en lugar de una mera distancia, el *intervalo espacio-temporal* entre dos *sucesos*.

Este concepto clave de la teoría no fue, sin embargo, aportado inicialmente por Einstein en su primera exposición de la misma, sino que fue desarrollado en 1908 por el matemático y geómetra "pitagórico" lituano Minkowski (que había sido profesor de Einstein en Zurich) después de estudiar *"Sobre la electrodinámica de los cuerpos en movimiento"*. *"Nunca se observa un lugar, si no es en un instante determinado, ni un instante si no es en un determinado lugar"*, afirmaba Minkowski. Einstein se adhirió pronto al interesante enfoque que aportaba su antiguo profesor y a partir de aquí la geometría del espacio–tiempo empezó a jugar un papel esencial en la *Teoría especial de la Relatividad*, que alcanzaría su culminación en la *Teoría general* como vamos a comprobar.

Parece obligado preguntarse: ¿qué tiene de *"especial"* esta *Teoría "especial" de la Relatividad*? Pues que, según lo indicado, Einstein aplicó su teoría al caso de los sistemas de referencia que se mueven con *velocidad constante*, siendo plenamente consciente de que su *Teoría de la Relatividad* era incompleta, que "había nacido mutilada", pues solamente era válida para *sistemas inerciales*, siendo por el contrario la generalidad de los movimientos que se dan en el Universo acelerados (las rotaciones, por ejemplo). ¿Por qué sólo los sistemas inerciales deberían tener el privilegio de que las leyes de la física fueran las mismas para ellos, por qué no para el resto de los sistemas?

Las *fuerzas gravitatorias* son las responsables –con mucho- de estas aceleraciones que se producen en los cuerpos y sistemas a escala cósmica, porque actúan a muy grandes distancias y son siempre atractivas, es decir, siempre se refuerzan. Las *fuerzas electromagnéticas* tienen una importancia mucho más limitada, pues aunque actúan también a grandes distancias, al ser unas veces atractivas y otras repulsivas, se cancelan en gran medida y las *fuerzas nucleares* son activas exclusivamente a escala atómica, por lo que a gran escala son absolutamente irrelevantes. Es decir, la teoría presentada en 1905 *no tenía en cuenta las fuerzas gravitatorias* –que es otra manera de enfocar el problema-.

En 1915, diez años después de su primera publicación y tras muchas y profundas reflexiones, presentó su *Teoría general de la Relatividad*, válida para todos los sistemas de referencia, moviéndose con cualquier tipo de velocidad (constante o variable), inerciales o no, o sea, para el caso general, incluyendo en sus postulados la actuación de la *gravedad*. Fue en ese momento cuando la antigua teoría incompleta, que había presentado en 1905, pasó a denominarse *Teoría especial de la Relatividad*.

Y lo mismo que para elaborar su *Teoría especial* había partido de las *leyes del movimiento* de Newton, el modelo aceptado hasta entonces, había partido ahora de su otro gran modelo, el de la *gravitación universal*. Al igual que la idea clave de Einstein, que dio cuerpo a la *Teoría especial*, fue que la velocidad de la luz es invariable para cualquier observador, porque son el tiempo y el espacio los que se "estiran" o se "contraen", la idea clave de la que ahora partió para estructurar su *Teoría general* fue que los conceptos de *masa inerte* y *masa gravitatoria* eran exactamente la misma cosa, a lo que denominó *principio de equivalencia*, que constituyó el *segundo postulado* de su nueva teoría.

Según la *segunda ley de Newton* sobre el movimiento de los cuerpos, cuando actúa una fuerza cualquiera sobre un cuerpo, este varía su velocidad, se acelera. Al cociente entre la fuerza aplicada y la aceleración producida se le denomina *masa inerte* del cuerpo. Independientemente de lo anterior y según la *ley de la gravitación universal*, si ahora colocamos al mismo cuerpo dentro de un campo gravitatorio, por el hecho de tener masa actuará sobre él la fuerza básica de atracción gravitatoria, que será proporcional al valor de esta masa. A esta última se la denomina en consecuencia *masa gravitatoria*.

Experimentalmente se había comprobado que ambas masas tenían siempre el mismo valor, que al calcularlas arrojaban siempre el mismo número. Pero Einstein fue más allá, afirmando que *ambas masas eran conceptos totalmente equivalentes a todos los efectos*. Ello le condujo a la idea de asimilar el estar inmerso en un campo gravitatorio con el moverse aceleradamente por el espacio -fuera del alcance de cualquier campo o atracción gravitatoria-, impelido por una fuerza "local" cualquiera, en ascensores cósmicos acelerados, tal como el propio autor ponía de ejemplo.

Supongamos que, en una región del espacio donde no haya gravedad alguna (muy alejado de cualquier astro), estamos subiendo en un ascensor cósmico de guías ilimitadamente largas. Si la fuerza proporcionada por el motor del ascensor se mantiene constante, este irá aumentando progresivamente su velocidad con el tiempo, subirá por tanto con una aceleración constante. Estamos pues ante un sistema no inercial. Si la aceleración es la adecuada (9,8 m/s cada segundo, en nuestro ejemplo), la fuerza que nos aplica el suelo del ascensor al subir es exactamente la misma que la fuerza gravitatoria con que la Tierra tira de nosotros cuando nos encontramos tranquilamente sobre ella, es decir, nuestro peso. De hecho notaríamos en el ascensor exactamente la misma sensación de peso que tenemos continuamente en la Tierra. Este efecto puede incluso apreciarse ligeramente en un ascensor real al arrancar.

Las fuerzas que actúan sobre nosotros tienen en cada caso orígenes absolutamente distintos. En el primero el suelo del ascensor en aceleración, originado por una fuerza constante "local" cualquiera; en el segundo, la gravedad inherente a la masa de la Tierra. Sin embargo, los efectos aplicados sobre nosotros en ambos casos serían exactamente los mismos. Los efectos de ambas fuerzas son totalmente equivalentes. Esto puede resumirse afirmando: que "todo" lo que sucediera dentro del "miniuniverso del ascensor en aceleración", sería idéntico a lo que les sucede a los cuerpos que están en reposo sobre la Tierra.

Una primera y transcendental conclusión que se derivó de esta constatación es que no había ninguna diferencia esencial entre sistemas inerciales o no, permitiéndole a Einstein extrapolar que las leyes de la Física eran idénticas, no sólo interpretadas por observadores situados en diferentes marcos de referencia que se mueven entre ellos con velocidad constante, sino en cualquier caso, aunque se encontraran acelerando unos respecto de otros, en general. *Los sistemas de referencia son todos equivalentes.*

Pero todavía hay "más". Einstein pensó entonces en qué sucedería, si en el ascensor cósmico se disparaba una bala desde una pared a la otra. Esta tocaría la pared opuesta algo más abajo de la altura a la que había sido lanzada, puesto que la bala tardaría un poco en atravesar el recinto del ascensor y mientras este habría incrementado su velocidad.

Es decir, la trayectoria de la bala se curvaría. Lo mismo sucedería con un rayo de luz lanzado desde una pared a la opuesta, aunque en este caso, dada su mayor velocidad, el efecto sería todavía menos apreciable, pero no cabe duda de que la *luz no viajaría en línea recta, como hasta entonces se suponía, sino que ¡se curvaría también!* Pues, lo mismo que la luz se curva al atravesar el recinto del ascensor que acelera, es curvada y desviada por las fuerzas gravitatorias y pierde energía (que no velocidad) cuando lucha contra ellas (disminuyendo por consiguiente su frecuencia). Los rayos de luz que nos llegan de otras estrellas por ejemplo, si su trayectoria pasa próxima al Sol, abandonan su camino recto y resultan curvados hacia el astro por su atracción gravitatoria, de forma que nosotros veremos la estrella en una situación incorrecta o desviada, fenómeno conocido como efecto *"lente gravitatoria"*.

Einstein sacó conclusiones decisivas, como que *las concentraciones de materia / masa deforman el espacio en su entorno, curvándolo.* ¿Y qué quiere decir que el espacio está curvado? Veamos un sencillo ejemplo en dos dimensiones. Supongamos un espacio plano, como un enorme pliego liso y terso de papel y una hormiga (a la que también consideraremos plana y además inteligente) que se desplaza sobre él. Nuestra hormiga puede moverse libremente en las dos direcciones (adelante - atrás y derecha - izquierda). Si curvamos el papel, la hormiga plana sigue experimentando exclusivamente su mundo de dos dimensiones, pero ahora dentro de los límites que le imponga la curvatura del pliego de papel, también se desplazará en la dirección arriba – abajo, con lo cual en cierta forma surge una dimensión adicional, aunque esta dimensión será incomprensible para una hormiga de dos dimensiones.

Considerémonos ahora nosotros en un espacio de tres dimensiones plano. Nos podremos mover libremente, adelante – atrás, derecha – izquierda, arriba - abajo, pero tenemos dificultad para entenderlo cuando está curvado, porque también en este caso surge en cierto modo una dimensión adicional, que ya se nos escapa, porque nosotros no somos seres de cuatro dimensiones, sino de tres. Sus características, sin embargo, serían muy similares a las de un espacio curvo de dos dimensiones.

En conclusión: Einstein amplió su teoría a cualquier sistema de referencia (con movimiento uniforme o acelerado), de manera que las leyes de la física son las mismas y con la misma forma, independientemente del marco de referencia –*principio de relatividad general* y *primer postulado de la Relatividad general*-. Por otra parte y además, la *Relatividad general* representó una nueva *Teoría de la gravedad* (alternativa y más correcta a / que la de Newton), afirmando que no hay en realidad fuerzas gravitatorias que atraigan a las masas, sino espacio–tiempo curvado, por el cual se deslizan las mismas. Es decir, las masas deforman el espacio-tiempo curvándolo y como consecuencia de esta curvatura, otras masas que estén presentes en esa zona del espacio son absorbidas, "cayendo" hacia las primeras. Las fuerzas gravitatorias no son, pues, como las demás (electromagnéticas o nucleares).

La gravedad queda reducida entonces a pura geometría del espacio–tiempo, lo que también podemos interpretarlo de esta sugerente manera: *"La masa–energía le dice al espacio–tiempo cómo tiene que curvarse y el espacio–tiempo, en una realimentación continua, le dice a los cuerpos, a la materia, cómo tienen que moverse"* –lo que constituye el *tercer postulado de la Relatividad general*-.

Imaginemos un espacio de dos dimensiones consistente en un tapete tensado de goma elástica. Si colocamos al azar unas cuantas masas (supongamos bolas pesadas), estas se hundirán en la goma produciendo "pozos" más o menos profundos según la magnitud de cada masa. La superficie elástica, inicialmente lisa y plana, estará ahora deformada y curvada. Si a continuación lanzamos sobre el tapete elástico unas canicas, estas serán atraídas por los "pozos" más cercanos o más profundos, describiendo órbitas circulares o elípticas en torno a los sumideros que finalmente las capten, cada vez de menor radio según se van sumergiendo en los respectivos pozos.

Finalmente acabarán cayendo al fondo de los pozos, donde les espera la bola que lo ha formado, no porque exista una fuerza gravitatoria como afirmaba Newton, sino por la *propia curvatura del espacio deformado.* Si la goma del tapete no ofreciera ninguna resistencia, es decir si no hubiera rozamiento entre el tapete y las canicas, estas se estabilizarían en una órbita determinada del pozo correspondiente y estarían ahí dando vueltas indefinidamente, como hace un planeta ("la canica") alrededor del Sol ("la bola pesada"). Por otra parte, puede ahora comprenderse mejor, como la luz, al adaptarse a un espacio curvado y deslizarse por el mismo, no seguirá ya la trayectoria recta.

Este ejemplo del tapete elástico es reiteradamente utilizado, porque es muy intuitivo, pero no hay que olvidar que como todo símil es incompleto, en este caso tanto por ser en dos dimensiones como por involucrar sólo al espacio. Un espacio tridimensional curvado, inextricablemente entrelazado con un tiempo también curvado, no debe ser con todo algo conceptualmente muy alejado de lo anterior.

De forma equivalente al caso de las altas velocidades, *el tiempo también se ralentiza en las zonas de elevada gravedad*, de forma que una persona que pase toda su vida en Denia envejecerá algo más lentamente que una persona que viva permanentemente en el Tíbet, puesto que la concentración de la masa terrestre es ligeramente mayor en el primer caso, al estar al nivel del mar. Y el espacio correspondientemente se contrae o comprime en las zonas de mayor gravedad frente a las de menor. En resumen, *la curvatura del espacio-tiempo implica un acortamiento radial de longitudes y una ralentización del tiempo*.

En un espacio-tiempo curvado, la curva no es sino la "traducción" de la recta en uno que fuese plano. Bajo este punto de vista la Tierra, más que describiendo una órbita elíptica en torno al Sol, está siguiendo el camino más corto en su zona del espacio-tiempo deformada por la masa del Sol, pudiendo incluso considerarse que sigue "su peculiar interpretación de la recta en este espacio-tiempo curvo". Lo que los físicos denominan una *geodésica*. Buscando un símil, sería algo parecido al caso de un bólido que avanza imparable, sin necesidad de girar el volante, por un circuito de carreras perfectamente peraltado.

Como avanzábamos antes, tanto si el espacio-tiempo es plano como si es curvado, los antiguos puntos de Newton se transforman ahora en *sucesos,* siendo *un suceso* algo híbrido entre punto (espacio) e instante (tiempo), dependiendo por tanto de cuatro variables, las tres espaciales y la temporal, que determinan el *dónde-cuándo.* La *Física clásica* se desenvolvía en un espacio plano (o euclídeo). La *Relatividad especial* en un espacio-tiempo plano, pero la *Relatividad general* se desenvuelve habitualmente en un espacio-tiempo curvado. De ahí su gran complejidad matemática, no pudiendo utilizarse ya los sencillos sistemas de coordenadas cartesianas.

Cuando sólo se consideran los planteamientos de la *Teoría especial* es fácil incurrir en *paradojas,* normalmente relacionadas con el concepto de *simetría,* en la línea de ¿pero es la nave espacial con los astronautas la que se mueve respecto a la Tierra, o será al revés, la Tierra la que se mueve (en sentido inverso, claro) respecto a la nave? Lo que, a nivel cósmico, no deja de ser bastante equivalente. Es sin embargo a la luz de la *Teoría general,* que es la teoría más amplia y completa -de la que la *Relatividad especial* sólo es una particularización incompleta y por ello, en cierto modo, menos consistente, más expositiva que explicativa-, cuando se clarifican más las cosas, pudiendo razonarse, en una forma sencilla, de la siguiente manera:

Espacio, tiempo y masa están interrelacionados, como sabemos. El aumento de masa de la nave (con todo lo que contiene), que se produce por el aumento de su velocidad -la aceleración inicial de la nave, aunque sea breve respecto a la totalidad del viaje, es imprescindible-, incrementa la curvatura del espacio-tiempo en su entorno, curvatura que se va propagando con el movimiento de la nave (en su dirección y sentido), de modo que el espacio que se está recorriendo se contrae -acortándose junto a la propia nave- y ralentizándose el tiempo de los astronautas. *Es como si la nave avanzara a través de un atajo espacio-temporal, que ella misma está creando.*

Einstein predijo también que, al igual que las cargas eléctricas aceleradas producen *ondas electromagnéticas*, las masas aceleradas deben producir ondas, en este caso, *ondas gravitatorias*. Estas ondas serían, sin embargo, tan imperceptibles para nosotros que sería muy difícil su detección, aunque esta ya se ha logrado recientemente, como sabemos. Las confirmaciones experimentales a la *Relatividad general* también llegaron, estando hoy totalmente acreditada la *Teoría de la Relatividad* en su conjunto. Los conocidos sistemas GPS, por ejemplo, no sólo funcionan correctamente gracias a la aplicación de la *Teoría especial*, sino también de la *general*.

Como la felicidad nunca puede ser completa, los científicos han puesto de manifiesto, sin embargo, un "talón de Aquiles", objetando que la *Relatividad general*, en cuanto *Teoría de la gravedad*, no da respuesta satisfactoria en zonas sometidas a fuerzas gravitatorias extraordinariamente intensas, como es el caso del "*Big bang*", de los *agujeros negros* y de un hipotético *"gran estrujamiento"* del Universo.

Despedimos este Apéndice indicando que las deducciones de la *Teoría de la Relatividad* indujeron también a su autor a proponer un modelo de Universo. La *cosmología*, como síntesis de las teorías físicas generalistas y los descubrimientos astronómicos, que entre otras cosas intenta desentrañar la historia y el futuro del Universo, estaba por aquel entonces en sus comienzos.

El Universo conocido cuando se publicó la *Teoría de la Relatividad* se limitaba todavía a la Vía Láctea y, por otra parte, estaba firmemente implantada la creencia en un Universo inmutable y estático a gran escala, de la que Einstein participaba plenamente. No obstante, la aplicación de una geometría curva del espacio–tiempo a un Universo estático le planteó problemas, puesto que este debería tender a colapsarse, a contraerse. Para contrarrestar este efecto y "lograr mantenerlo estático", postuló una tendencia natural del Universo a expandirse, lo que materializó introduciendo en sus ecuaciones una *constante "repulsiva"*, que denominó *constante cosmológica*.

Con ello, el Universo para Einstein sería estático en el tiempo y finito en extensión, pero ilimitado, es decir, sin bordes o fronteras, cerrándose sobre sí mismo. Para comprender mejor este modelo, pensemos en el símil de la superficie de dos dimensiones de un enorme globo (con una muy suave curvatura, pues). Si la salpicamos además de curvaturas "locales", correspondientes a las zonas del espacio–tiempo más acusadamente deformadas / distorsionadas por las masas, un símil en dos dimensiones del Universo einsteiniano, todavía más intuitivo, sería el de la superficie de la Tierra, con sus montañas, cráteres y rugosidades. Suponga que avanza infatigablemente por la superficie de nuestro planeta. Aun siendo finita, nunca llegará a una frontera, a un precipicio final, aunque no fuera esto lo que les decía el "sentido común" a los antiguos, que fijaban un abismo insalvable, el fin de la Tierra, en nuestro gallego Finisterre sin ir más lejos. Además, si se desplazase en la Tierra siempre en la misma dirección y sentido, regresaría al punto de partida.

La constatación posterior de que el Universo no es estático con el devenir del tiempo, sino que está en expansión, ha abierto nuevas perspectivas en cuanto a la estructura y propiedades del mismo y, por otra parte, hizo innecesaria la *constante cosmológica*, de la que el propio Einstein dijo que había sido *"el mayor error de su vida"* y, sin embargo, esta constante ha sido reinterpretada actualmente, relacionándola con la *energía oscura*.

APÉNDICE 2. MECÁNICA CUÁNTICA

La otra gran teoría aportada en la primera mitad del siglo XX es la *Teoría Cuántica*, que intentaba resolver varios problemas, como que la luz se comportara unas veces como ondas y otras como haces de corpúsculos; incoherencias en las características de la radiación (electromagnética) de los cuerpos calientes y correspondientes espectros; e incongruencias que presentaban los sencillos modelos del átomo, basados en un pequeño núcleo central y diminutos electrones girando en torno a él a grandes distancias relativas (como el propuesto por Rutherford).

Max Planck, probablemente el físico alemán de mayor prestigio de aquella época, fue su iniciador; el danés Niels Bohr llegó a ser el *"director de la orquesta cuántica"*, cuya *"Escuela"* más importante se aglutinó en torno a la *"interpretación de Copenhague"*, auténtica declaración de principios de esta teoría; el francés De Broglie; el propio Einstein, quién obtuvo el premio Nobel curiosamente debido a sus valiosas aportaciones a esta teoría, más bien que por la *Relatividad*, que por aquel entonces todavía parecía demasiado "fantástica"; el británico Dirac; los alemanes Heisenberg y Born; los austríacos Schrödinger y Pauli. Ellos fueron los principales artífices de esta importante teoría.

En el año 1900 Planck, buscando solución a los problemas planteados, consideró que los elementos constituyentes de la materia se comportaban como diminutos osciladores, vibrando a frecuencias determinadas, emitiendo (o absorbiendo) energía en forma de ondas electromagnéticas, y tuvo la feliz idea de suponer que cada microoscilador podría emitir (o absorber) energía electromagnética únicamente en cantidades múltiplos exactos del producto $h.f$, siendo h un valor constante que Planck calculó y f la respectiva frecuencia de oscilación. Esto fue llevando poco a poco a una serie de conclusiones en cadena sorprendentes.

La emisión de energía electromagnética por un cuerpo caliente debía pues entenderse como proveniente de la totalidad de los átomos que lo constituyen, que en conjunto estarán vibrando en una amplia gama de frecuencias, pero de forma que la energía no se irradiaría de manera continua, según hasta entonces se suponía, sino en forma *discontinua o granulada, a "paquetes"*. El *"paquete"* o *"ladrillo energético"* básico o mínimo sería entonces el valor $h.f$. Para frecuencias bajas, la energía de cada paquete sería pequeña ("munición de pequeño calibre") y para frecuencias altas, elevada ("munición de gran calibre"). A cada "paquete" o corpúsculo de energía Planck lo denominó *"cuanto"*. A la constante h se la llamó, en su honor, *constante de Planck*.

Un cuerpo, por consiguiente, en las frecuencias que corresponda, podrá emitir (o absorber) ninguno, uno, mil o un billón de cuantos, pero lo que no puede emitir, para entendernos, es uno y medio. Siempre un número exacto. Además, todo lo dicho para la emisión de energía por los cuerpos calientes vale asimismo para la absorción de energía por los menos calientes. Es decir la emisión o absorción de energía y por tanto, en última instancia, la energía misma, no sólo no es continua, sino que además está *"numerificada"* o *"cuantizada"*. La palabra *cuanto* tiene su origen en el latín, tomada en su acepción de "agrupamiento de cantidad". Los fenómenos descritos no se aprecian a nivel macroscópico, en el que la energía se comporta como si fuera continua, pero sí a nivel microscópico.

La *energía* se asemeja así a *la materia* que, según sabemos, es discontinua (lo que tampoco se aprecia a nivel macroscópico, por cierto). Lo mismo que un trozo de materia, por ejemplo, puede estar formado por un trillón de átomos -*"ladrillos de la materia"*-, una cantidad de energía estará compuesta por cinco billones de cuantos -*"ladrillos energéticos"*-.

Einstein, por su parte, llegó a la conclusión de que, si la emisión / absorción de energía electromagnética por un cuerpo está cuantizada, al propagarse esta por *ondas electromagnéticas*, estas *ondas* constituyen en cierta manera un *haz de corpúsculos –o fotones-*, es decir, en determinada forma las ondas se comportan como partículas. La constitución de la luz debe ser, pues, dual: *ondulatoria-corpuscular*. Tan arraigada estaba la teoría ondulatoria de la luz que este componente corpuscular de la misma sólo cuajó cuando Einstein se decantó a su favor como consecuencia de sus investigaciones sobre el *efecto* denominado *fotoeléctrico*, realizadas en 1905, por el cual determinados metales liberaban electrones cuando incidía sobre ellos luz, si bien sólo a partir de una determinada frecuencia mínima o umbral de esta, confirmando la *doble naturaleza ondulatorio - corpuscular de la luz*.

Planck había propuesto su idea de los cuantos *"en un acto de desesperación intelectual"*, según sus propias palabras, para poder interpretar el espectro de emisión de energía de los cuerpos calientes y Einstein amplió, pues, este concepto no sólo a la emisión y recepción de energía radiante por los cuerpos, sino a la *transmisión* de la misma, al exponer la naturaleza dual de la luz -de la radiación electromagnética en general- no solamente como ondas, sino también como paquetes de energía. Los *cuantos* de Planck *y* los *fotones* de Einstein no eran, sino la misma cosa (en relación con la energía electromagnética).

Bohr buscaba un *modelo atómico* que, tomando como partida el modelo de Rutherford, evitara ciertas contradicciones que dicho modelo entrañaba. Aplicó al átomo las ideas cuánticas, si bien sólo parcialmente, puesto que la *Teoría Cuántica* estaba meramente en los inicios de lo que sería su formulación definitiva y además todavía no estaba plenamente acreditada, y trató de explicar las rayas brillantes que aparecían en los espectros de los átomos. En 1913 postuló el modelo que lleva su nombre, híbrido entre el de Rutherford y el que sería posteriormente el modelo cuántico del átomo. Este modelo híbrido sólo era satisfactorio para los átomos más sencillos -para el de hidrógeno, básicamente-, aunque tuvo el mérito de iniciar otro enfoque para el estudio del átomo "más acorde con los nuevos tiempos".

Cuando se produce una idea genial, como la de Planck, las deducciones encadenadas a que puede dar lugar son asombrosas. A una partícula sin masa (al menos en reposo) como el *fotón*, cuando está en movimiento (forzosamente con velocidad c) podemos aplicarle la fórmula de Einstein $E = m.c^2 = c.p$ (siendo p el momento lineal). Y si igualamos la fórmula de Einstein con la de Planck para los fotones $E = h.f$, se deduce que $\lambda = h / p$.

Pues bien, el físico De Broglie extrapolando esta idea a cualquier partícula, afirmó que $\lambda = h / p = h / m.v$ sería la longitud de onda asociada a esta partícula -de masa m y velocidad v-, lo que pondría de manifiesto sus propiedades ondulatorias. Esta ecuación, tan sencilla en apariencia, "hermanaba" pues dos mundos antagónicos, el *ondulatorio*, caracterizado por λ *—longitud de onda-* y el de las *partículas o corpúsculos*, caracterizado por p *—momento lineal-*. Es decir, si podía establecerse que una onda es también un haz de corpúsculos, participando de la naturaleza de partículas elementales, las partículas también podían ser consideradas como ondas, a las que consecuentemente se denominó *ondas de materia*.

Por poner el ejemplo más clásico ¿no podría el electrón, siempre tratado hasta entonces como una microbolita, ser considerado también como una onda? La idea fue tomando forma con rapidez, planteándose desde entonces la *plena dualidad entre onda y partícula*. Cuánto más pequeña es una partícula, más acusada es su naturaleza ondulatoria. Los conceptos de "onda" y "partícula" no son, sino nuestras interpretaciones de la realidad.

Heisenberg, por su parte, manifestó que la física de lo diminuto tiene que limitarse a *relaciones matemáticas entre magnitudes observables* y dejar de lado conceptos clásicos como los de trayectorias, velocidades y aceleraciones, propugnando que no podemos aplicar al ámbito atómico conceptos y modelos derivados de nuestro mundo macroscópico, ya que lo que sucede en ese micromundo escapa a nuestra experiencia sensorial, poniendo por consiguiente en entredicho los habituales modelos intuitivos que elabora nuestra mente al respecto. En este sentido desarrolló la denominada *mecánica de matrices*, que utilizaba ecuaciones matriciales para el análisis de las *frecuencias e intensidades de las rayas espectrales de los átomos*, que ciertamente era lo único que los científicos podían observar con claridad en relación con el micromundo atómico.

Continuando con las complejas ideas cuánticas, es de reseñar que el *"grupo de Copenhague"* -denominemos así al "núcleo duro" de científicos que estaban desarrollando la *Mecánica Cuántica*, en torno a Bohr-, estableció un extraño planteamiento, que se denominó *principio de complementariedad*, que pone de manifiesto que, si preparamos un objeto de forma tal que la propiedad A toma un valor preciso, entonces siempre existe otra propiedad B, cuyo valor está completamente indeterminado. Y en este sentido puede afirmarse que ambas propiedades, A y B, son *complementarias o conjugadas*.

Este *principio* aplica, entre otros, en un tema tan importante como la *dualidad onda – partícula*, que acabamos de ver. Onda y partícula son dos aspectos complementarios, que no pueden percibirse simultáneamente con plenitud. Un experimento físico concreto en relación con la radiación electromagnética, por ejemplo, deberá explicarse usando la teoría ondulatoria o la corpuscular, pero no ambas a la vez, siendo con todo las dos facetas (ondulatoria y corpuscular) imprescindibles y complementarias.

En esta línea, Heisenberg estableció el *principio de incertidumbre o de indeterminación*, estrechamente relacionado con el de *complementariedad* y que no es, en el fondo, sino su versión cuantitativa. Si nos centramos, por ejemplo, en la medición de la *posición r* de una partícula y en su *velocidad v* -más exactamente en su *momento lineal* o cantidad de movimiento $p = m.v$-, se determinó que el error (o varianza o incertidumbre / indeterminación) en la medición de *r* multiplicado por el error (o varianza o incertidumbre / indeterminación) en la medición de *p* nunca podrá ser menor que un valor determinado, que es igual a $h / 4\pi$.

Lo que esto quiere decir, en lenguaje coloquial, es que nunca podremos conocer con exactitud ambas magnitudes y además, que cuanto más nos aproximemos a la *posición* exacta de una partícula, con más inexactitud mediremos su *velocidad* y viceversa. Otra muy importante interpretación del *principio de incertidumbre* puede expresarse indicando que, el error o incertidumbre en la medición de la *energía* multiplicado por el periodo o intervalo de *tiempo* empleado en la medición, así mismo, nunca será inferior que $h / 4\pi$.

Es el valor minúsculo de *"h"* lo que hace que todos estos efectos cuánticos, que estamos comentando, pasen absolutamente desapercibidos a nivel macroscópico –el que nosotros captamos con nuestros sentidos-, lo que nos proporciona la ilusión de que no existe incertidumbre alguna, sino datos tangibles y exactos. Es el otro extremo de la escala, por otra parte, de lo que sucedía con los efectos también extraños para nuestros sentidos y comprensión de la *Teoría de la Relatividad*, que en ese caso nos pasaban desapercibidos por el muy elevado valor de *"c"*.

Lo anterior conduce a una consecuencia sorprendente. Como nunca estaremos seguros de la *situación* (posición y velocidad) de una partícula elemental, sólo podremos hablar de *probabilidades*. La probabilidad de que un electrón esté en una determinada posición con una determinada velocidad será más o menos elevada, pero nunca tendremos la certeza 100% de que esté ahí. El *principio de incertidumbre* se fundamenta en que los sistemas de medida utilizados -irremediablemente y por propia naturaleza física- alteran las minúsculas partículas que estamos observando. Con la incorporación de este revolucionario principio, la *Teoría Cuántica* o más popularmente la *Mecánica Cuántica* –por ser una buena alternativa a la Mecánica newtoniana (clásica) para el mundo microscópico- va tomando la forma con que hoy la conocemos.

A los científicos les costó mucho ir aceptando los criterios *probabilísticos*, aunque parecían ser los únicos acordes con los experimentos relacionados con el *microuniverso atómico*, que según avanzaba el siglo tomaban cada vez mayor protagonismo, permitiendo el desarrollo espectacular de las *modernas tecnologías* y la incipiente *electrónica*. En cierta medida se pensaba que este modelo estadístico para tratar las entrañas de la naturaleza era provisional y que sólo se mantendría en tanto llegara un nuevo modelo que volviera a "poner las cosas en su sitio" y permitiera hablar de nuevo de datos precisos reales y no de probabilidades.

Este nuevo modelo, sin embargo, no terminaba de llegar y cada vez parecía más claro, que *en el mundo microscópico hay que contar sí o sí con los conceptos de granulación -o discontinuidad- y aleatoriedad -o azar-*, y que el hecho de que a escala macroscópica, que es la que percibimos habitualmente con nuestros sentidos, la naturaleza se nos aparezca como continua, plenamente determinista y exacta, en el fondo sólo es un espejismo, debido a que las discontinuidades se difuminan y las probabilidades se promedian. Es difícil predecir algo, si ni siquiera somos capaces de definir exactamente su situación en el momento presente. Todo esto implica algo del mayor calado, como es la revisión de los fundamentos en los que se apoya la trascendental *ley causal* -determinismo y ley causal están estrechamente interrelacionados-, al no resultar ya tan evidente que todo hecho natural ocurra inequívocamente como efecto de una causa que lo produce.

Más de un destacado científico, sin embargo, persistió en su desacuerdo con esta interpretación de una naturaleza con significativas dosis de azar en su nivel íntimo (el más próximo por tanto a la "realidad", sea esta cual sea), entre otros el propio Einstein, quien a pesar de sus aportaciones sustanciales a la *Teoría Cuántica* inicial, se acabó convirtiendo en un serio detractor de la *"interpretación de Copenhague"* (algo así como su interpretación ortodoxa). Famosa al respecto es su frase *"Dios no juega a los dados con el Universo"*.

El azar e incertidumbre en la naturaleza eran un hueso duro de roer, porque rompían de plano los esquemas científicos preestablecidos, aunque podemos intentar una aproximación precisamente con el ejemplo de los dados. Si se tira un dado (no trucado, claro) seis veces, puede darse cualquier resultado, incluso que salga el mismo número las seis veces, no teniendo por qué salir en cada tirada uno diferente de los seis números posibles. Sería el símil de la actuación de la naturaleza a escala microscópica. Pero si se tira un billón de veces, el resultado será prácticamente igual al "exacto" predicho por las matemáticas, es decir cada número habrá salido –casi- el mismo número de veces. Sería el símil de la naturaleza a gran escala.

El austríaco Schrödinger por su parte y bastante independientemente del *"grupo de Copenhague"*, a partir de las ideas desarrolladas por De Broglie, de considerar al electrón -y al resto de partículas- también como una onda, desarrolló la *mecánica ondulatoria*, lo que terminó de embarullar el "patio cuántico". Se apoyó en el ejemplo de una onda unidimensional, producida por una cuerda vibrante sujeta por uno de sus extremos, para definir un *sistema cuántico* mediante una ecuación, denominada *ecuación de onda* (o de Schrödinger, lógicamente), formada por una *función de onda (ψ)* y sus derivadas parciales respecto al espacio y al tiempo.

Si en la cuerda vibrante se fija también su otro extremo (como sucede en el caso de una cuerda vibrante de guitarra, por ejemplo), las ondas que se producen presentan propiedades especiales -se denominan *ondas estacionarias*-. Aplicando este concepto a la *ecuación y función de onda*, puede obtenerse la representación matemática del electrón "girando" en la corteza del átomo, "enganchado al núcleo" por la fuerza de atracción electromagnética. Schrödinger, por tanto, planteó una *ecuación* que relaciona matemáticamente una *función de onda* ψ del electrón (o de cualquier otra partícula) con sus valores energéticos -potenciales y cinéticos-. Resolviendo la ecuación obtenemos la *función de onda*.

La *ecuación de onda* presenta además unas características matemáticas que implican que cualquier combinación lineal de funciones soluciones de la ecuación también será solución a la misma, dando paso a un concepto cuántico, tan apasionante como extraño, denominado *superposición*, del que trataremos enseguida.

La *mecánica ondulatoria* cosechó un éxito inmediato en el "mundillo cuántico", porque respondía muy bien a los experimentos, era un modelo bastante intuitivo -dentro de la extraña y en general anti-intuitiva *Teoría Cuántica*- y, si bien la *mecánica ondulatoria* se demostró al fin matemáticamente equivalente a la *mecánica de matrices*, era mucho más sencilla de manejar ¡*la rivalidad entre científicos estaba garantizada*! Se entró entonces en una situación con dos orientaciones muy focalizadas:

a) Por una parte lo corpuscular, el mundo de las partículas, lo discontinuo y marcadamente probabilístico, quedaba perfectamente retratado en los desarrollos matriciales de Heisenberg (apoyados por los otros miembros de grupo de Copenhague, Born y Bohr, principalmente).

b) Por otra, el mundo de las ondas representado matemáticamente por funciones continuas avalaba, de la mano de Schrödinger (y con el beneplácito de De Broglie y Einstein) la tradición clásica y, en gran medida, optaba a seguir manteniendo el determinismo científico.

Y aunque las cosas siguieron complicándose, empezaron en cierto modo a converger, puesto que a pesar del comentado éxito de la *mecánica ondulatoria*, en el fondo nadie sabía qué significaba exactamente la *función de onda*. Schrödinger, su artífice, opinaba que representaba la densidad de materia del electrón (un electrón, por tanto, distribuido por la región atómica con más o menos densidad de materia y de carga eléctrica), pero subyacían dos problemas al respecto:

La *función de onda* manejaba *números complejos* (parte real + parte imaginaria), al incluirse en la ecuación de Schrödinger la unidad imaginaria "i", lo que hacía difícil asignarle un contenido físico o "real" a la función, más allá de la pura matemática. No podría representar la densidad de materia -y correspondientemente de carga eléctrica- en cada punto (como proponía su autor), porque entonces parece que sus valores deberían ser números reales. Y por otra parte, tampoco los experimentos para detectar electrones avalaban la idea de Schrödinger, ya que o no se detectaba nada o se detectaba el electrón "completo", pero no una "porción" del mismo.

Fue Born (con el respaldo de Bohr y Heisenberg) quien interpretó que el *módulo de* ψ (al cuadrado, concretamente, para evitar la raíz correspondiente), número ya real por tanto, significaba la *densidad de probabilidad* de que el electrón -o cualquier partícula en general- se encontrara en un lugar y en un instante determinados. Por ello, los científicos pasaron a hablar de *"ondas de probabilidad"* en relación con esta función, mejor que de *"ondas de materia"*, para evitar equívocos.

Además el *grupo de Copenhague* puso de manifiesto el escrupuloso cumplimiento del *principio de incertidumbre* por parte de la *función de onda* (función esta de la posición y del tiempo), pues con cuanta mayor probabilidad nos determine la posición de una partícula, más indefinida quedará su velocidad y viceversa. Mediante la ecuación de Schrödinger, por otra parte, podemos analizar la evolución temporal de ψ (que es una función continua) y que nos muestra el futuro (o pasado) de la partícula, definiendo así el denominado *"estado cuántico"* de la misma -*una especie de "mix" entre posición y velocidad*-. En este sentido, la opinión mayoritaria es que, "aunque mutilado", sigue existiendo un cierto determinismo en el mundo cuántico -algunos hablan de la mitad del determinismo clásico-.

La propuesta de Born fue consolidándose con los resultados que iban arrojando los experimentos, afianzándose el concepto de *"ondas de probabilidad"*. La *función de onda* aportaría entonces la información sobre "las zonas que frecuenta una partícula" (por ejemplo el electrón), sin poder precisar sin embargo el lugar concreto donde se encuentra en un momento dado. De alguna forma, por tanto, la controversia entre el "libero" Schrödinger y el *grupo de Copenhague* quedó "en tablas". Se impuso desde entonces (hacia 1930) la *mecánica ondulatoria*, pero bajo los criterios probabilísticos introducidos por Born.

Por otra parte, con la *mecánica ondulatoria* se aplicaron a los electrones del átomo los conceptos cuánticos en profundidad. Las órbitas permitidas del modelo de Bohr serán ahora como los diferentes modos de oscilación de una onda estacionaria, según lo que se viene comentando. Para ello se introdujeron cuatro valores condicionantes o *números cuánticos*:

Cada electrón en la corteza de un átomo quedaba caracterizado por sus cuatro números cuánticos: *el principal "n"* definía la distancia a la que -con alto grado de probabilidad- debería encontrarse el electrón del núcleo atómico. El segundo *"l"*, denominado *secundario,* la forma que -con elevada probabilidad- tendrá la figura que describe el electrón alrededor del núcleo (esferoides, en forma de pera, lobulada, etc.) El tercero *"m"* o *magnético,* la orientación que -con alto grado de probabilidad- tendrá la figura descrita según las tres direcciones del espacio. El cuarto *"s"* es el denominado *espín*, concepto que tiene que ver con la simetría que presentan los electrones y que, en una primera aproximación, podemos interpretar como una rotación sobre sí mismos, con dos posibilidades por tanto (a derechas o a izquierdas).

Este *modelo atómico* presenta características singulares. En primer lugar, los electrones no describen ya órbitas planas (circulares o elípticas) alrededor del núcleo, como en los modelos anteriores, sino figuras envolventes tridimensionales. En segundo, introduce los criterios probabilísticos. Y finalmente hay que tener en cuenta que más que hablar de órbitas de los electrones, ahora debemos referirnos a *orbitales* -con sus correspondientes niveles energéticos-, que definen las *regiones de probabilidad* donde encontrarlos.

Además, cada electrón en el átomo queda perfectamente identificado y diferenciado por sus cuatro números cuánticos ¡tiene su propio D.N.I! Lo que implica que en un átomo no pueden existir dos electrones con los cuatro números cuánticos iguales, según expuso el físico Pauli, lo que conduce a algo aún de mayor calado: *la naturaleza no admite que dos partículas elementales idénticas (y no sólo los electrones) tengan iguales todos sus números cuánticos en un mismo sistema* o, lo que viene a ser lo mismo, no admite que las partículas se agrupen / apelotonen en el mismo lugar del espacio. A esta ley se la denomina *principio de exclusión* y se ha mostrado de esencial relevancia para la construcción de la materia que conforma nuestro mundo, pues impide que esta colapse en una substancia amorfa, perdiendo su estructura "enladrillada" característica.

Paul Dirac readaptó la *ecuación de onda*, realizando una síntesis brillante entre la *Física Cuántica* (ecuación de Schrödinger) y la *Teoría especial de la Relatividad*, mediante lo que consiguió que el número cuántico de *espín* se integrara de forma automática en su ecuación, haciendo además la predicción de las *antipartículas*, que supusieron una auténtica revolución.

Abordemos ahora la *"superposición"*, un trascendente fenómeno cuántico que hasta aquí solamente hemos esbozado. Digamos de entrada que, aunque estamos acostumbrados a que la velocidad nos indique cómo se modifica la posición de un cuerpo o partícula con el tiempo, de manera que todo objeto al moverse describa una trayectoria, en el mundo microscópico debemos abandonar este concepto ¡posición y velocidad son magnitudes complementarias o conjugadas! La *posición* de una partícula nos indica donde está ahora y la *velocidad* (más exactamente el *momento lineal*) nos indica hacia donde se dirigirá, "encargándose el *principio de incertidumbre* de destruir el concepto de trayectoria". Esto significa que las partículas, desde el emisor hasta el receptor, se *deslocalizan,* como si se desdoblasen, siguiendo todas las trayectorias posibles o una multiplicidad de caminos.

Aunque todo esto sea muy raro, es lo que ponen de manifiesto los experimentos y da paso a la denominada *superposición cuántica,* algo que ya habíamos introducido como una consecuencia física de las propiedades matemáticas de la *ecuación de onda.* La *superposición cuántica* nos indica que antes de realizar mediciones sobre las partículas elementales, estas están en todos sus estados posibles (aunque sean estados contradictorios desde el punto de vista de la *Física clásica*).

Por ejemplo tener simultáneamente una *superposición* de posiciones y que, sólo al efectuar una *medición* sobre la partícula, esta se decanta en ese momento a una posición determinada o, generalizando, a sólo uno de sus estados posibles. Esta propiedad cuántica fundamental afirma pues que el sistema puede seguir evoluciones distintas simultáneamente. En un célebre experimento, conocido como *"la doble rendija"*, se ha comprobado que un electrón (por ejemplo) puede atravesar simultáneamente dos rendijas practicadas en una lámina contra la que se lanza –*"cada partícula interfiere consigo misma"*, como afirmaría Dirac-.

La consideración de la *dualidad onda – partícula* ayuda en la difícil interpretación de la *superposición*. Dentro de la "neblina" del mundo cuántico microscópico, puede suponerse que el elemento cuántico en cuestión (nuestro socorrido electrón, por ejemplo) se propaga por el espacio como onda, pero alcanza el detector (donde interactúa con el observador) como una partícula perfectamente localizada. Es como si la onda se aglutinara o compactara al llegar al punto de medición. Recordemos también a este respecto que, según el *principio de complementariedad,* el electrón (en un instante dado) o se manifiesta como onda o como partícula.

Similares reticencias a las que tuvo Planck para aceptar como real su propia concepción de los *cuantos* de energía, las tuvo Schrödinger (junto a Einstein y De Broglie) para aceptar el extraño concepto de la *superposición cuántica*. Famosa es su célebre crítica a la *superposición* al extrapolarla un tanto sarcásticamente –por no decir esperpénticamente- (pero con un "razonable rigor físico") al mundo macroscópico. Me estoy refiriendo naturalmente al gato más célebre de la ciencia, al conocido como *"gato de Schrödinger"*, que estaría simultáneamente *vivo y muerto* antes de ser observado, si aplicamos la ecuación y función de onda al sistema cuántico formado por el propio gato y una cámara hermética (en la que estaría encerrado) y en la que la emisión de un veneno mortal depende de que se libere o no determinada radiación.

Esta propiedad cuántica, la *superposición*, tan contraria al "sentido común", sólo es válida para objetos microscópicos, a escala atómica, y no tiene desde luego equivalente en el mundo macroscópico ¡dejemos tranquilos a los gatos! Tiene que existir, por tanto, una frontera entre lo microscópico y lo macroscópico en la que la *superposición* deje de regir, forzando a que el sistema elija uno y sólo uno de los estados posibles superpuestos, tal como observamos en nuestro mundo habitual.

Los físicos se refieren al momento en que aparece un resultado, diciendo que *la función de onda ha colapsado*. Esta función toma un valor determinado -pero aleatorio- por el hecho de haber realizado *una medida* (posición, velocidad, momento, energía, etc.) ¿Significa esto entonces, que lo que llamamos realidad la hemos creado (en alguna forma) nosotros, mediante nuestra observación? Ha pasado prácticamente un siglo y los científicos siguen sin estar totalmente de acuerdo ni sobre las causas del colapso, ni sobre el cuándo, ni sobre el porqué, ni tampoco sobre la influencia exacta del experimentador sobre el proceso.

Suelen coincidir, sin embargo, en que el *colapso de la función de onda* se origina al producirse una *decoherencia* (concepto tomado prestado –de nuevo– de las ondas) en el *sistema cuántico microscópico*, algo así como la pérdida de la sintonía o de la relación armoniosa entre sus partes. Se piensa que, al hacer una *medida*, se produce una interacción entre el mundo microscópico (el observado) y el entorno macroscópico (detector + observador + ambiente), que es la causa de la pérdida de coherencia del sistema microscópico, originando el *colapso de la función de onda*, con la correspondiente pérdida de la superposición de estados, situándose el sistema cuántico en un estado concreto. En cada medida se puede obtener cualquier valor. Este no se puede prever, es algo aleatorio. Sin embargo, los resultados de muchas mediciones se corresponden con las probabilidades que arroja la función de onda ¡algo así como en los lanzamientos de dados que poníamos antes como símil!

Otra no menos extraña propiedad, relacionada con la anterior, es la conocida como *entrelazamiento cuántico*, según la cual, si de un experimento se obtienen partículas elementales, las propiedades de todas ellas estarán entrelazadas. Por ejemplo, si hacemos chocar un electrón y un antielectrón, estos se aniquilan, produciendo 2 fotones de propiedades correlacionadas (en el sentido de que determinadas propiedades de un fotón, tienen valor opuesto o complementario en el otro). Estos fotones partirán en direcciones diferentes por el Universo.

Lo curioso de la cuestión es que si medimos / manipulamos cualquier propiedad del fotón 1, esta se concretará a un valor determinado -según la comentada *decoherencia de la superposición cuántica*-, pero automática e instantáneamente la propiedad correspondiente del fotón 2 (que podrá estar en otro rincón del Cosmos) se concretaría al valor complementario, de forma que persistiese el *entrelazamiento* entre ambos. ¿Cómo puede saber el fotón 2 que debe modificar sus propiedades para readaptarse a la manipulación que ha sufrido su pareja, el fotón 1, en otra esquina del Universo y poder *mantener así su entrelazamiento cuántico*? ¡Eso es amor y lo demás son tonterías!

Una explicación plausible al respecto sería que la interacción se transmitiese instantáneamente, pero esto viola flagrantemente la *Teoría de la Relatividad* que, como sabemos, afirma que nada puede viajar por el espacio más rápido que la luz. Einstein y sus colaboradores presentaron en 1935 la controversia anterior al *"grupo de Copenhague"* bajo la forma de una *paradoja*, en un intento por desacreditar sus planteamientos. Se la conoce como *paradoja EPR* (Einstein, Podolsky, Rosen). Bohr y Einstein casi acabaron con su antigua amistad a causa de esta disputa, pues aparentemente o la *Teoría Cuántica* era incorrecta (o más bien, incompleta) o lo era la de la *Relatividad* (incluso en su versión *especial*).

Buscando salir del atolladero, el propio Einstein apuntó que debían existir variables ocultas locales en la naturaleza (locales, en el sentido de limitar su influencia al laboratorio donde se realizan los experimentos, por ejemplo) que, una vez descifradas, aclararían / eliminarían estas y otras paradojas. Pues bien, en los años 60 del siglo pasado, el físico norirlandés John Bell efectuó un interesante estudio, que puso de manifiesto que las predicciones en base a "variables ocultas locales" y la Teoría Cuántica no coincidían.

Esto avalaba que el *entrelazamiento cuántico* sería correcto, con lo que de existir efectivamente *variables ocultas*, estas no serían locales, sino que estarían de alguna forma fuera del espacio y del tiempo, como si las partículas interactuaran instantáneamente, sin importar la distancia a la que se encontrasen -el tope máximo de la velocidad de la luz sólo aplica en sistemas locales, es decir, ligados al espacio y al tiempo-. Se pensó que el estudio de Bell quizás fuera incorrecto, pero experimentos posteriores, realizados en los años 80 con fotones por el físico francés Alain Aspect, apuntalaron en buena medida sus conclusiones.

La aparente "transmisión instantánea de información fuera de la realidad", que parecía poner de manifiesto el *entrelazamiento cuántico*, junto al papel protagonista que el observador juega en el Universo, indujeron a algunos "entusiastas radicales" de la *Teoría Cuántica* -en ocasiones alentados por sectas interesadas y/o entroncando con determinadas filosofías de base oriental- a proponer lo que podríamos denominar *"derivadas místico - esotéricas"* de esta. De entrada se entreabrió la puerta a la *telepatía* y a otros *efectos paranormales*, así como a la existencia de *universos múltiples,* en dimensiones distintas a las que el ser humano sería capaz de percibir, transparentes para nosotros, como *universos paralelos.*

Mucho que ver con estas "derivadas" tuvo el descubrimiento de los *hologramas*, allá por los sesenta del siglo pasado, que son en esencia *fotografías tridimensionales* de los objetos, conseguidas mediante rayos láser. Aparte de su carácter tridimensional, estos tienen otra importante diferencia con las fotos normales, cual es que cada parte del *holograma* contiene la plena información del todo (como ocurre con la carga genética de una célula de un órgano cualquiera del cuerpo humano, por ejemplo, que contiene información sobre todo el cuerpo) y además, el hecho de que sobre una placa de dos dimensiones se representase una imagen de tres (que no una mera perspectiva), ofreció un símil ideal de "conversión de dimensiones".

Hay pues quien, a mitad de camino entre analogía y realidad, apuesta por un *"Universo holográfico"*, por una especie de *"Superuniverso" no local,* que contendría al nuestro, local y finito (ligado al espacio y al tiempo), como una mera proyección suya, así como a una infinidad de otros universos. Debido a que en un *holograma* cada parte contiene la información sobre el todo, sería imposible en este *Superuniverso* diseccionar algo en partes para su estudio (que es precisamente lo que ha venido haciendo tradicionalmente la ciencia a lo largo de los siglos). Todo estaría interconectado, la separación sería una ilusión. No sería entonces propiamente que las partículas se mandasen información instantánea entre ellas, según la comentada interpretación del *entrelazamiento cuántico*, sino más bien que *la lejanía física entre ellas sería sólo una apariencia*, pues en el fondo no serían, sino extensiones de la misma realidad sustancial.

Existiría, por otra parte, según estos "esotérico – místicos", una directa e inextricable *interacción entre la realidad cuántica exterior y la mente humana.* Los impulsos nerviosos (ondas, al fin y al cabo) de nuestro cerebro, que conforman la memoria y la consciencia, serían como rayos láser de un holograma y si el cerebro solamente selecciona frecuencias de ondas que están fuera de él y las transforma en percepciones sensoriales ¿en qué se convierte la realidad objetiva? La extravagante respuesta, que parece inferirse de todas estas elucubraciones, es que esta no existiría y que la aparente consistencia del Universo sería algo "fantasmagórico", como *un gigantesco y enorme holograma*, donde las personas seríamos receptores inmersos en un océano de ondas que vibran en múltiples frecuencias.

El lógico escepticismo frente a planteamientos como los arriba comentados no debe, sin embargo, cerrarnos la mente reconduciéndonos hacia rígidas posturas cartesianas. Diversos científicos, alguno de la categoría del estadounidense David Bohm (a quien Einstein tenía en la mejor consideración, por cierto), han participado en una u otra medida en / de las ideas que se acaban de comentar.

Y vamos terminando con otra propiedad también bastante "fantasmagórica" de la *Teoría Cuántica*, el denominado *"efecto túnel"*. Este efecto se apoya directamente en el *principio de incertidumbre*. Recordemos que una de las manifestaciones de este principio atañe a la (incertidumbre de la) *energía* de una partícula en relación con el (periodo de) *tiempo* (empleado en la medición). Es decir, *una partícula puede presentar enormes fluctuaciones energéticas si las escalas temporales empleadas son mínimas*, pudiendo alcanzar por tanto una energía "totalmente por encima de sus posibilidades normales" durante un instante mínimo. Es como si la partícula tomara durante ese instante energía prestada por el entorno (¡para luego devolverla, claro!).

Si el *efecto túnel* lo extrapoláramos a nuestro mundo macroscópico (de forma similar a lo que hizo Schrödinger, en relación con la *superposición cuántica* y su célebre *gato*), sería algo así como imaginarse que, si lanzamos miles, millones… de veces una canica contra un muro duro y compacto, algunas veces (¡aunque sea en mínimo porcentaje!), de forma totalmente aleatoria, la canica logrará traspasar el muro (no vale pensar que lo vamos desmoronando poco a poco). Este efecto, que efectivamente parece fantasmagórico, es esencial sin embargo para explicar la emisión espontánea (natural) de partículas α (por el uranio 238, por ejemplo) y la ciencia lo utiliza en algunos tipos de transistores, así como en algunos microscopios de alta resolución.

La *Mecánica Cuántica*, tras centrarse como hemos visto en el análisis e interpretación del comportamiento de los electrones en el microcosmos atómico, dio paso a la denominada *Teoría Cuántica de campos*, que otorgaba "supremacía" al concepto de *campo cuántico*. Este es una derivación intrincada del concepto de *campo clásico*, pero con un desarrollo matemático aún mayor. *Las partículas y también las ondas corresponderán, pues, a las excitaciones o perturbaciones energéticas del campo cuántico correspondiente,* que se extenderá por el vacío a modo de "una especie de niebla o interacción invisible".

La *Teoría Cuántica de campos* tuvo dos aplicaciones fundamentales: la *Electrodinámica cuántica* -en cuya elaboración jugó un papel decisivo el estadounidense Richard Feynman-, que reformuló las ecuaciones sobre el electromagnetismo, acoplando la *fuerza electromagnética* -los fotones- con la *fuerza débil*, en la que desde entonces se denomina *fuerza electrodébil*. La segunda aplicación, desarrollada ya en la segunda mitad del siglo XX, ha sido la *Cromodinámica cuántica*, que se centra en las *fuerzas nucleares*.

Despedimos este Apéndice remarcando que, aunque a fecha de hoy aún no se han disipado ciertas dudas sobre algunos aspectos o matices en relación con las cuestiones más enigmáticos de la *Teoría Cuántica*, hay que dejar claro, sin embargo, que los resultados experimentales de esta teoría, hasta el momento, han sido impecables. Es importante también subrayar que el *principio de incertidumbre*, estructurado como producto de incertidumbres entre energía y tiempo, justifica la existencia de *fluctuaciones cuánticas en el espacio, incluso vacío,* siendo esencial para la moderna cosmología. Y finalmente indicar que la *Mecánica Cuántica* -como la *Relatividad*- tiene su talón de Aquiles (en buena medida ambos problemas son complementarios), cual es el hecho de que esta teoría no incorpora de forma satisfactoria la fuerza / energía gravitatoria en sus postulados.

APÉNDICE 3. APLICACIONES CUÁNTICAS ACTUALES

La *Teoría Cuántica*, como hemos podido comprobar, es complicada, muy enrevesada y poco o nada intuitiva, por lo que a pesar de sus indudables éxitos experimentales, sigue habiendo científicos actuales de relieve que la juzgan una teoría (en ciertos aspectos) provisional, confiando en que algún día será sustituida -al menos parcialmente- por una nueva teoría al respecto. Sus aplicaciones tecnológicas, sin embargo, no cesan y siguen desarrollándose a buen ritmo.

Teleportación Cuántica

El *entrelazamiento cuántico* tiene aplicación inmediata en algo tan sugerente como la denominada *teleportación -o teletransportación- cuántica*, entendiendo por tal el hecho de que una partícula (de momento se está en este nivel) desaparezca de un lugar, por ejemplo, del "laboratorio de salida" y aparezca en otro, por ejemplo, en el "laboratorio de llegada", sin haber pasado por los puntos intermedios del recorrido.

Pues bien, se ha realizado ya con éxito la *teleportación* de fotones e incluso (en la primera década de este siglo) de partículas de rango atómico, aunque digámoslo claramente, esto tiene su "pequeña trampa", pues realmente lo que se teletransporta no es una partícula sino su *"estado cuántico"* -sus características, por decirlo así- o dicho de otra forma más sugerente, *se crea un clon a distancia.*

Para ello debe disponerse de 2 partículas entrelazadas (A y B), una (A) en el "laboratorio de salida" junto a la partícula (de similares características), cuyo estado se quiere teleportar (C), y la 2ª entrelazada (B) en el "laboratorio de llegada". Se manipula en el "laboratorio de salida" la partícula A, adaptándola adecuadamente a la partícula a teleportar (C) y, debido al entrelazamiento entre A y B, esta última adquiere automáticamente el estado cuántico de C.

Criptografía Cuántica

En relación con el *entrelazamiento* se trabaja también en el encriptado de mensajes, a fin de garantizar su confidencialidad, en lo que se denomina *criptografía cuántica.* El interés por este tema va mucho más allá de lo teórico, pues precisamente el progreso en el desarrollo de los *ordenadores cuánticos* (que comento a continuación) hace temer que cuando algún día (mucho más cercano de lo que muchos piensan) empiecen a operar, su poder de computación será tal, que numerosas claves, contraseñas y encriptados convencionales actuales serán "papel mojado", lo que es un importante acicate, pues, para avanzar en esta variante cuántica de la *criptografía*, probablemente la única manera eficaz de contrarresta los ataques cibernéticos de los "hackers" y de garantizar mensajes y transacciones. Comentar finalmente que esta aplicación se encuentra en fase muy avanzada, encontrándose ya disponibles, al parecer, los primeros dispositivos de encriptación.

Ordenadores Cuánticos

Y llegamos a la aplicación tecnológica "estrella", a los *ordenadores cuánticos*. Esta tecnología viene fundamentalmente de la mano de la *superposición cuántica* -aunque también del *entrelazamiento,* ya que ambas propiedades, como puede suponerse, están relacionadas-. Hace unos 20 años que ya se empezó a hablar de estos ordenadores y poco a poco los científicos van materializando esa idea, inicialmente tan teórica como abstracta. Entre ellos y de forma destacada el español Juan Ignacio Cirac, Doctor en Física por la Universidad Complutense de Madrid, *Premio Princesa de Asturias* de investigación científica y técnica, y actualmente directivo del prestigioso *Instituto Max Planck* (de Óptica Cuántica) en Alemania. La razón para trabajar en este tipo de ordenadores es doble:

Con el invento del *transistor* en 1947, que dejó atrás las engorrosas válvulas de vacío, nació la *"electrónica del estado sólido"* y comenzó una enloquecida carrera hacia la miniaturización, que dio paso al *chip de material semiconductor* con progresivamente cientos, miles,...millones de transistores incorporados. La incesante miniaturización de los ordenadores convencionales, además de estar ya cerca del "límite físico", ha acercado enormemente el tamaño de sus componentes a la escala atómica, que es en la que se ponen inevitablemente de manifiesto los fenómenos cuánticos, como sabemos.

Por otra parte, la rapidez y capacidad de computación de un *ordenador cuántico* será enormemente mayor que la de uno *convencional,* ya que el lenguaje de máquina de cualquier ordenador clásico es *binario*, en base a *bits*: 1 (pasa corriente) y 0 (no pasa corriente). En tanto que en un *ordenador cuántico* esto queda sustituido por *qbits* (o *qubits*), que en aplicación de la *superposición cuántica* son ceros y unos simultáneamente.

Aprovechando la *superposición cuántica*, con la coexistencia simultánea de diferentes estados, una de las mejores aplicaciones de los *ordenadores cuánticos* será, sin duda, *la simulación*, lo que permitirá abaratar sensiblemente ensayos y experimentos, incluso haciéndolos innecesarios en buena medida. Ello afectará decisivamente a la *biología*, la *medicina*, la *química* en general, la *cosmología*...

Estos ordenadores también serán decisivos en los avances respecto a la *inteligencia artificial*, en base al desarrollo de redes neuronales artificiales, que emitirán una señal o no, dependiendo de la intensidad de los estímulos –como combinación analógico–digital-. El poder establecer *pautas o patrones* es también muy importante en *inteligencia artificial* por similitud con la inteligencia natural, donde las pautas influyen asimismo en nuestras *intuiciones*, dándose la circunstancia de que la cantidad de pautas conseguibles es especialmente elevada mediante los *ordenadores cuánticos* (al utilizar *qbits)*. El *ordenador cuántico* podrá además realizar cometidos inaccesibles para uno convencional, como la certificación de números aleatorios, por ejemplo.

Ha sido desarrollado ya algún que otro pequeño prototipo de *ordenador cuántico,* siendo los errores que aparecen -como consecuencia de la *decoherencia* principalmente- y el modo de corregirlos / minimizarlos uno de los principales problemas para incrementar su tamaño y capacidad (mayor número de qbits, básicamente). Se estima, por tanto, que aún se precisarán unos cuantos años para solventar estas dificultades. En cualquier caso, apenas empezamos a vislumbrar en todo su enorme alcance esta revolución cuántica que tenemos a las puertas, "eso" que empieza a ser conocido ya como *"supremacía cuántica"*.

APÉNDICE 4. MODELO ESTÁNDAR

Los centros de investigación de partículas, donde se escudriñan y se revientan no sólo ya los núcleos atómicos, sino las partículas que los constituyen y donde se producen y estudian partículas nuevas mediante colisiones a elevadísimas velocidades, están repartidos por EEUU, Europa, China y Japón, pudiendo ser considerados sin exageración los auténticos santuarios de la ciencia moderna.

Entre ellos el CERN *(Centro Europeo de Física de Partículas),* en la frontera franco – suiza, merece especial atención por ser el más próximo a nosotros; por participar España muy significativamente en él; por ser uno de los más importantes (el mayor de sus túneles aceleradores / colisionadores, el denominado LHC, con una longitud de 27 Km, es el más grande del mundo); y por un curioso efecto colateral que se originó en él, cual es el "invento" de la *www* (red informática mundial). El embrión de la red informática interna a disposición del centro se llegó a convertir en la mayor red mundial. Paradojas de la vida, donde se investiga lo más minúsculo de la naturaleza, se origina, más o menos por casualidad, el mayor sistema de intercomunicación a escala planetaria.

El LHC, siglas en inglés de *Gran Colisionador de Hadrones* (protones principalmente) entró en funcionamiento en 2010. En él se hacen chocar haces de protones a velocidades próximas a la de la luz. Cada haz está constituido por miles de paquetes, cada uno con miles de millones de protones. La mayoría de los protones se entrecruzan sin interaccionar, pero dado el alto número de cruces se producen millones de choques, alcanzándose energías muy elevadas. La ingente cantidad de partículas emergentes de cada choque es captada en detectores muy sensibles, analizándose los datos con potentes ordenadores especializados. Cerca de 2.000 electroimanes superconductores (a bajísimas temperaturas), orientan los haces de protones a lo largo de los 27 Km del anillo. Los campos eléctricos, por su parte, son los responsables de acelerar las partículas.

Penetrar en las entrañas de uno de estos centros, sobre todo para quien no se despoje previamente de una concepción tradicional de la Física, es como entrar en el mundo de la "irrealidad" y, sin embargo, en ninguna otra parte se "toca" tan de cerca la "realidad de la materia y la energía". La tecnología empleada en estos laboratorios es lógicamente muy compleja, los resultados y conclusiones obtenidos también. Las "herramientas teóricas" básicas de trabajo, con todo, nos son ya conocidas:

La primera es la *Teoría Cuántica,* fundamentalmente la constatación de que *una partícula elemental es también una onda* y que como tal debe ser considerada cuando interese y el *principio de incertidumbre.* La segunda es la *Teoría (especial) de la Relatividad,* principalmente el hecho de que la masa se transforma en energía y viceversa -según la ecuación $E=mc^2$- y que a las velocidades de que se dota a las partículas, próximas a la de la luz, sus masas serán mucho mayores que cuando están en reposo. Las enormes energías puestas en juego en estos modernos centros de aceleración de partículas no han dejado de deparar sorpresas en los últimos decenios.

En primer lugar se ha confirmado lo que ya predijo el físico Paul Dirac, que por cada partícula elemental existe su *antipartícula*, que es su opuesta o simétrica, es decir, otra partícula de igual masa y espín, pero con carga eléctrica de signo contrario. Así, junto al *electrón* (carga negativa) existe el *antielectrón o positrón* (con carga positiva); del mismo modo la antipartícula del *protón* (carga positiva) es el *antiprotón* (con carga negativa). El *neutrón*, aunque no tiene carga eléctrica, tiene también su antipartícula, el *antineutrón*, asimismo sin carga. Los primeros átomos ¿o más bien *antiátomos*? formados por *antimateria* se lograron en los laboratorios en 1965.

Se da la circunstancia de que, si una *partícula* entra en contacto con su *antipartícula*, ambas se *aniquilan* convirtiéndose en energía (fotones, por ejemplo). Nosotros, las cosas que nos rodean, nuestro mundo y, por lo que se conoce, todo el Universo del que tenemos información, están formados por *partículas*, es decir por *materia*. No se conocen por el momento mundos formados por *antipartículas*, es decir compuestos de *antimateria*, pero si los hubiera y entraran en colisión con el nuestro, ambos desaparecerían en una gigantesca explosión de energía.

Se ha puesto de manifiesto, además, que salvo el electrón (y su correspondiente antielectrón) que hasta hoy ha mantenido altivamente su indivisibilidad, las otras dos partículas pretendidamente indivisibles, el protón y el neutrón, se han confirmado como no tales, sino que cada uno está formado por tres partículas evidentemente más pequeñas, llamadas *quarks*. La *familia de los quarks* se compone de seis tipos de partículas (y sus correspondientes antiquarks), cada uno de diferente masa y todos ellos con la curiosa propiedad de que su carga eléctrica es fraccionaria: ± 1/3 ó ± 2/3 de la del electrón. Los pintorescos nombres que se les han adjudicado son: *arriba / up, abajo / down, encanto / charm, extraño / strange, cima / top y fondo / bottom*. Se han hallado también dos familiares del electrón, con la misma carga eléctrica, pero más masivos, denominados *muon* y *tau*.

Por otra parte, se han descubierto unas minúsculas partículas, denominadas *neutrinos*, cuya familia está integrada por tres individuos. No tienen carga eléctrica igual que el neutrón, pero son increíblemente más pequeños, tanto que fueron durante años considerados sin masa, aunque en la actualidad se considera que tienen alguna mínima. Precisamente por carecer de carga eléctrica y prácticamente no tener masa tardaron tanto tiempo en ser descubiertos ¡no había modo de detectarlos! Si no crees en los fantasmas, aquí tienes lo más parecido a ellos. Los *neutrinos* se producen con mucha facilidad en los intercambios nucleares y prácticamente no interaccionan con nadie, por lo cual existen en grandes cantidades, vagando por el Universo a velocidades muy próximas a la de la luz. Atraviesan la Tierra de parte a parte sin inmutarse, sin desviarse de su trayectoria.

Al conjunto de todas estas partículas que forman la materia: quarks, electrones y sus familiares (muones y partículas tau) y la familia de los neutrinos (con tres variantes) se los denomina *fermiones*, porque siguen la estadística de Fermi, que respeta el *principio de exclusión* (Apéndice 2). Las anteriores no son, ni mucho menos, las únicas partículas materiales descubiertas. Se han detectado todavía más, pero las citadas son las más significativas por tratarse de las más elementales. Incluso de estas no todas constituyen los microladrillos de la materia estable del mundo, como veremos. Interrelacionados con las partículas elementales de la materia se han hecho también otros hallazgos:

Se ha confirmado una propiedad adicional de la naturaleza -además de las dos tradicionales: *masa y carga eléctrica*-, que ha sido denominada como: *carga de color*. Sólo hay un tipo de masa y dos tipos de carga eléctrica (positiva y negativa) como bien sabemos, sin embargo hay tres tipos de *carga de color*. De las partículas citadas solamente los *quarks* presentan *carga de color* o abreviadamente *"color"*, que puede ser: *rojo, verde* o *azul*, coincidiendo con los tres colores básicos de la luz -o de la televisión, que a algunos les sonará más-.

Comentadas las nuevas partículas materiales y la nueva propiedad de la naturaleza descubierta, corresponde ahora incidir en los recientes conocimientos en relación con las fuerzas / energías implicadas: la *fuerza nuclear fuerte* y la *fuerza débil,* que se explican actualmente así: La fuerza fuerte es la activa para la *carga de color,* de la misma manera que la fuerza electromagnética es la activa para la carga eléctrica y la fuerza gravitatoria se activa ante la masa de cualquier partícula. La *fuerza fuerte,* a la que consecuentemente se denomina también *fuerza de color,* produce siempre un agrupamiento entre quarks, de forma que *el* "color" resultante del agrupamiento sea siempre el cero o neutro = rojo + verde + azul.

La *fuerza nuclear fuerte* confina así a cada terna de quarks de colores complementarios en "bolsas" de carga de color cero, propiedad denominada *confinamiento,* de manera que si los quarks tienden a alejarse entre sí, los atrae muy fuertemente, en tanto que la fuerza de atracción es casi inexistente cuando los tres quarks se encuentran muy agrupados, de forma que, en esta última situación, los quarks gozan de gran libertad de movimiento (dentro de sus "micromundos", de sus "bolsas"). Esta última propiedad se conoce como *libertad asintótica.*

La *fuerza fuerte* actúa pues sobre los *quarks* en forma similar a una *goma elástica,* que cuanto más se estira, más aprieta. A diferencia de la *carga eléctrica,* que es fija para cada quark determinado, *la carga de color* de cada quark individual está en continuo cambio bajo la influencia de la *fuerza fuerte,* pero manteniéndose en todo instante que el color resultante de la agrupación de los tres quarks es el neutro. Un quark aislado no pervive en la naturaleza.

En cuanto a la *fuerza débil,* se ha puesto de manifiesto que lo que produce es un *decaimiento* de los miembros más masivos de cada familia de partículas elementales hacia los de menor masa. En la jerga de los físicos actuales se dice que las partículas *"cambian de sabor"* ¡qué cosas! La consecuencia es que los individuos más masivos no perviven fuera de los laboratorios y decaen hacia las partículas más livianas: *quarks arriba y abajo, nuestros electrones "de toda la vida" y los neutrinos a ellos asociados,* de forma que toda la materia atómica estable está, en su nivel más íntimo, formada exclusivamente por estos o, más bien, por los tres primeros de ellos -*quarks arriba y abajo y electrones-,* pues *los neutrinos,* como se ha dicho, se escapan.

Y precisamente en relación con los *neutrinos* y su libertad de movimientos, hay que añadir una matización a lo que venimos exponiendo, ya que recientemente se ha comprobado experimentalmente que coexisten sus tres variantes -*neutrinos de electrón, de muón y de tau-*. Es decir, que pueden intercambiar el *sabor* entre ellos, pasando periódicamente de una variante a otra, en lo que se conoce como *oscilación de los neutrinos*.

Nuestros antiguos conocidos *protones* y *neutrones* -que no son otra cosa que las citadas *"bolsas"*- están pues formados respectivamente por *tres quarks,* cada uno de un color. Un protón "embolsa" a 2 quarks arriba y 1 abajo y un neutrón está formado por 2 quarks abajo y 1 arriba (carga de color neutra o cero en ambos casos). En cuanto a la carga eléctrica, como la de un quark arriba es +2/3 y la de un quark abajo −1/3, la carga neta del protón será +1 y la del neutrón cero (como no podía ser menos). Hay que precisar, sin embargo, que los quarks citados no son más que el promedio que sobresale o la "punta del iceberg" de "la enorme movida" entre los varios tipos de quarks, sus partículas mensajeras denominadas *gluones* y las *fluctuaciones del vacío* que surgen continuamente en tan mínimos recintos. A estos quarks "promedio", "sobresalientes" o "resultantes" se les conoce entonces como *"quarks de valencia"*.

Por si acaso y para evitar malentendidos, debe quedar claro también que los conceptos de *"sabor"* y *"color"* no tienen relación alguna con las acepciones normales de estas dos palabras. Son meras denominaciones caprichosas, aunque al menos el concepto *"color"* ofrece un buen símil, pues como es sabido la suma de los tres colores complementarios: *rojo + verde + azul = color blanco o neutro.*

La atracción de la *fuerza fuerte,* confinando a los quarks dentro de protones y neutrones, se impone sobradamente sobre cualquier repulsión entre ellos debida a su carga eléctrica, pero además debido a su *acción residual,* es la responsable de mantener agrupados a los protones dentro del núcleo, al vencer también a la fuerza de repulsión eléctrica entre cargas del mismo signo. Es decir, la *fuerza fuerte* mantiene unidos no sólo a los quarks para formar protones y neutrones, sino a estos últimos dentro del núcleo atómico. Por otra parte, el efecto de la *fuerza débil,* cambiando el *"sabor"* de un quark de "abajo" a "arriba" (que es el más liviano de todas ellas), dentro de un neutrón, equivale, según la nomenclatura tradicional, a convertir el neutrón en protón y expulsar un electrón (y un antineutrino).

Rebobinemos: los *quarks* tienen masa, sabor, carga eléctrica y color, por tanto son activos para las cuatro fuerzas básicas. Los *electrones* tienen masa, sabor y carga eléctrica, pero no color y por ello no responden a la fuerza nuclear fuerte. Los *neutrinos* tienen una masa mínima y sabor, pero no tienen carga de ningún tipo, de forma que sólo son afectados por la fuerza gravitatoria (mínimamente) y por la fuerza débil. La materia estable del Universo que conocemos está formada básicamente por tres microladrillos: *quarks arriba* y *abajo* y nuestros conocidos *electrones.* Y no olvidemos a las tres variantes de *neutrinos* viajando libres por el Cosmos y oscilando entre ellos.

Los científicos se preguntan ¿son todos estos ya realmente indivisibles? ¿Hemos alcanzado ya o estamos próximos a alcanzar el nivel de indivisibilidad, donde no existirán partículas todavía más pequeñas o, por el contrario, se va a poder seguir desmenuzando la materia sin límite? La cuestión no está definitivamente zanjada, pero la opinión mayoritaria es que este límite, si no se ha logrado ya, está a punto de alcanzarse.

La ciencia actual viene otorgando, por otra parte, especial relevancia al *concepto de simetría* que, si bien tiene su origen en la geometría (como rotaciones o giros de partes que no alteran el conjunto), se presenta también, en un sentido amplio, en otros aspectos más profundos e internos de los sistemas físico-químicos. El *principio de relatividad* (de Galileo y de Einstein), por ejemplo, es un claro ejemplo de simetría; o las *cuatro ecuaciones de Maxwell,* que compendian el electromagnetismo. Por no hablar de la búsqueda afanosa por los científicos de la simetría (y/o unificación) entre las *cuatro fuerzas básicas de la naturaleza.*

Hay fenómenos muy enraizados en la naturaleza que, asimismo, pueden ser interpretados bajo el prisma de la *simetría*: hay *partículas* y *antipartículas*; la carga eléctrica puede ser *positiva* y *negativa* -lo que, en última instancia, es el fundamento de que la estructura de nuestro mundo sea tan rica y variada-; tenemos *energía potencial* (negativa en general) y *energía de la masa* (positiva), etc. Además, esta búsqueda exhaustiva de simetrías se vio recompensada y potenciada cuando en 1915 la alemana Emmy Nöther expuso un teorema que viene a decir (en forma coloquial) que *"Detrás de cada simetría de la naturaleza está agazapada la invariancia o constancia de alguna magnitud física (del momento lineal o angular o de la carga…)".* Pues bien, el concepto de simetría, relacionada especialmente con aspectos internos de las partículas y con posibles redundancias del sistema, es esencial para interpretar el *Modelo Estándar.*

Los científicos actuales explican también lo que sucede "en la realidad" afirmando que *las fuerzas*, con carácter general, interactúan a distancia por mediación de *partículas portadoras o mensajeras*, excluyendo por el momento a la gravedad, "encarrilada" en la geometría espacio-temporal, según la *Teoría de la Relatividad*.

La *fuerza eléctrica de repulsión* entre dos cargas del mismo signo, por ejemplo, puede verse en una primera y un tanto ingenua aproximación, como el resultado de que una de las cargas emita partículas o microbalas hacia la otra. La primera carga se desplaza en el sentido contrario a la emisión, es decir hacia "atrás", alejándose de la segunda y esta segunda carga, al recibir los impactos de las microbalas, también se desplaza en el sentido de alejarse de la primera. El resultado es que ambas se repelen entre sí, según lo que afirmaba la *Física clásica* al respecto, aunque sin explicar concretamente el cómo.

Un cierto símil podemos encontrarlo en un partido de baloncesto. Cuando un jugador lanza la pelota a un compañero, el primero por el efecto de reacción se desplaza hacia atrás en el momento del lanzamiento y el segundo también hacia atrás cuando recibe el impacto del balón. A la inversa, cuando dos jugadores contrarios se avalanzan hacia el balón sería el símil de dos cargas de signo opuesto que se aproximan.

Estas microbalas, *partículas portadoras o mensajeras de las fuerzas,* se denominan genéricamente *bosones* y tienen características específicas que las distinguen de las partículas que constituyen la materia (*fermiones*, recordemos), como son el hecho de que las partículas portadoras tienen un tipo de *espín* (propiedad cuántica relacionada con la simetría de las partículas) entero -mientras que el de las *partículas de la materia* es semientero-. Y tampoco cumplen el importante *principio de exclusión,* siendo esencial que este principio no aplique para las *partículas mensajeras,* pues así pueden desplazarse apiñadas en elevadas concentraciones, transportando las fuerzas.

Las partículas que transportan las *fuerzas electromagnéticas* son los *fotones,* que ya nos son conocidos en el caso de la propagación de esta fuerza / energía mediante ondas y que son los *cuantos de energía electromagnética.* Los *fotones* no tienen carga de ningún tipo, ni tampoco masa (al menos en reposo) y por ello son de largo alcance.

Las partículas que transportan las *fuerzas nucleares fuertes,* responsables de mantener unidos a los quarks para que estos formen los protones y neutrones, se denominan *gluones.* No tienen carga eléctrica ni tampoco masa, a pesar de lo cual son de muy corto alcance, prácticamente limitado a los recintos nucleares de los átomos, pues lo que sí tienen es la curiosa propiedad de que ellos mismos portan *carga de color.* El nombre *"gluon"* deriva de la palabra inglesa "pegamento", haciendo así referencia a su acción "pegadora" sobre los quarks, que los agrupa en ternas.

Las partículas que transportan las *fuerzas débiles* se denominan *bosones W y Z.* Los W tienen carga eléctrica (+1 ó −1) y los Z no. Tienen una masa elevada y por ello son de muy corto alcance, similar al de los gluones.

En unos casos las *partículas portadoras* de fuerza son perfectamente detectables, cuando hay radiación de energía o lo que en Física clásica denominamos *ondas,* por ejemplo, pero generalmente consisten en destellos de gran energía y tiempos de vida extremadamente efímeros, creándose y aniquilándose en una interacción continua con las *partículas materiales* afectadas, de modo que al ser su existencia de tan corta duración, ni siquiera pueden ser detectadas. En este último caso los físicos de refieren a ellas como *partículas virtuales*, porque sólo sus efectos son medibles.

Volviendo a nuestro símil del baloncesto, es como si el jugador lanzara *tan enérgicamente* la pelota, que esta estuviera *tan poco tiempo* en el aire que no pudiera ser observada −recuerde a este respecto la interpretación del *principio de incertidumbre* como producto de la incertidumbre en la *medición de la energía* por el *intervalo de tiempo* empleado en la medición−. Sin embargo, los efectos del lanzamiento que empujan hacia atrás al jugador y los del impacto en el que la recibe (que también lo desplazan hacia atrás) siguen siendo igual de visibles.

Las reglas cuánticas y muy en concreto el citado *principio de incertidumbre,* son los que marcan las pautas en todos los procesos que de forma un tanto simplista estamos describiendo. Todo es complejo y difuso en la profunda realidad que se intenta comprender. Las *partículas portadoras* deben entenderse esencialmente como brevísimas perturbaciones energéticas o "protuberancias" de los sutiles pero omnipresentes *campos cuánticos* respectivos, con un vacío "burbujeante" de *fluctuaciones cuánticas* como "telón de fondo". Hay que evitar aplicar, por otra parte, el concepto (clásico) de *trayectoria* a estas partículas.

La gravedad no ha podido ser cuantizada, a pesar de lo cual puede considerarse cuando interese -meramente en base a una extrapolación teórica-, que son también partículas elementales las que transportan la *fuerza gravitatoria*, llamadas *gravitones*. Estos no han sido detectados, pero, si existieran, deberían responder a criterios muy similares, no tendrían masa y desde luego serían de muy largo alcance. Sí se han confirmado, sin embargo, recientemente las *ondas gravitatorias.*

Pues bien, todo lo que acabamos de exponer, tanto lo correspondiente a la estructura y propiedades de la *materia*, como a la interpretación de las *fuerzas*, se aglutina en el denominado *Modelo Estándar,* que ha sido reiteradamente contrastado en los centros de aceleración de partículas. Ahora no sólo la "corteza" del átomo, sino también su núcleo atómico se explican de forma muy convincente, según todo lo comentado, disponiéndose de un *modelo cuántico integral para el átomo,* pudiendo establecerse que todos sus "moradores" tienen una "vida" muchísimo más ajetreada y dinámica de lo que hasta no hace tanto se suponía. Y aquí terminaría nuestra descripción del famoso *Modelo*, si no fuera porque aún faltan dos comentarios en claro-oscuro, tan actuales como relevantes:

El hecho positivo ocurrió en 2012, cuando tuvo lugar el "campanazo" del descubrimiento de una partícula, famosa hasta para el gran público, que se venía echando en falta para "cuadrar" el *Modelo Estándar.* Me estoy refiriendo al *bosón de Higgs.* La cuestión negativa al respecto se puso de manifiesto hace relativamente pocos años, cuando se constató que desconocemos una gran parte de la materia del Universo, la denominada materia oscura, dejando claro que esta no se incluye en el *Modelo Estándar* ni, por supuesto, la aún más compleja *energía oscura.* Sobre ambas cuestiones hemos tratado en los capítulos principales del libro.

APÉNDICE 5. ¿QUÉ ES EL TIEMPO?

El *tiempo*, desde que Einstein lo sacara de su "anodino y pasivo devenir" llevándolo hace algo más de un siglo al primer plano de la actualidad, es continuamente objeto de profundas reflexiones y controversias sobre su naturaleza. Ya Agustín de Hipona (siglo IV / V), filósofo, pensador, obispo y santo cristiano, en un Imperio romano ya en fase de descomposición, se hacía la siguiente reflexión sobre el *tiempo* en su conocido libro *"Las Confesiones"*: *"Si nadie me lo pregunta, lo sé, pero si quiero explicárselo al que me lo pregunta, ya no lo sé"*.

De entrada, ya el *tiempo psicológico* es de por sí controvertido, porque nuestro cerebro interpreta que pasa más tiempo para un suceso, cuanta mayor cantidad de información -procedente de nuestros sentidos- tiene que almacenar y procesar. Vivimos así, en cierto modo, en el inmediato pasado. Cuando eres niño el tiempo psicológico pasa más lento. Cuando eres mayor, como todo te resulta conocido y/o repetitivo, el cerebro interpreta que el tiempo pasa más rápido. Una derivada de este concepto sería analizar el paso del tiempo para otras especies animales. ¿Cómo transcurre el tiempo para los insectos –las moscas, por ejemplo-, cuya vida promedio puede estar en torno a un mes? Los expertos coinciden en que su noción del tiempo será, desde luego, radicalmente distinta a la nuestra.

Problemático es también tratar de su hipotética "reversibilidad". El concepto de *"flecha del tiempo"* se relaciona normalmente con su transcurrir del pasado al futuro y paralelamente con la dirección en que el desorden -la entropía- aumenta, lo que también coincide con la expansión actual de nuestro Universo. ¿Qué pasaría en el hipotético caso de que este empezase a contraerse en un momento dado, tras la actual fase expansiva? Los científicos no terminan de ponerse de acuerdo, aunque la opinión mayoritaria es que en este caso la evolución ¿o más bien involución? no sería un mero "rebobinaje de la película del Universo hacia atrás", sino algo diferente, de forma que se entraría en una situación en la que el concepto de entropía se volvería confuso, la *flecha del tiempo* seguiría apuntando al futuro (aunque ahora contractivo) y además se supone que esta fase no sería apta para el mantenimiento de la vida.

Es llamativo, por otra parte, que las leyes de la física sean *simétricas* como norma general (las de la mecánica de Newton, por ejemplo), válidas tanto si el tiempo avanza como si retrocede. La *segunda ley de la termodinámica,* respecto al desorden y/o entropía, sin embargo, nos indica que estos siempre van en aumento en el Universo. Todos sabemos que es imposible que una estatua se recomponga sola, si ya la hemos hecho añicos. No permite la inversión (hacia el pasado) del normal transcurrir del tiempo (hacia el futuro).

La ciencia también viene "jugando" frecuentemente con el concepto de *tiempo imaginario,* como alternativa al "tiempo real", lo que pondría en pie de absoluta igualdad el tiempo con las tres dimensiones espaciales en la *Teoría de la Relatividad,* según constató ya el propio Einstein. Con este planteamiento no sólo hablaríamos, en la *Relatividad especial* por ejemplo, de un espacio euclideo entrelazado con el tiempo, sino un paso más allá, pudiendo hablar con toda propiedad de un *espacio-tiempo* de cuatro dimensiones euclideo, con el tiempo como una dimensión cualquiera más, lo que elimina la restricción que pesa sobre el *tiempo real* de no poder transcurrir hacia atrás. El *tiempo imaginario* como cualquiera de las dimensiones espaciales, puede ir hacia adelante o hacia atrás.

Números imaginarios se incluyen en la ecuación de onda de la Mecánica Cuántica; y el científico Hawking, por ejemplo, utilizaba frecuentemente el tiempo imaginario en sus modelos cosmológicos, pues además de lo comentado, ello contribuye a eliminar las temidas singularidades -como el t=0 del inicio del Gran estallido del Universo, sin ir más lejos-.

Si hacemos un breve repaso de los distintos conjuntos de números usados en matemáticas, vemos:

- Números naturales: 1, 2, 3,.......
- Números enteros: +/- 1, +/- 2, +/- 3,.......
- Números racionales: los anteriores + las fracciones (2/3, 1/5,......)
- Números reales: los anteriores + las raíces normales ($\sqrt{2}$, $\sqrt{3}$,....)
- Números imaginarios: raíces de índice par de números negativos.

Los *números imaginarios* fueron así denominados por Descartes en el siglo XVII, precisamente para indicar que carecían de "carácter real". Aparecían al intentar resolver las raíces de índice par de números negativos y constituyeron desde entonces un serio contratiempo para los matemáticos, ya que no sabían interpretarlos. Se consideraban meras divagaciones mentales, sin ningún soporte o consistencia.

No fue hasta el siglo XIX, de la mano del matemático Gauss, cuando se los empezó a tomar en serio, especialmente al combinar estos números imaginarios con los números "reales" y formar un conjunto nuevo y lógicamente más amplio, los denominados *números complejos*. Sólo entonces los *números imaginarios* empezaron a salir del "limbo" en el que los matemáticos los habían mantenido confinados, comenzando a ser utilizados con éxito en numerosas aplicaciones prácticas, como bien saben los estudiantes cuando les toca lidiar con la impedancia eléctrica o la corriente alterna en general, por ejemplo.

Un *número complejo* estará entonces compuesto por un binomio de la forma $a + b.i$, siendo *"a"* su parte real y *"b"* su parte imaginaria, por ir multiplicada por la unidad imaginara *"i"*, que vale *raíz cuadrada de -1*. El módulo de un número complejo = raíz cuadrada de ($a^2 + b^2$) es siempre un número real.

Estos números tan interesantes siguen, con todo, aún envueltos en una cierta polémica, porque a pesar de su indudable aporte matemático, los científicos no terminan de comprender el alcance de su consistencia en física, pudiendo seriamente plantearse ¿¡si su utilización aclara más las cosas o es una especie de "huída hacia adelante"!? O, dicho de otro modo, hablar de *tiempo imaginario*, por ejemplo, ayuda a veces a "tapar" incongruencias, pero ¿alguien entiende "de verdad" lo que significa?

El concepto de *tiempo* (real o imaginario) surgido de la *Teoría especial de la Relatividad* experimentó un profundo cambio, al depender de la velocidad del observador o sistema de referencia correspondiente, pero el cambio de paradigma aún fue más profundo a la luz de la *Relatividad general*. Según esta última el devenir del tiempo no sólo depende de la velocidad, sino de la intensidad del campo gravitatorio en que el observador esté inmerso -duplicidad de situaciones, que se entrelazan mediante el *principio de equivalencia*, como sabemos-, pero añadiendo otro matiz que no incluía la *Relatividad especial*, al explicar que el ritmo del transcurso del tiempo varía, porque este (junto al espacio) *se curva*.

Nuestra mente, habituada ya a los "vapuleos" a los que es sometida por la ciencia moderna, acepta casi sin rechistar que el *"tejido espacial"* pueda curvarse -y debido a ello acortarse-, pero ¿qué quiere decir exactamente que *el tiempo se curva* -consiguiendo así su dilatación / ralentización-? Pues, aunque sea duro decirlo, fuera de elucubraciones varias y artificios / fórmulas matemático(a)s, todavía la ciencia no ha encontrado una explicación clara, intuitiva y fehaciente al respecto.

Pero es que, además, el propio concepto de *devenir o transcurrir*, característico del *tiempo* —al menos según nuestros sentidos y mentalidad -que define precisamente la propia *"flecha del tiempo"*, fue puesto en entredicho en buena medida por la *Relatividad*. Cuando hablamos del conjunto entrelazado espacio-tiempo, si el tiempo está en pie de igualdad con el espacio ¿por qué *el espacio "es"* y sin embargo *el tiempo "pasa o fluye"*, por qué no *"es"* también? El propio Einstein escribió: *"La Física deja de ser un suceder en el espacio tridimensional para convertirse, en cierto modo, en un ser en el "mundo" cuatrimensional"*. Y también ha llegado a hacerse famoso, a este respecto, el comentario de consuelo que el científico hizo a la viuda de un amigo suyo recién fallecido: "*Para nosotros, físicos convencidos, la distinción entre pasado, presente y futuro no es más que una ilusión, aunque muy persistente*".

Por su parte, la otra teoría básica –la *Cuántica*- considera que existe un periodo mínimo de tiempo de 10 elevado a -43 segundos *o tiempo de Planck*, que es el tiempo que tarda la luz en recorrer la *distancia de Planck*, que es de 10 elevado a -35 metros. Según la *Mecánica Cuántica*, ni hay espacio menor que la distancia de Planck ni existe un tiempo inferior al de Planck. Son respectivamente los denominados *cuantos de espacio y tiempo*.

También se plantea, como comentábamos en el Capítulo IV, que el tiempo pueda ser imaginario en el entorno de un *agujero negro*, una vez traspasado (hacia adentro) el *horizonte de sucesos*, o que en estos recintos podría haber una inversión en los papeles del espacio-tiempo –espacio unidimensional (sólo hacia el centro del agujero) y tiempo tridimensional (presentando pasado, presente y futuro)-. Incluso que pudiéramos transportarnos al pasado, a través de los *conductos de gusano* que se originarían en estos *agujeros negros*.

Hemos hablado hasta aquí de *tiempo psicológico*; *tiempo imaginario*; *tiempo curvo*; *tiempo mínimo o de Planck*; *tiempo tridimensional*; *tiempo* que *"es y no transcurre"*; *tiempo* que puede *conducirnos al pasado*…Una última cuestión para cerrar este apasionante tema: ¿captamos los humanos lo que significa "realmente" un periodo de 1.000 millones de años, por ejemplo? Nuestra vida –nuestra referencia- es tan efímera e insignificante a escala cósmica, que la humanidad ha venido acortando sistemática e inconscientemente cualquier periodo de tiempo que escapase a nuestros reducidos límites, incluso sobre acontecimientos que nos son relativamente próximos. El *Imperio bizantino,* por ejemplo, databa su calendario a partir del año 5509 a.C., supuesta fecha de la creación del mundo ¡hay un buen trecho hasta 14.000 millones de años!

Cuando abordamos nuestra historia y/o prehistoria o la evolución de nuestra especie, del homo sapiens, o del neandertal, por ejemplo, ¡siempre solemos quedarnos cortos! Es esa falta de "perspectiva" respecto a la inmensidad de los periodos temporales, la que nos hace muy difícil comprender como han podido producirse determinados fenómenos durante el devenir del Universo -la *evolución* es un caso típico-. Continuamente aparecen datos nuevos y descubrimientos que, como norma general, "empujan hacia atrás" hitos, fechas y períodos correspondientes.

Para intentar comprender mejor la insignificancia del ser humano en la escala cósmica temporal ¡a la escala cósmica espacial no intentamos ni asomarnos!, podemos hacer un pequeño artificio, *un gigantesco cambio de escala,* consistente en suponer que la antigüedad de nuestro Universo es de *3 años.* Si fuera así, la Tierra tendría una antigüedad en torno a 1 año; la vida elemental existiría desde hace unos 10 meses; los animales pluricelulares tendrían una antigüedad de entre 3 y 4 meses; los dinosaurios se habrían extinguido hace unos 5 días; el género homo se habría originado hace unas 12 horas; el homo sapiens hace unos 30 minutos y el Neolítico dataría de hace 1 minuto. ¡Más o menos!

BIBLIOGRAFÍA

Asimov, Isaac – *El monstruo subatómico* – Biblioteca Científica Salvat – Salvat Editores S.A. 1993

Babor, Joseph A. e Ibarz, José – *Química General Moderna* – Editorial Marín, S.A., 1965

Battaner López, Eduardo – *Física de las noches estrelladas* – Editorial Tusquets, 1988.

Brown, Harold – *La nueva filosofía de la ciencia* - Editorial Tecnos, 1983

Bru Villaseca, Luis – *Física* – Librería Internacional de Romo, S.L., 1967

Davies, P.C. y Brown, J.R. – *Supercuerdas ¿Una teoría de todo?* – Alianza Editorial, 1995.

Elsässer, Hans; Calvin, Melvin; Lotz, Robert; Illies, Joachim; Ebel, Hans F.; Von Hoerner, Sebastián; Briegleb Wolfgang; Drake, Frank D.; Freudenthal, Hans; Jordan, Pascual; Portmann, Adolf - *¿Estamos solos en el Cosmos?* Plaza y Janés, S.A. Editores, 1970

Figes, Orlando – *Los europeos* – Taurus / Penguin Random House Grupo Editorial, S.A.U., 2020

French, A.P. – *Einstein: A centenary volume*, Cambridge, Mass: Harvard University Press, 1979.

Gaarder, Jostein – *El mundo de Sofía* – Ediciones Siruela, S.A., 1994.

Galfard, Christophe – *El universo en tu mano* – Blackie Books, S.L.U., 2016

Glashow, Sheldon L. – *The charm of physics. Far reaching dispatches from the frontier of theoretical physics* – The American Institut of Physics, 1991.

Gil Ortiz, José Miguel – *Universo y Naturaleza* – Equipo Sirius, S.A., 2007

Gil Ortiz, José Miguel – *Quarks y Multiverso* – Editorial Círculo Rojo, 2020

Gribbin, John – *En busca del big bang* – Ediciones Pirámide, S.A., 1988.

Gribbin, John – *In search of Schrödinger's cat. Quantum physics and reality* – Black Swan, 1992.

Harari, Yuval Noah – *Sapiens / De animales a dioses* – Editorial Debate, 2016

Hawking, Stephen W. – *Historia del tiempo* – Editorial Crítica S.A., 1989.

Hawking, Stephen – *El Universo en una cáscara de nuez* – Editorial Planeta, S.A.; Editorial Crítica, S.L., 2002.

Landau, Lev y Rumer, Yuri - *¿Qué es la teoría de la relatividad?* – Editorial Akal, 1994

Lleó, Atanasio – *Los grandes enigmas del universo* – UPM Press / Universidad Politécnica de Madrid, 2013

Longair, Malcolm S. – *La evolución de nuestro Universo* – Cambridge University Press, 1998.

Madariaga, Salvador de – *España. Ensayo de Historia Contemporánea* – Espasa – Calpe, S.A. – Madrid 1978

Maddox, John – *Lo que queda por descubrir* – Editorial Debate, 1999.

Milford, Frederick y Reitz, John – *Fundamentos de la Teoría Electromagnética* – Unión tipográfica editorial Hispano-Americana, 1969.

Moller, Violet – *La ruta del conocimiento* – Taurus / Penguin Random House Grupo Editorial, S.A.U., 2019

Penrose, Roger – *La nueva mente del emperador* – Mondadori España, S.A., 1991.

Penrose, Roger – *Ciclos del tiempo* – Editorial Debate, 2010

Rae, Alastair – *Física cuántica ¿Ilusión o realidad?* – Alianza Editorial, 1998.

Roca Barea, Elvira – *Imperiofobia y Leyenda Negra* – Siruela, 2019

Resnick, Robert y Halliday, David – *Física para estudiantes de Ciencias e Ingeniería* – Compañía editorial continental, S.A., 1964.

Ripoll, Andrés – *Una mirada al espacio* – Círculo de Lectores, 1998

Sagan, Carl – *Cosmos* – Editorial Planeta, 1982.

Sagan, Carl – *Un punto azul pálido. Una visión del futuro humano en el espacio* – Editorial Planeta, 1995.

Sánchez Ron, José Manuel – *Marie Curie y la radiactividad* – Consejo de Seguridad Nuclear, 1997

Savater, Fernando – *Las preguntas de la vida* – Editorial Ariel. S.A., 2001.

Shipman, Harry L. – *Los agujeros negros, los cuasars y el Universo* – Editorial Alhambra, 1982.

Tamames, Ramón – *La mitad del mundo que fue de España* – Espasa, Editorial Planeta -2021

Toynbee, Arnold J. – *Estudio de la Historia / Compendio I/V y V/VII* – Alianza Editorial, Madrid 1970, 1971

Trefil, James – *1001 cosas que todo el mundo debería saber sobre la Ciencia* – RBA Editores, S.A., 1993.

Trefil, James S. – *El momento de la creación* – Editorial Salvat, 1986.

Vallejo, Irene – *El infinito en un junco* – Penguin Random House, Grupo Editorial - Siruela, 2022

Vives, Teodoro – *Espacio y Tiempo* – Equipo Sirius, S.A., 2006.

ÍNDICE